名校名师精品系列教材

U0689002

Linux Operating System Fundamentals:
Task - Based Tutorial

Linux
操作系统基础
任务式教程

慕课版

胡丽英 虞菊花 | 主编
贺峰 龙霄汉 汤燕 | 副主编

人民邮电出版社
北京

图书在版编目（CIP）数据

Linux操作系统基础任务式教程 ： 慕课版 / 胡丽英，虞菊花主编. -- 北京 ： 人民邮电出版社，2025.
(名校名师精品系列教材). -- ISBN 978-7-115-66407-5

Ⅰ. TP316.85

中国国家版本馆CIP数据核字第2025DE1784号

内 容 提 要

本书较为全面地介绍了各种Linux发行版，并从零开始进行操作系统的安装、入门等知识的介绍，同时对相应的网络、存储、权限、服务以及脚本进行了介绍。本书内容经典、实用性强，能帮助读者学以致用。

本书共10个任务，包括在VMware中安装Linux、开始使用Linux、将Linux接入网络、使用Linux中的硬盘、管理本地Linux用户和组、控制Linux文件系统权限、管理Linux中的进程和服务、配置并管理SSH服务、配置并管理Web服务、编写shell脚本。

本书遵循初学者的学习规律，精心设计学习任务，详细分析学习任务并提出问题解决方案。本书内容通俗易懂、易学易练，主要面向系统管理员、网络管理员、数据库管理员、软件开发工程师和云计算工程师等，适合作为本科或高职院校计算机相关专业的教材，也适合作为Linux培训用书，还适合作为Linux相关技术爱好者的自学参考书。

◆ 主　　编　胡丽英　虞菊花
副 主 编　贺　峰　龙霄汉　汤　燕
责任编辑　刘　佳
责任印制　王　郁　焦志炜

◆ 人民邮电出版社出版发行　　北京市丰台区成寿寺路11号
邮编　100164　　电子邮件　315@ptpress.com.cn
网址　https://www.ptpress.com.cn
北京市艺辉印刷有限公司印刷

◆ 开本：787×1092　1/16
印张：12.25　　2025年5月第1版
字数：311千字　　2025年5月北京第1次印刷

定价：49.80元

读者服务热线：(010)81055256　印装质量热线：(010)81055316
反盗版热线：(010)81055315

前 言

Linux 是目前最流行的服务器操作系统之一，它不仅开源、免费，而且继承了 UNIX 操作系统（以下简称 UNIX）的强大功能和极高的稳定性，包含非常丰富的软件资源。Ubuntu、deepin 等操作系统可以用于计算机桌面环境，CentOS、SUSE 主要用于商业服务器，而 Linux 操作系统（以下简称 Linux）的各种发行版本在各个领域都得到了广泛应用。可以毫不夸张地说，Linux 几乎可以为所有类型的 IT 计划奠定基础，是开启通向未来 IT 大门的“钥匙”。

CentOS 7 是 Red Hat Enterprise Linux 7（RHEL 7）的社区版，与 RHEL 7 基本完全兼容。本书以 CentOS 7 为基础，按照任务实施过程组织内容；内容编排兼顾理论知识和实践操作，引导读者由浅入深地学习，逐步加深对 Linux 的了解。本书的主要特点如下。

1.“岗课赛证”相结合，综合性强

本书内容紧扣计算机相关岗位需求，依据“世界职业院校技能大赛”信息安全管理与评估、计算机网络应用等电子信息类赛项规程，对标红帽认证工程师（Red Hat Certified Engineer，RHCE）考试的知识点，由浅入深、前后衔接、环环相扣，助力读者理解 Linux 的设计思想，掌握 Linux 的使用方法。

2. 虚拟化技术+开源软件，适用性广

VMware Workstation 是虚拟化管理软件，它可以帮助用户在一台计算机上同时运行和管理多台部署了 Linux 的虚拟机。Linux 安装映像可从各类开源映像网站免费获取。本书采用在 VMware 中安装 Linux 的方式提供实训环境，在每个任务中明确实训架构，使读者可以在自己的计算机中完成所有任务。

3. 任务式案例+数字资源，实操性强

结合高职高专院校学生的学习特点，本书所选的任务在技能操作实践中内化相关理论知识：在任务描述中，引入需求；在任务学习路径中，以思维导图的形式列出主要知识点及关键技术，在任务实施过程中，介绍完成操作实践的步骤，最后，总结相关理论知识。每个任务既能锻炼读者的操作能力，也能拓展读者的思维空间，全面提升读者的综合能力。

本书基于“互联网+”新形态一体化教材的理念，配套丰富的数字化教学资源，包括教学视频、教学课件、习题测试等。读者可以通过扫描书中二维码观看相应的资源，激发自主学习和操作实践的热情。

特别说明，本书配套视频依托“十四五”江苏省职业教育第二批在线精品课程

《Linux 基础》制作。因教材编写与视频制作在时间与侧重点上存在差异，可能会出现视频与书中文字不完全一致的情况。但这并不影响学习，反而能为您提供多视角的知识与技能呈现。建议学习者观看视频时，重视实践应用，不断提升职业能力与素养。期望配套视频能为您的学习之旅提供有力的支持与帮助。

本书共 10 个任务，参考学时（分为讲授学时和实践学时）为 64 学时。

任务号	任务内容	参考学时	
		讲授学时	实践学时
1	在 VMware 中安装 Linux	2	2
2	开始使用 Linux	4	4
3	将 Linux 接入网络	4	4
4	使用 Linux 中的硬盘	4	4
5	管理本地 Linux 用户和组	2	2
6	控制 Linux 文件系统权限	2	4
7	管理 Linux 中的进程和服务	2	2
8	配置并管理 SSH 服务	2	2
9	配置并管理 Web 服务	2	4
10	编写 shell 脚本	4	8
总计		28	36

本书由常州信息职业技术学院胡丽英、虞菊花担任主编，贺峰、龙霄汉、汤燕担任副主编。由于编者水平有限，书中难免存在不妥之处，敬请同行专家和读者给予批评指正，反馈邮箱：huliying@ccit.js.cn。

编　者

2024 年 12 月

目　录

任务 1 在 VMware 中安装 Linux

随着人工智能、工业互联网、5G 和自动驾驶等新一代信息技术的兴起，数字时代的浪潮不断涌起，全球互联网各类服务器年增长量也已达到 1000 万台以上，形成了规模庞大的服务器操作系统应用市场。Linux 是目前最流行的服务器操作系统之一，而 RHEL 和 CentOS 是目前业界较为普及的操作系统发行版。学习 Linux 的发展历程和版本特点，通过桌面虚拟机管理软件 VMware Workstation，在其中安装 Linux 是本书的第一个任务，为后续任务的执行提供实训环境。

1.1 学习目标

了解各种虚拟化技术后选择合适的虚拟化平台，首先实现虚拟化平台的安装，接着在虚拟化平台上创建虚拟机，并完成虚拟机中 Linux 的安装，然后登录 Linux，最后初始化操作系统。

（1）知识目标

- 掌握计算机虚拟化技术的原理。
- 掌握虚拟机管理软件 VMware Workstation 的安装、配置和使用方法。
- 掌握 CentOS 7 的安装方法。

（2）能力目标

- 能够根据计算机型号查阅手册，开启计算机中央处理器（Central Processing Unit，CPU）虚拟化功能。
- 能够通过 VMware Workstation 创建和修改虚拟机。
- 能够在虚拟机上完成 CentOS 7 的安装。

（3）素养目标

通过介绍操作系统自主、可控的概念，加深学生对专业知识技能学习的认可度与专注度，引导学生增强技术自信，树立崇高的职业理想，激发学生振兴国家自主软件行业的昂扬斗志。

1.2 任务描述

在本地计算机上安装一台 CentOS 7 操作系统的虚拟机，该虚拟机可以满足本书的所有实训操作需要。主要包括以下步骤。

（1）开启计算机的 CPU 虚拟化功能。

（2）安装 VMware 虚拟化管理软件。

（3）创建虚拟机。

（4）安装 CentOS 7。

（5）登录 CentOS 7。

根据计算机的实际使用情况，有些过程可能会被省略，建议学习本任务时遵循图 1-1 所示的路径。

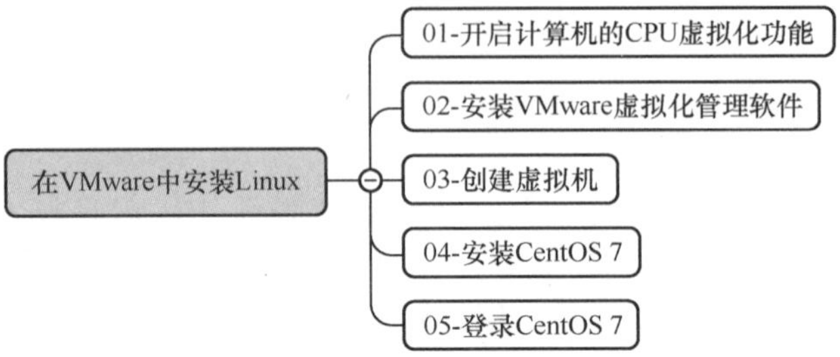

图 1-1　任务学习路径

1.3　相关知识

依据任务学习路径，首先需要了解虚拟化技术和 Linux 的相关基础知识。

微课视频

虚拟化技术

1.3.1　虚拟化技术

（1）什么是虚拟化技术

虚拟化（Virtualization）技术是一种资源管理技术，可将计算机的各种实体资源，如 CPU、网络适配器、内存及存储等，予以抽象、转换后呈现出来，打破传统计算机的整体使用方式，对传统计算机的资源进行池化，使用户可以用更加灵活的方式来调用这些资源。

如图 1-2 所示，对计算机进行虚拟化之前，其内部各部分信息技术（Information Technology，IT）资源相互独立，操作系统和计算机硬件之间存在紧耦合关系；对计算机进行虚拟化之后，系统中多了虚拟化层，它将下层的资源抽象成共享资源池，此时操作系统与计算机硬件解耦，从资源池中分配资源，提供给上层使用。

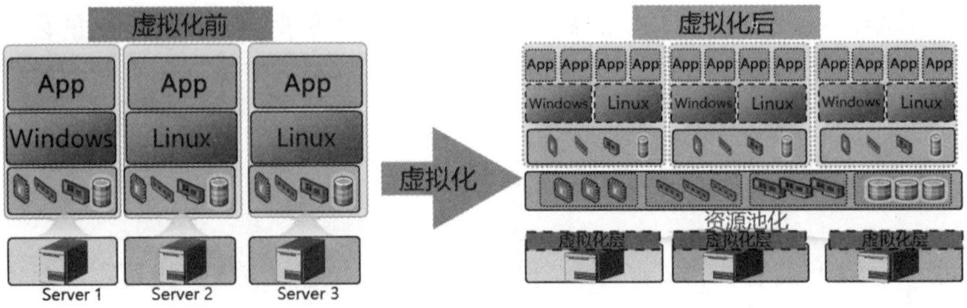

图 1-2　计算机虚拟化前后对比

（2）虚拟化的本质

虚拟化的本质是分区、隔离、封装和相对于硬件独立。

① 分区：是指虚拟化层可以将服务器资源分配给多台虚拟机使用。每台虚拟机可以同时运行多个独立的操作系统，进而能够在一台服务器上运行多个应用程序。每个操作系统只能看到虚拟化层为其提供的“虚拟硬件”（如虚拟网卡、CPU、内存等），以使它认为运行在自己的专用服务器上。

② 隔离：是指虚拟机是互相隔离的，包括以下内容。

- 一台虚拟机的崩溃或故障（如操作系统故障、应用程序崩溃、驱动程序故障等）不会影响同一服务器上的其他虚拟机。
- 一台虚拟机中的病毒等与其他虚拟机相隔离，不会影响同一服务器上的其他虚拟机。
- 进行资源控制以实现性能隔离：可以为每台虚拟机指定最小和最大资源使用量，以确保某台虚拟机占用所有的资源，而使得同一服务器的其他虚拟机无资源可用。
- 可以在单一服务器上同时运行多个负载/应用程序/操作系统，而不会出现传统 x86 服务器体系结构受限时所产生的应用程序冲突、动态链接库（Dynamic Linked Library，DLL）文件冲突等问题。

③ 封装：是指将整台虚拟机（如硬件配置、BIOS 配置、内存状态、磁盘状态、CPU 状态）存储在独立于硬件的一小组文件中。这样，只需复制几个文件就可以随时随地根据需要保存或移动虚拟机。

④ 相对于硬件独立：是指无须修改，即可在任何服务器上运行虚拟机。

（3）虚拟化的重要概念

① 宿主机（Host Machine）：客户机资源，一般指物理计算机，简称物理机。

② 客户机（Guest Machine）：虚拟出来的资源，一般指虚拟计算机，简称虚拟机。

③ 客户机操作系统（Guest OS）和宿主机操作系统（Host OS）：如果将一台物理机虚拟成多台虚拟机，则称物理机为 Host Machine，运行在其上的操作系统为 Host OS；称多台虚拟机为 Guest Machine，运行在其上的操作系统为 Guest OS。

④ Hypervisor：通过虚拟化层的模拟，虚拟机在上层软件看来就是真实的机器，虚拟化层一般称为虚拟机监控机（Virtual Machine Monitor，VMM），也称 Hypervisor。

（4）业界主流虚拟化技术

① 寄居虚拟化：是指在宿主机操作系统上安装和运行虚拟化软件。例如，VMware 就是典型的寄居虚拟化管理软件。作为底层操作系统（Windows、Linux 等）上的一个普通应用程序，VMware 可通过寄居虚拟化技术创建相应的虚拟机，共享底层服务器资源。

② 裸金属虚拟化：是指在物理硬件上直接运行虚拟化软件。如 Hypervisor 就是应用裸金属虚拟化技术产生的虚拟化层，它主要实现两个基本功能：一个是识别、捕获和响应虚拟机所发出的 CPU 特权命令或保护命令；另一个是负责处理虚拟机队列和调度，并将硬件的处理结果返回给相应的虚拟机。

③ 操作系统虚拟化：是指在操作系统层面增加虚拟服务器（也称“容器”）的功能，把单个操作系统划分为多个虚拟容器，使用虚拟容器管理器进行管理。宿主机操作系统负责在多个虚拟容器之间分配硬件资源，并且让这些虚拟容器彼此独立。与其他虚拟化技术相比，一个明显的区别是，如果使用操作系统虚拟化技术，所有虚拟容器必须运行同一操作系统。

④ 混合虚拟化：是指在宿主机操作系统内核中安装一个内核级驱动器，使内核具有虚拟化能力。这个驱动器作为虚拟硬件管理器，协调虚拟机和宿主机操作系统之间的硬件访问。

在实际生产环境中，虚拟化技术主要用来解决高性能的新硬件产能过剩和低性能的旧硬件产能过低的重组等问题，透明化底层硬件，从而最大化地利用硬件。

微课视频

Linux 简介

1.3.2 Linux 简介

操作系统是用来和硬件打交道并为用户程序提供有限服务集的低级支撑软件。计算机系统是硬件和软件的共生体，它们互相依赖，不可分割。计算机的硬件，包括外围设备、处理器、内存、硬盘和其他的电子设备等。如果没有软件来操作和控制硬件，它自身是不能工作的，而完成操作和控制工作的软件称为操作系统。

自 20 世纪 80 年代以来，计算机硬件的性能不断提高，个人计算机（Personal Computer，PC）市场不断扩大，当时可供计算机使用的操作系统主要有 UNIX、磁盘操作系统（Disk Operating System，DOS）和 macOS 等。UNIX 价格昂贵，不能运行于 PC；DOS 显得简陋，且源代码被软件厂商严格保密；macOS 是一种专门用于苹果计算机的操作系统。此时，计算机科学领域迫切需要一个功能完善、价格低和完全开放的操作系统。由于供教学使用的典型操作系统很少，因此当时在荷兰当教授的美国人 Andrew S. Tanenbaum 编写了一个操作系统，名为 MINIX，用于向学生讲述操作系统内部的工作原理。MINIX 只是一个用于教学的简单操作系统，不是一个强有力的实用操作系统，但是它具有一个最大的优点：开源。全世界学计算机的学生都可通过钻研 MINIX 的源代码来了解在计算机上运行的 MINIX，芬兰赫尔辛基大学本科二年级的学生 Linus Torvalds 就是其中一个。在吸收了 MINIX 精华的基础上，Linus 于 1991 年写出了属于自己的 Linux，版本为 Linux 0.01，这是“Linux 时代”开始的标志。他利用 UNIX 的核心，去除繁杂的程序，得到适用于一般计算机的 x86 系统，并放在网络上供大家下载。他于 1994 年推出完整的核心 Linux 1.0。至此，Linux 逐渐成为功能完善、稳定的操作系统，并被广泛使用。

随着互联网的发展，Linux 得到了全世界软件爱好者、组织、公司的支持。世界上绝大多数服务器都使用 Linux，所有 Android 设备也都运行 Linux（Android 实际上是运行在 Linux 上的界面和接口程序）。

与其他操作系统相比，Linux 具有开源、稳定可靠、技术社区繁荣等优点。开源使得用户可以自由裁剪，使 Linux 形成了灵活性高、功能强大并且成本低等特性；稳定可靠体现在运行 Linux 的主机可以连续运行数十年而不用停机，完善的权限系统和开源机制使得 Linux 的计算机不易感染计算机病毒；繁荣的技术社区可以帮助用户快速获取问题解决方案。

Linux 是多用户、多任务、支持多线程和多 CPU 的类 UNIX 操作系统。Linux 内核的主要模块（或组件）包括：存储管理模块、CPU 和进程管理模块、文件系统模块、设备管理和驱动模块、网络通信模块，以及系统的初始化（引导）模块、系统调用模块等。Linux 发行版正是基于这些内核模块，再集成搭配各种各样的系统管理软件或应用工具软件而组成的。Linux 发行版由个人、组织或团队，以及商业机构和志愿者等编写。

下面简要介绍 Linux 三大主流发行版。

（1）Debian

Debian 是完全由自由软件组成的类 UNIX 操作系统，其包含的多数软件支持 GNU 通用公共许可协议，并由 Debian 计划的参与者组成团队对其进行打包、开发与维护。Debian 计划最初由德裔美国人 Ian Murdock 于 1993 年发起，Debian 0.01 在 1993 年 9 月 15 日发布，而其第一个稳定版本则在 1996 年发布。该计划的具体工作在互联网上协调完成，由 Debian 计划领导人带领志愿者团队开展工作，并以 3 份具有奠基性质的文档即《Debian 社群契约》《Debian 宪章》和《Debian 自由软件指导方针》作为工作指导。操作系统版本持续更新，候选发布版本将在经历一定时间的冻结之后发布。作为最早的 Linux 发行版之一，Debian 在创建之初便被定位为在 GNU 计划的精神指导下进行公开开发并自由发布的项目，因此吸引了自由软件基金会的注意与支持，它为该项目提供了从 1994 年 11 月至 1995 年 11 月为期一年的赞助。赞助终止后，Debian 计划于 1997 年创立非营利机构 SPI 以接受捐赠和受托管理 Debian 资产。同时，Debian 计划也受到世界多个非营利组织的资金支持。

基于 Debian 的著名的发行版有 Ubuntu、KNOPPIX 和 deepin，主要用于 PC 桌面。

（2）Slackware

Slackware 是 Linux 发行版，由美国人 Patrick Volkerding 于 1993 年创建。Slackware 最初基于 Softlanding Linux 系统，它是许多其他 Linux 发行版的基础，也是目前仍在维护的最早的发行版本之一。Slackware 的目标是设计的稳定性和简单性，并成为“最像 UNIX 一样”的 Linux 发行版。它尽可能少地修改上游的软件包，并试图不预测用例或排除用户决策。与大多数现代 Linux 发行版相比，Slackware 不提供图形安装过程，也不提供软件包的自动依赖性解析。它使用纯文本文件，只有一小部分 shell 脚本用于配置和管理。由于 Slackware 有许多保守和简单的特性，因此通常认为它最适合高级和技术性倾向较强的 Linux 用户。Slackware 可用于 IA-32 和 x86_64 体系结构，带有可连接进阶精简指令集机器（Advanced RISC Machine，ARM）的端口。尽管 Slackware 主要是免费的开源软件，但它没有正式的 bug 跟踪设施或公共代码存储库，版本由 Volkerding 定期公布。其开发人员没有正式的成员，Volkerding 是发布的主要贡献者。

基于 Slackware 的著名发行版有 SUSE Linux。

（3）Red Hat 推出的 Linux

Red Hat 是美国一家以开发、贩售 Linux 软件包并提供技术服务为业务的企业，其著名的产品为 Red Hat Enterprise Linux。20 世纪 90 年代末期，在 Linux 以自由软件且开源为号召，试图挑战商业化且闭源的 Windows 在操作系统市场的霸主地位之际，Red Hat 推出的 Linux 与软件集成包 Red Hat Linux 适时满足了市场的需求，从而奠定了 Red Hat 在 Linux 业界的旗手地位。

基于 Red Hat 推出的著名的 Linux 发行版有：Fedora、CentOS。

1.4 任务实施

任务实施主要内容如图 1-3 所示。

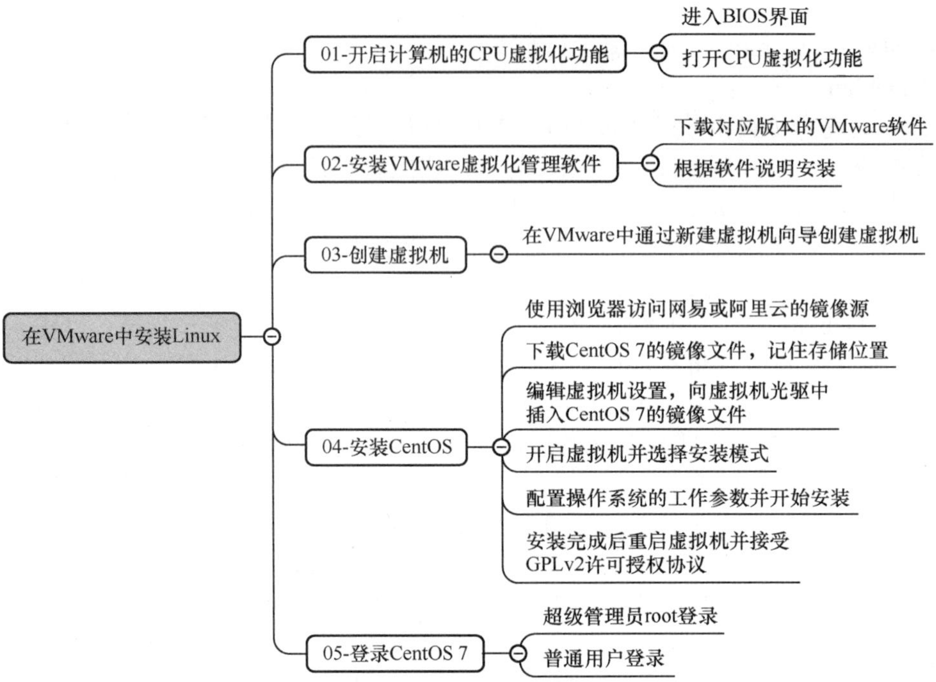
在VMware中安装Linux
01-开启计算机的CPU虚拟化功能
进入BIOS界面
打开CPU虚拟化功能
02-安装VMware虚拟化管理软件
下载对应版本的VMware软件
根据软件说明安装
03-创建虚拟机
在VMware中通过新建虚拟机向导创建虚拟机
04-安装CentOS
使用浏览器访问网易或阿里云的镜像源
下载CentOS 7的镜像文件，记住存储位置
编辑虚拟机设置，向虚拟机光驱中插入CentOS 7的镜像文件
开启虚拟机并选择安装模式
配置操作系统的工作参数并开始安装
安装完成后重启虚拟机并接受GPLv2许可授权协议
05-登录CentOS 7
超级管理员root登录
普通用户登录

图 1-3　任务实施主要内容

1.4.1　开启计算机的 CPU 虚拟化功能

使用 VMware 创建和运行虚拟机时需要开启计算机 CPU 的虚拟化功能。以联想 Thinkpad X280 笔记本电脑为例，开启 CPU 的虚拟化功能的步骤如下。

（1）进入 BIOS 界面。开机时在出现“Lenovo”字样的瞬间连续按键盘上的 Enter 键，进入本计算机 BIOS 界面。不同品牌型号的计算机进入 BIOS 界面的方法不同，需要读者根据个人计算机品牌型号查询产品手册或咨询生产商客服，一般方法是在开机后立即连续按键盘上某个特定键，如 Delete 键、Enter 键或 F10 键等。

（2）打开 CPU 虚拟化功能。在 BIOS 界面按 Tab 键切换到“Advance”选项卡；选择“CPU setup”，按 Enter 键进入；找到“Virtualization”或“VT-x”等相关名称（不同品牌、不同型号的计算机，名称均有所不同）的功能设置项目，按 Enter 键进入修改模式，将“Disabled”修改为“Enabled”；保存后退出，再正常启动计算机即可。

课堂练习 1-1：根据自己所用计算机的品牌及型号查看并开启计算机的 CPU 虚拟化功能。

1.4.2　安装 VMware 虚拟化管理软件

VMware Workstation 是虚拟机管理软件，它可以帮助用户在一台计算机上同时运行和管理多台部署了 Windows、Linux 等操作系统的虚拟机。安装 VMware 时需要首先下载软件安装包，可以到相关平台下载对应的 VMware 软件安装包，平台同时提供了激活密钥，也可以到 VMware 官方网站下载。软件的安装可根据提示向导完成，步骤较简单，本书不详述。VMware Workstation（下文简称为 VMware）工作界面如图 1-4 所示。

- 标识“①”处是软件的菜单栏，提供了丰富的虚拟机管理功能。
- 标识“②”处是工具栏，提供了常用的虚拟机操作工具。
- 标识“③”处是虚拟机列表，列出了当前正在使用的虚拟机。
- 标识“④”处是虚拟机工作区，展示了虚拟机的详细信息。

图 1-4　VMware 工作界面

课堂练习 1-2：在计算机上下载并安装 VMware，请确认软件安装包下载时的存储位置及软件安装后的存储位置。

微课视频

创建虚拟机

1.4.3　创建虚拟机

在 VMware 虚拟化管理软件安装完成后开始新建虚拟机。如图 1-5 所示，有两种方法启动新建虚拟机向导。第一种方法是在标识“①”处通过单击菜单栏中的“文件”菜单并选择“新建虚拟机”选项进入；第二种方法是在标识“②”处通过单击“主页”标签页内“创建新的虚拟机”选项进入。任选其中一种方法，进入“新建虚拟机向导”对话框。

图 1-5　启动新建虚拟机向导

如图 1-6 所示，默认选择“自定义（高级）”类型的虚拟机配置，单击“下一步”按钮。如图 1-7 所示，开始选择虚拟机硬件兼容性，保持默认配置，单击“下一步”按钮。

如图 1-8 所示，在“安装客户机操作系统”界面，需选择“稍后安装操作系统”，然后单击“下一步”按钮。如图 1-9 所示，选择虚拟机需要适配和引导的操作系统，客户机操作系统选择“Linux”，版本选择“CentOS 7 64 位”，单击“下一步”按钮进入“命名虚拟机”界面。

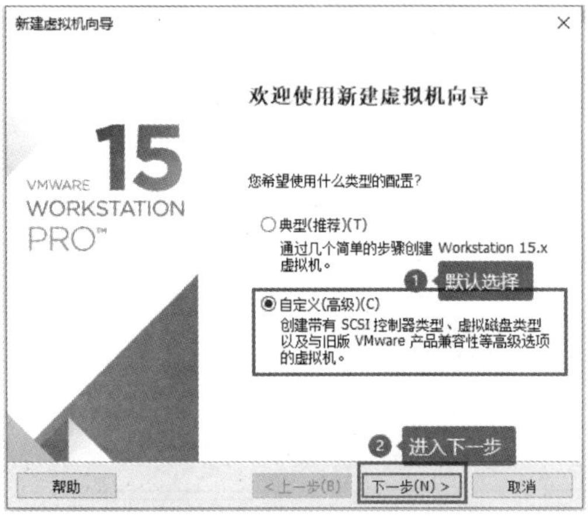

图 1-6　选择虚拟机配置

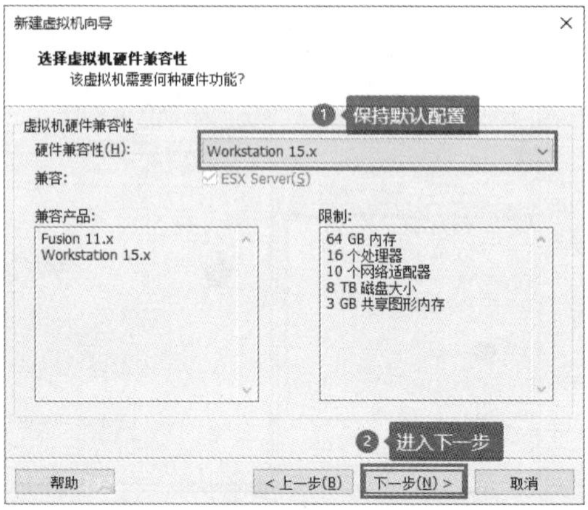

图 1-7　选择虚拟机硬件兼容性

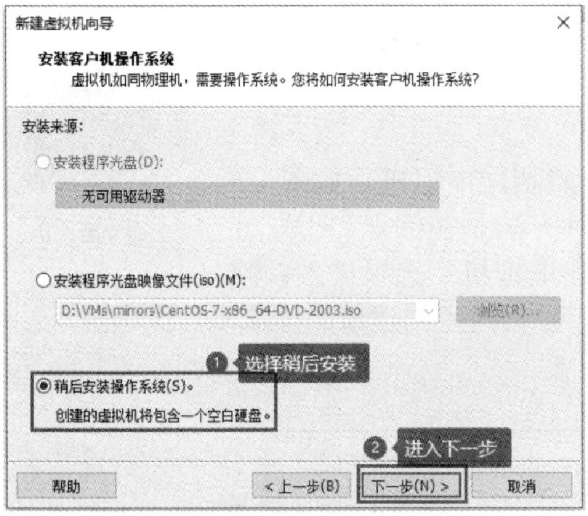

图 1-8　安装客户机操作系统

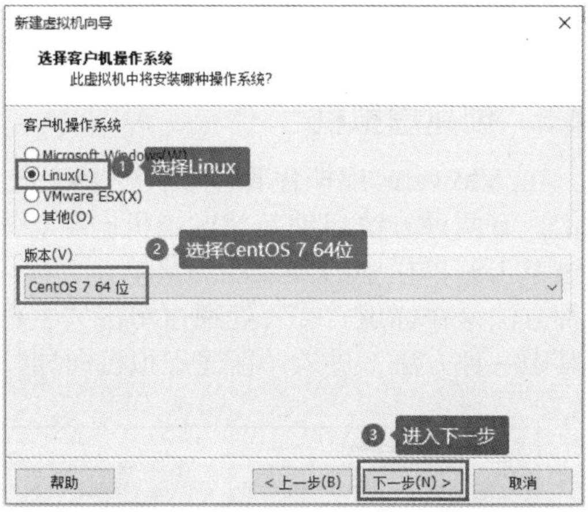

图 1-9　选择客户机操作系统

为了方便管理虚拟机的文件，在硬盘上新建一个文件夹专门用于存放该虚拟机的所有文件，此处将该文件夹建立在 E 盘下的一个文件夹内。如图 1-10 所示，设置虚拟机名称为“client”，指定虚拟机文件在磁盘上的存放位置为“E:\OS\CentOS7-client”，单击“下一步”按钮进入“处理器配置”界面。如图 1-11 所示，此处配置虚拟机的处理器数量为 1，其内核数量为 2，配置后处理器内核总数为 2。按图 1-11 完成配置后，单击“下一步”按钮进入“此虚拟机的内存”界面。

在首次安装虚拟机操作系统的情况下，为了帮助读者逐步熟悉 Linux 的使用，将选择安装带图形用户界面的服务器操作系统版本。因图形用户界面对内存的需求相对较高，如图 1-12 所示，配置虚拟机内存为 2048 MB，单击“下一步”按钮进入“网络类型”界面。如图 1-13 所示，为了使初学者能通过虚拟机快速接入互联网，此处将虚拟机网络连接类型配置为默认的 NAT 模式（任务 3 将具体讲述各种网络连接类型）。

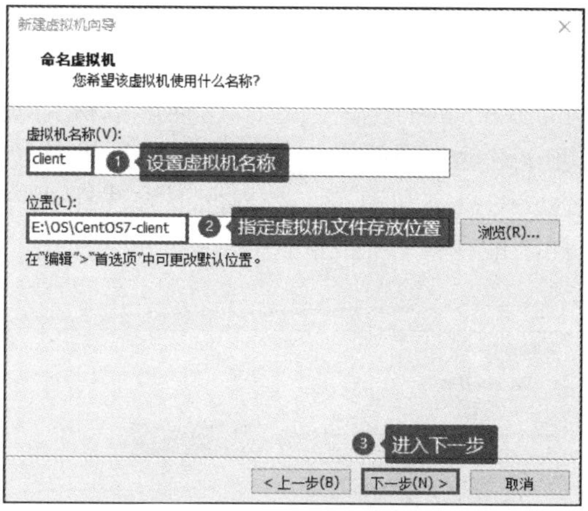

图 1-10　命名虚拟机

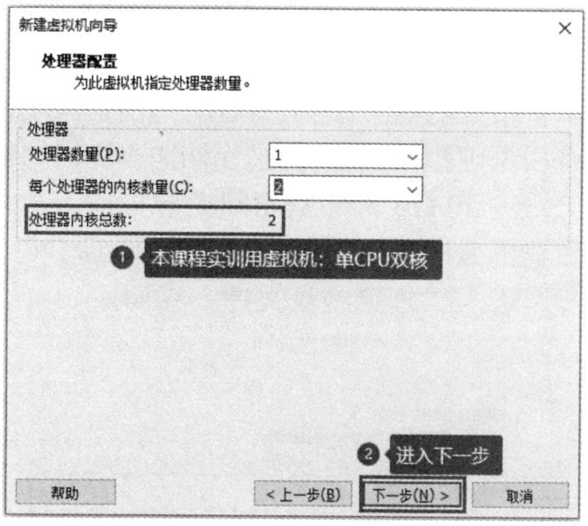

图 1-11　处理器配置

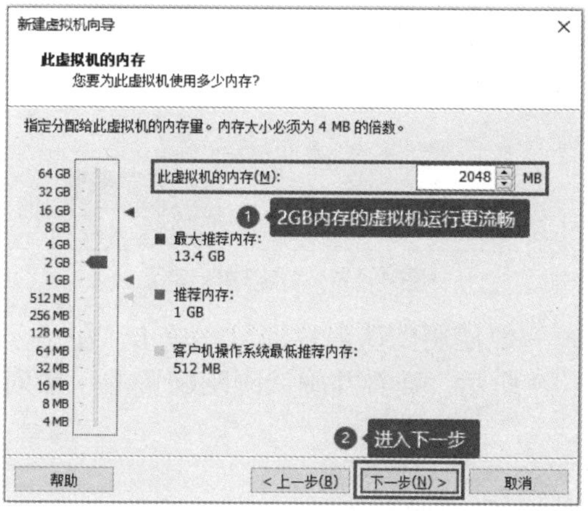

图 1-12　虚拟机内存配置

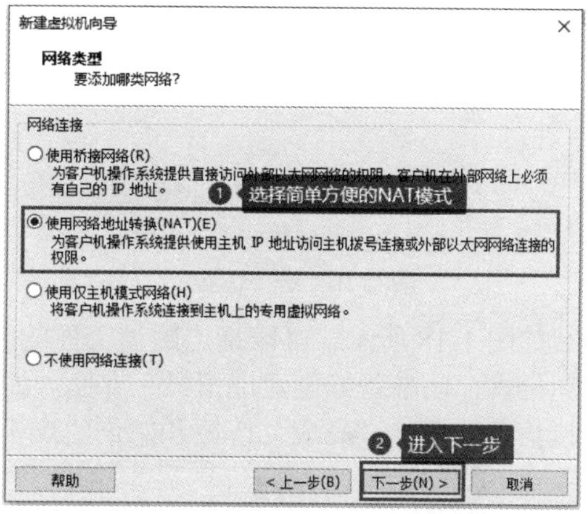

图 1-13　虚拟机网络类型配置

如图 1-14 所示，按新建虚拟机向导推荐，默认选择“LSI Logic”为虚拟机 I/O 控制器类型，单击“下一步”按钮进入“选择磁盘类型”界面。如图 1-15 所示，虚拟磁盘类型默认选择“SCSI”，单击“下一步”按钮进入“选择磁盘”界面。

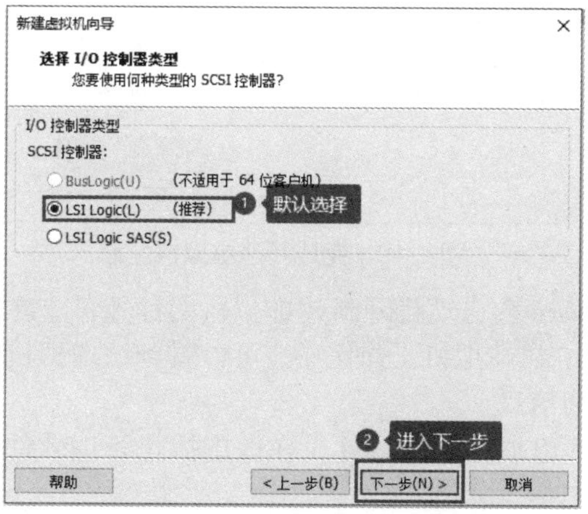

图 1-14　选择 I/O 控制器类型

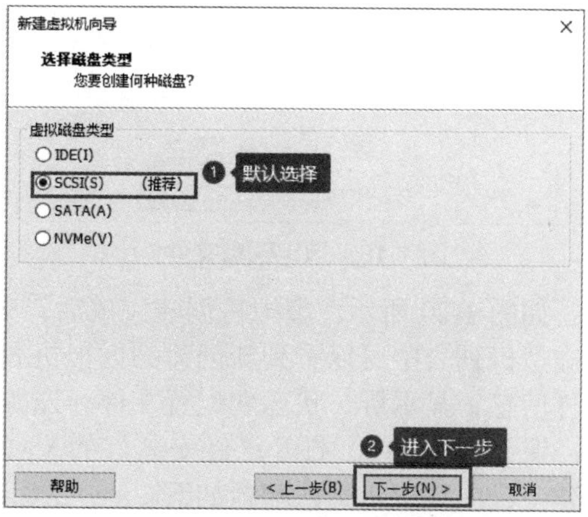

图 1-15　选择磁盘类型

如图 1-16 所示，选择“创建新虚拟磁盘”（虚拟磁盘可以在一台主机上或者多台主机之间轻松复制或移动），然后单击“下一步”按钮进入“指定磁盘容量”界面。如图 1-17 所示，指定磁盘大小为 20 GB，并且不勾选“立即分配所有磁盘空间”。这样虚拟机管理软件将根据虚拟机的实际使用情况，从物理机上划分磁盘空间给虚拟机，而不会立即从物理机上锁定 20 GB 的磁盘空间给虚拟机，故不会造成磁盘空间浪费。在界面下方选择“将虚拟磁盘拆分成多个文件”，拆分磁盘后，可以更轻松地在计算机之间移动虚拟机。单击“下一步”进入“指定磁盘文件”界面。

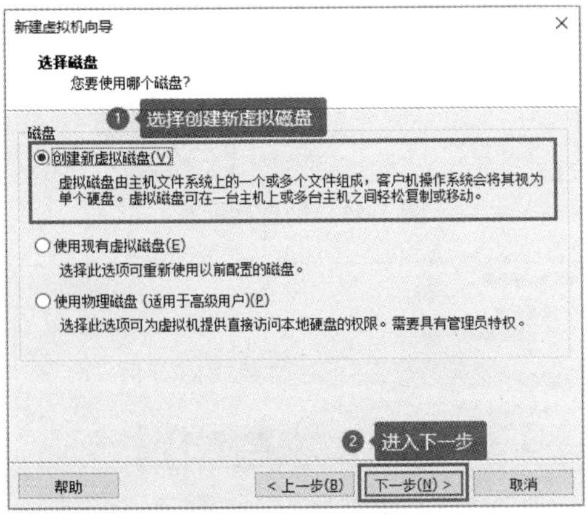

图 1-16　选择磁盘

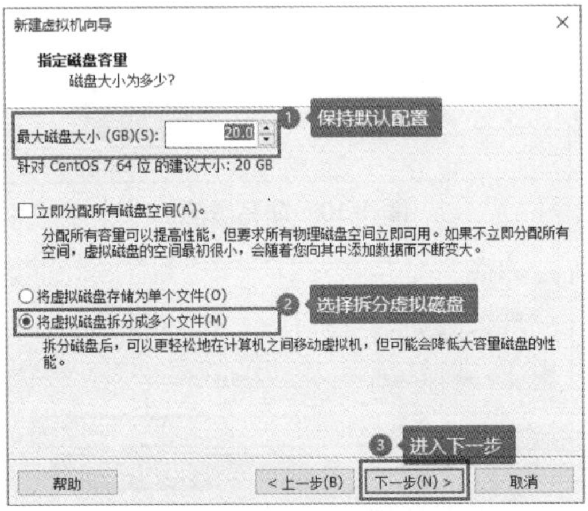

图 1-17　指定磁盘容量

如图 1-18 所示，可以指定磁盘文件的名称，一般使用默认名称即可，单击“下一步”按钮进入“已准备好创建虚拟机”界面。如图 1-19 所示，查看并确认刚刚配置的一系列虚拟机信息，单击“完成”按钮开始创建虚拟机。

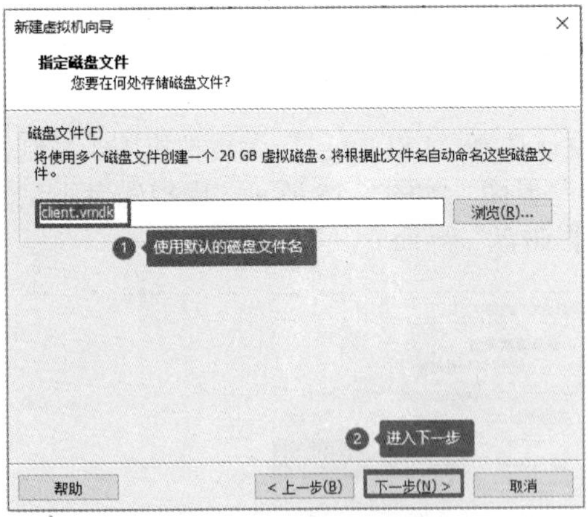

图 1-18　指定磁盘文件

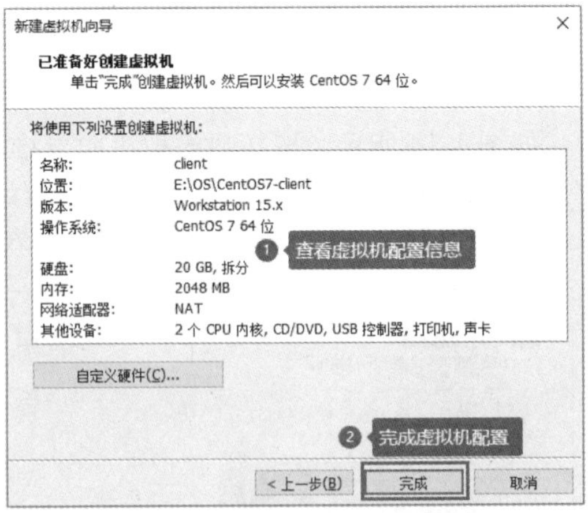

图 1-19　完成新建虚拟机配置

如图 1-20 所示，虚拟机创建完成后，VMware 会自动打开新建虚拟机的标签页。在右侧虚拟机列表中可以看到新创建的虚拟机 client；在虚拟机工作区中，可以看到该虚拟机的硬件信息、显示屏、状态和配置文件存储等详细信息。

课堂练习 1-3：打开已经安装好的 VMware 虚拟化管理软件，在该虚拟化管理软件中创建一台虚拟机，确认配置如下：

（1）客户机操作系统为 CentOS 7 64 位的 Linux；

（2）虚拟机名称为 server；

（3）虚拟机存储位置为所用物理机的最后一个分区，在该分区上创建文件夹 server，用来存放虚拟机的文件；

（4）设置虚拟机有 1 个处理器、2 个内核，网络连接类型为 NAT，并设置磁盘容量为 50 GB，其余未做要求的可保持默认配置或进行自定义配置。

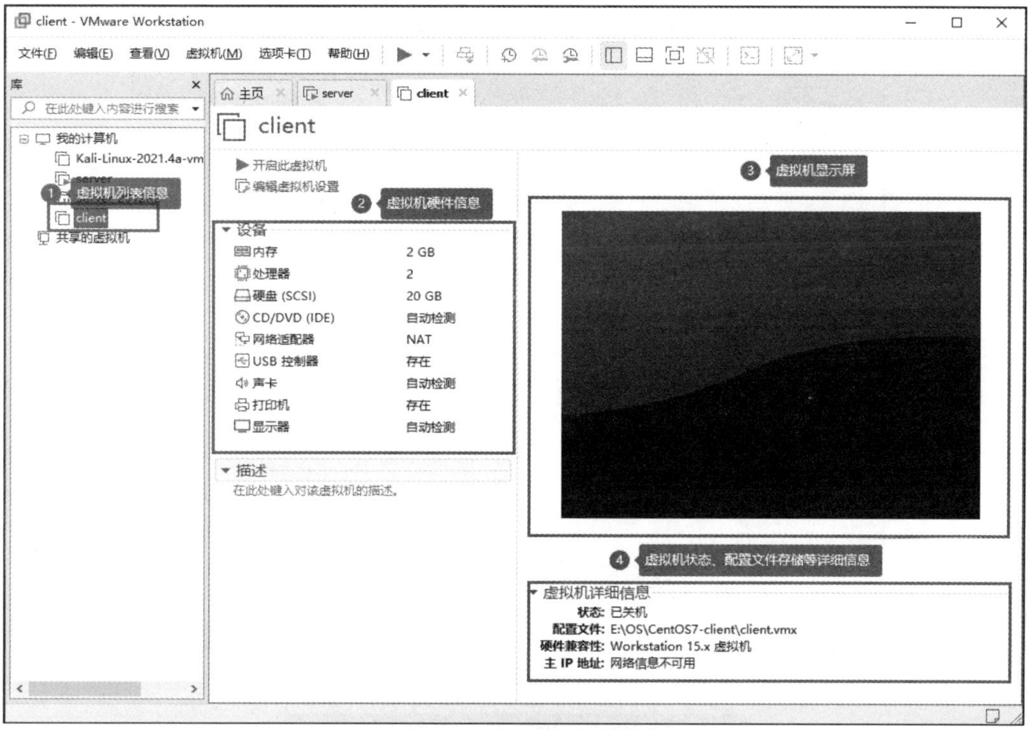

图 1-20 虚拟机使用界面

1.4.4 安装 CentOS 7

微课视频

安装 CentOS 7

新建的虚拟机实际上是一台没有操作系统的“裸计算机”，需要安装操作系统。操作系统安装文件是通过网络下载的以“.iso”为扩展名的光盘映像文件，把该文件加载到虚拟机的光驱中，就可以开始为虚拟机安装操作系统了。

在图 1-20 所示的虚拟机工作区中，单击“编辑虚拟机设置”，即可进入“虚拟机设置”界面。或者在 VMware 的菜单栏中选择“虚拟机”并选择“设置”，进入“虚拟机设置”对话框，如图 1-21 所示。在“硬件”选项卡左侧“设备”栏中选择“CD/DVD(IDE)”，待右侧变化为光驱设置界面后，在“设备状态”中勾选“启动时连接”以确保光驱有效，在“连接”中选择“使用 ISO 映像文件”并从本地文件系统选择从网络上下载的 CentOS 7 映像文件。本书以 CentOS 7 为例，下载的 ISO 映像文件名为“CentOS-7-x86_64-DVD- 1810.iso”。设置完成后，单击对话框下方的“确定”按钮。

完成上述步骤后，虚拟机进入完全准备状态，随时可以进入系统安装环节。单击图 1-20 所示的虚拟机工作区中“开启此虚拟机”，开始 CentOS 7 的安装。虚拟机开启后，虚拟机工作区将整体切换为虚拟机显示屏，初次开启时将进入图 1-22 所示界面，默认选择第 2 项操作并开启倒计时；若使用者未能在倒计时结束前完成选择，系统自动选择第 2 项操作“Test this media & install CentOS 7”。因检测工作将花费较长时间且此处不需要检测光盘媒质，故可以通过键盘上下方向键切换操作选项。

图 1-21 “虚拟机设置”对话框

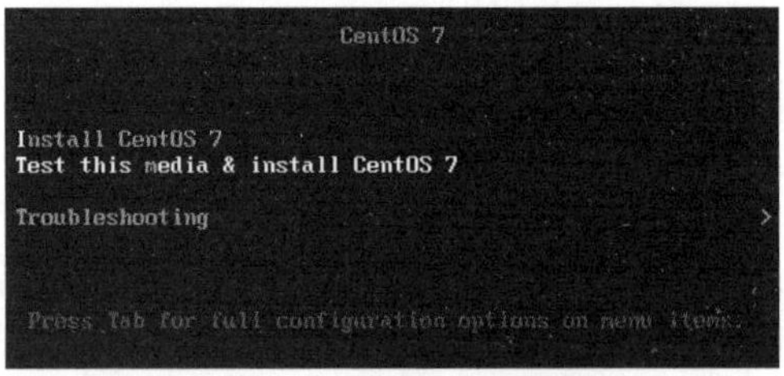

图 1-22 选择系统安装操作

选择“Install CentOS 7”，按 Enter 键，虚拟机开始加载 CentOS 7 操作系统安装向导程序，界面显示如图 1-23 所示。

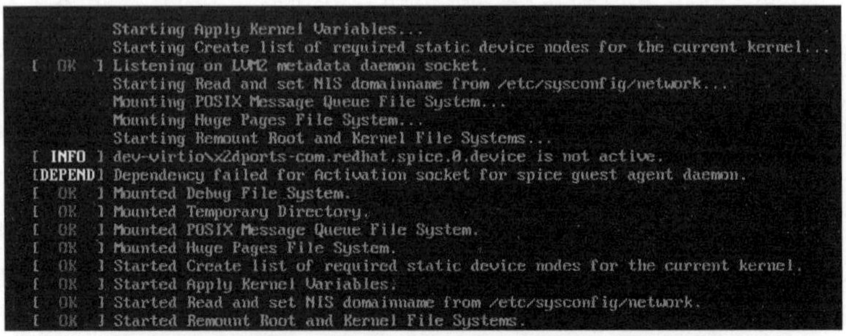

图 1-23 加载 CentOS 7 操作系统安装向导程序

操作系统安装向导程序可帮助用户根据实际需要，配置操作系统的初始化功能和系统参数。在开始配置之前，首先会询问用户在安装过程中使用的语言，选择“中文”→“简体中文(中国)”，如图 1-24 所示，执行后续步骤时即可使用中文安装向导界面。单击界面右下角的“继续”按钮进入“安装信息摘要”界面，如图 1-25 所示。系统的区域和时间会自动和物理机同步，向下滚动页面，找到“软件选择”“安装位置”“网络和主机名”3 个必要配置项。

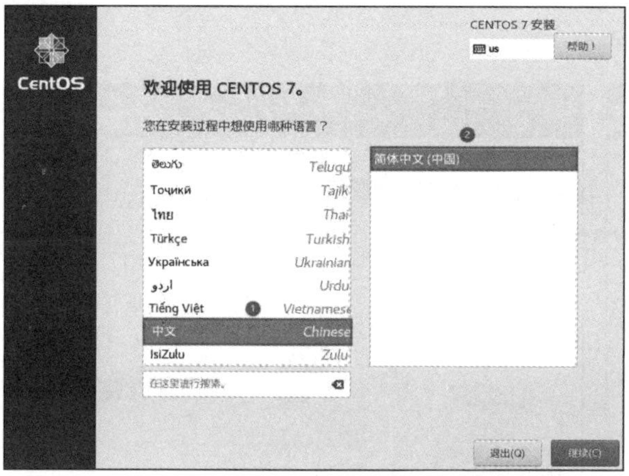

图 1-24 选择安装过程中使用的语言

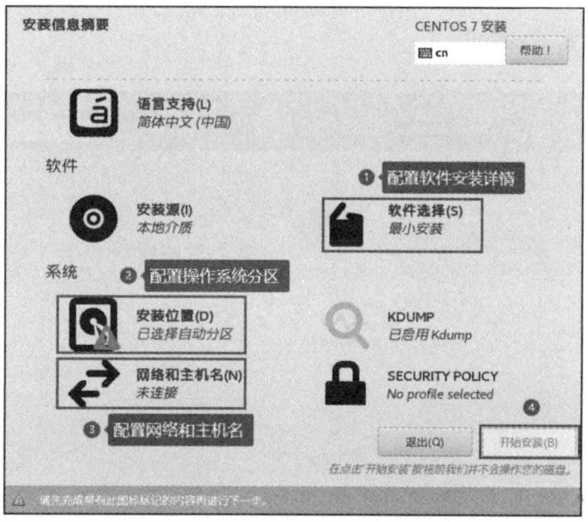

图 1-25 安装信息摘要配置

单击图 1-25 所示界面中标识“①”处的“软件选择”，进入“软件选择”界面。如图 1-26 所示，首次安装时选择“带 GUI 的服务器”。GUI 是指采用图形化方式显示的计算机操作的用户界面，可方便初学者逐步适应 Linux 环境。在图 1-26 所示界面右侧“已选环境的附加选项”中保持默认所有选项不勾选，可以在 Linux 完成安装后根据需要再安装相应服务和功能。单击界面左上角的“完成”按钮，返回图 1-25 所示界面。返回后等待数秒，待系统确认软件选择后，再单击图 1-25 所示界面中标识“②”处的“安装位置”，开始配置系统的安装位置，此时进入图 1-27 所示的“安装目标位置”界面，默认选择“自动配置分区”，可以直接单击左上角的“完成”按钮，系统安装时就会使用默认的分区及安装位置进行安装。或者如图 1-27 所示选择“我要配置分区”，进入“手动分区”界面，如图 1-28 所示。

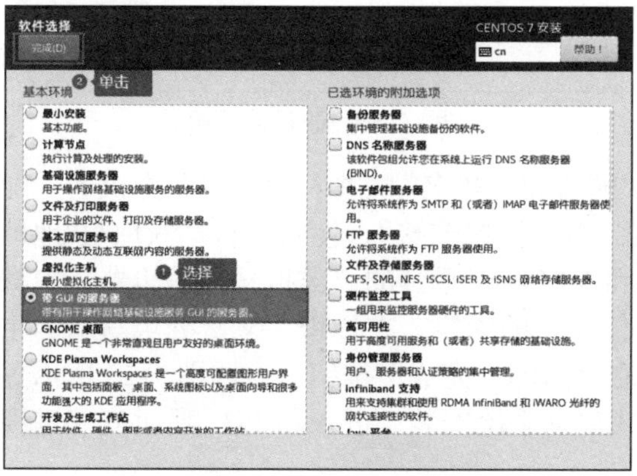

图 1-26 软件选择配置

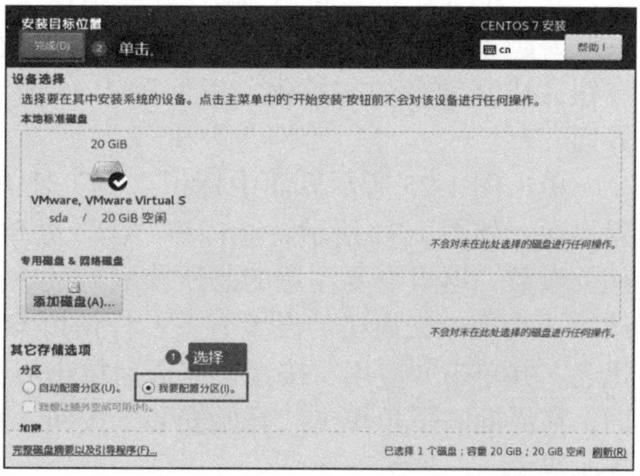

图 1-27 配置系统安装的目标位置

在图 1-28 所示界面中，单击“点这里自动创建他们”超链接，进入如图 1-29 所示的界面，可以通过标识“①”处的“+”号或“–”号新增或删除分区，也可以通过标识“②”处的提示选择分区进行编辑，还可以通过标识“③”和标识“④”处的提示来修改分区的参数。目前虽然进入了“手动分区”界面，但仍然存在已自动创建的 3 个分区（这是 Linux 安装时必须创建的 3 个分区）：“/boot”分区主要用于存放 Linux 内核文件，“/”分区是 Linux 的根分区，“swap”分区是系统的交换分区。本书采用自动创建的分区参数即可，不需要新增或删除分区，也不需要修改分区参数，直接单击左上角的“完成”按钮，进入“更改摘要”界面。

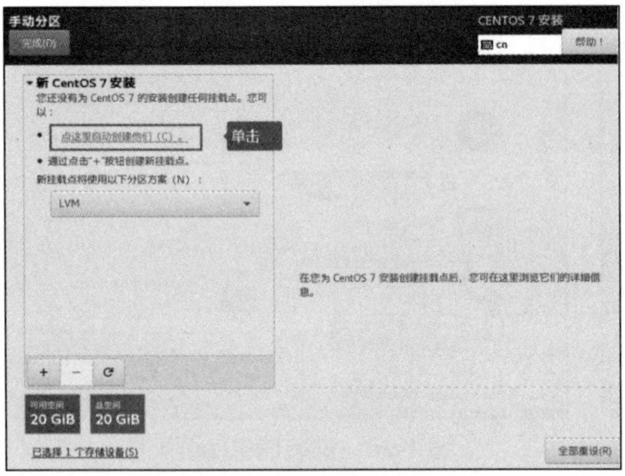

图 1-28　手动进行硬盘分区

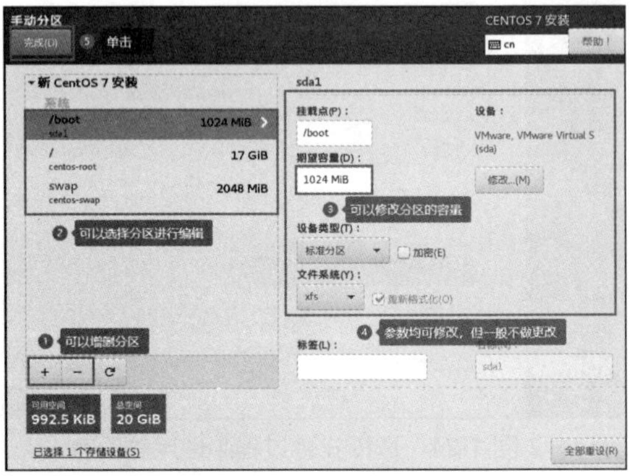

图 1-29　手动创建分区

如图 1-30 所示，这里列出了在硬盘上分别创建的设备 sda1 和 sda2，并格式化 sda1 为 xfs 类型的，通过“/boot”挂载访问；格式化 sda2 为 physical volume (LVM)类型，并在该设备上创建卷组 centos-swap，进一步在该卷组上创建两个逻辑卷 centos-swap 和 centos-root，其中 centos-swap 被格式化为 swap 类型，centos-root 被格式化为 xfs 类型，centos-root 通过 Linux 的根分区“/”挂载访问。逻辑卷的使用可以使得服务器在零停机的前提下对文件系统的大小进行自由调整，方便实现文件系统跨越不同磁盘和分区。单击“接受更改”按钮完成新硬盘的初始化，返回图 1-25 所示界面。

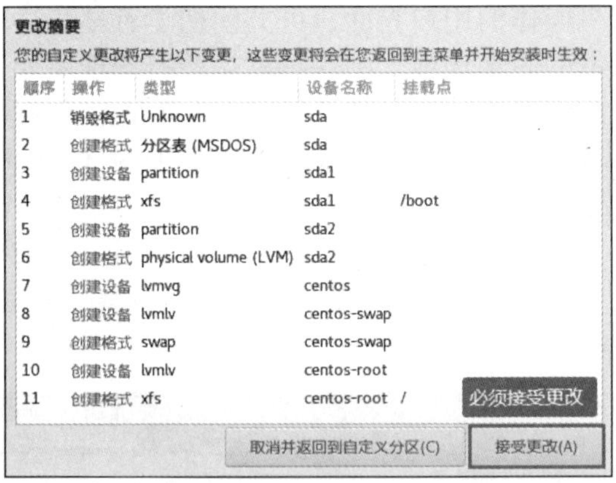

图 1-30　硬盘分区确认

单击图 1-25 所示界面中标识“③”处的“网络和主机名”，进入“网络和主机名”配置界面。如图 1-31 所示，在标识“①”处单击“打开网络连接”，使其能自动获取 IP 地址相关参数，这里需要注意的是所获取到的参数和 VMware 平台的“虚拟网络编辑器”中默认的 3 台虚拟交换机的设置有关，详情可参考任务 3 的内容。在标识“②”处填写新的主机名，并单击“应用”按钮。完成后单击界面左上角的“完成”按钮，返回图 1-25 所示界面，在界面右下角单击“开始安装”按钮，正式启动系统安装，进入图 1-32 所示安装进度提示界面。

如图 1-32 所示，标识“③”处显示了系统安装的整体进度，整个过程大约需要十几分钟，具体时间和使用的物理机性能、安装的虚拟机操作系统版本等有关。可以利用这一段时间完成标识“①”处的 root（图中的 ROOT 和 Root 同 root）用户密码设置和标识“②”处的普通用户创建。

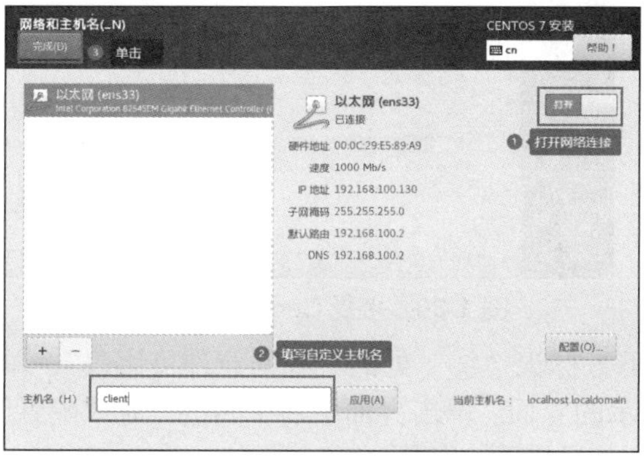

图 1-31 设置虚拟机网络和主机名

图 1-32 安装进度提示

root 用户是 Linux 的超级管理员，在图 1-32 所示界面上单击标识“①”处的“ROOT 密码”，进入“ROOT 密码”界面。如图 1-33 所示，填写 root 用户密码并确认，然后单击左上角的“完成”按钮。root 用户的密码设置得符合密码复杂性要求，即密码至少包含特殊字符、数字、大写字母、小写字母 4 种类型中的 3 种，并且密码长度大于等于 8。如图 1-33 所示，“③”标识的是密码设置提示信息“The passwords do not match”。

root 密码正常设置完成后，返回图 1-32 所示界面，单击标识“②”处的“创建用户”，进入“创建用户”界面，如图 1-34 所示。填写用户名和密码后，单击左上角的“完成”按钮，如果设置了弱密码，则会出现如图 1-34 所示的标识“③”处的提示信息“The password is too short”，你需要按“完成”按钮两次方可确认。

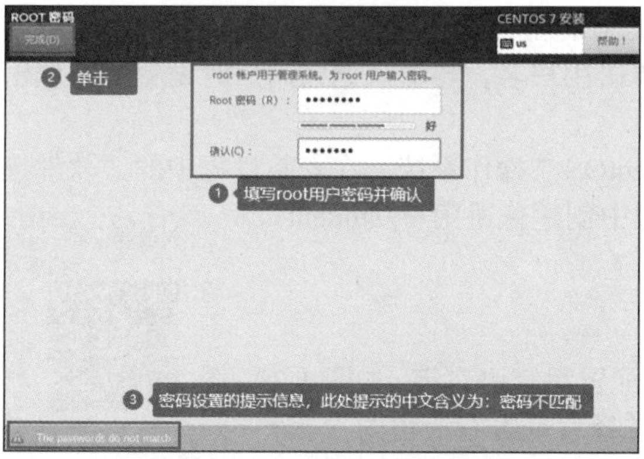

图 1-33 设置 root 密码

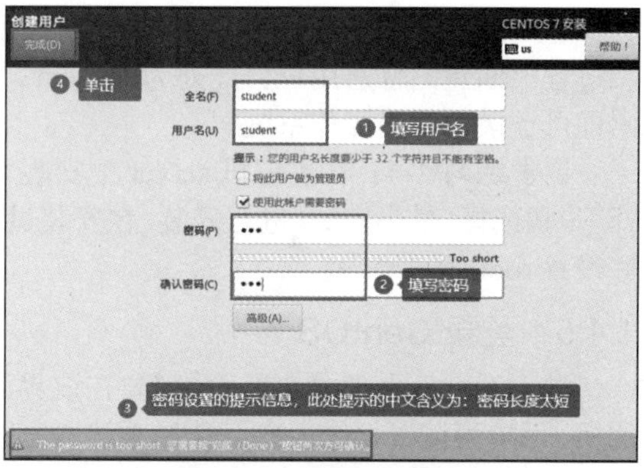

图 1-34 创建普通用户

所有配置步骤完成后，等待系统安装完成，出现“重启”按钮，如图 1-35 所示，单击“重启”按钮尝试正常进入 CentOS 7。如图 1-36 所示，首次开机会出现授权许可确认界面，CentOS 7 是免费、开源的计算机操作系统，遵守 GPLv2 授权许可协议，用户可以不受限制地复制、分发和修改该软件。单击标识“①”处的“LICENSING”，进入许可确认界面。

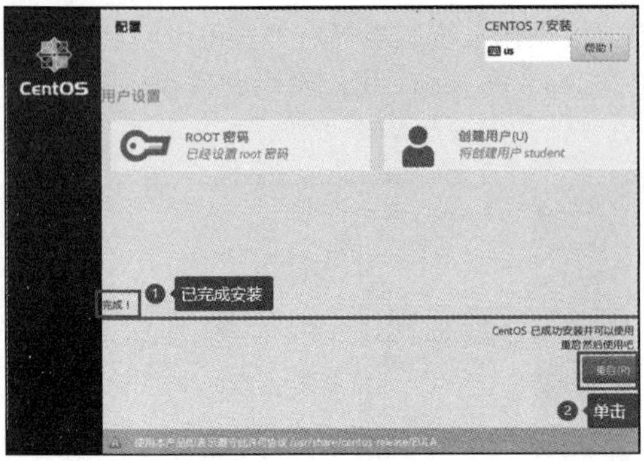

图 1-35　完成安装

图 1-36　接受 CentOS 7 许可证

如图 1-37 所示，阅读许可协议后，勾选下方标识“②”处的“我同意许可协议”，单击界面左上角的“完成”按钮，返回图 1-36 所示的界面。单击界面中右下角的“完成配置”按钮，接受授权许可协议，正式进入 CentOS 7 登录界面，如图 1-38 所示。

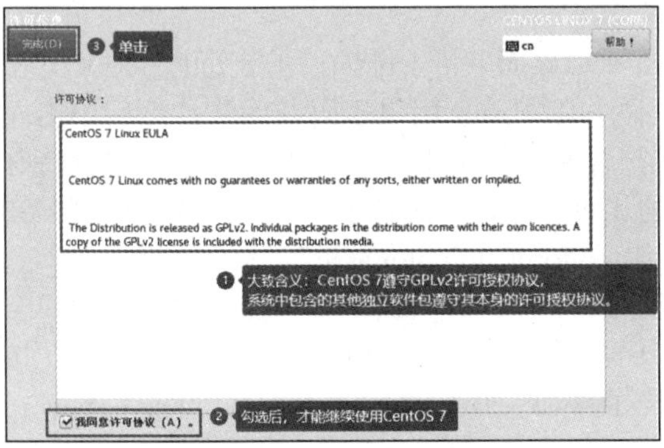

图 1-37　同意许可协议

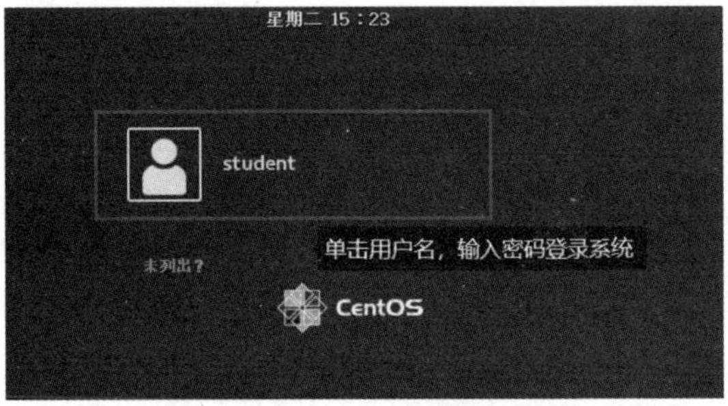

图 1-38　CentOS 7 登录界面

进入图 1-38 所示的登录界面后，会出现操作系统的锁屏界面，用户默认为操作系统安装过程中创建的普通用户，此处为 student。单击用户名，再输入创建用户时设置的对应密码即可登录、使用操作系统。

课堂练习 1-4：在虚拟机 server 中安装 CentOS 7 操作系统，在安装过程中的“软件选择”步骤选择“最小安装”进行安装，在安装过程中创建普通用户“student”，并设置 root 用户密码。

微课视频

登录 CentOS 7

1.4.5　登录 CentOS 7

进入系统后出现欢迎界面，需要在该界面配置系统语言等。如图 1-39 所示，用户可以根据个人喜好选择系统语言，选择后单击右上角的“Next”（语言选择“汉语”时这里显示“前进”）按钮，进入键盘布局选择界面。

用户可根据实际键盘选择对应的键盘布局，完成后单击右上角的“Next”按钮去往下一个配置界面，或者单击左上角“Previous”（语言选择“汉语”时这里显示“返回”）按钮返回前一个配置界面。接着，在隐私设置界面进行“位置服务”是否开启的设置，设置完成后进入在线账号设置界面，如果你有列出的账号可进行相应连接，如果没有，单击右上角的“Skip”按钮。至此，CentOS 7 开机初始化配置全部完成，如图 1-40 所示。单击“Start Using CentOS Linux”按钮，开始使用 CentOS 7。

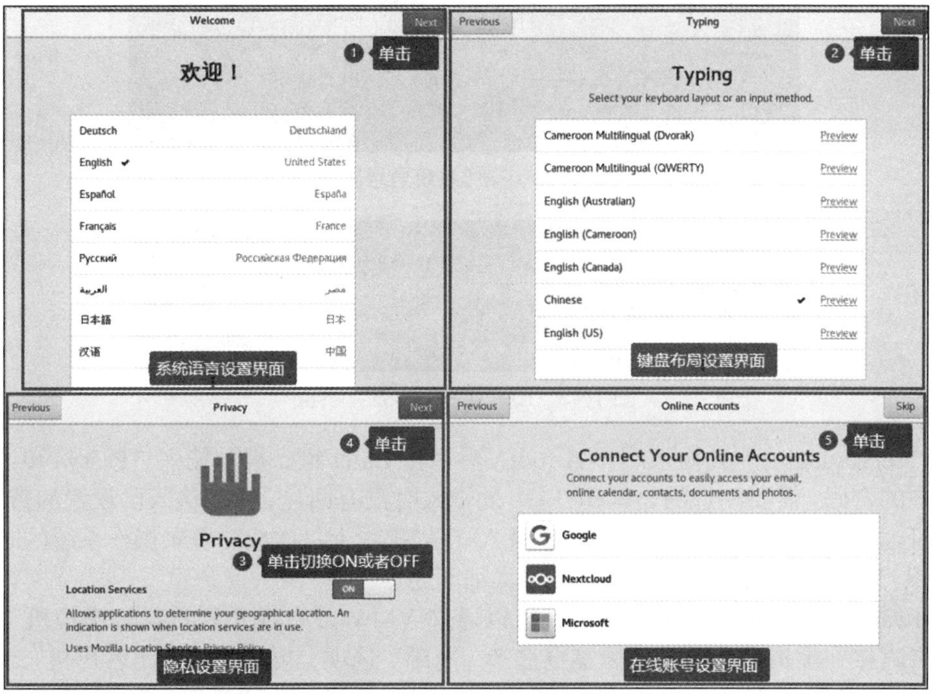

图 1-39　选择系统语言

CentOS 7 为初次使用的用户提供了简单的使用教学视频，如图 1-41 所示，如果不需要观看，可以单击窗口右上角的关闭按钮。

图 1-40　配置完成

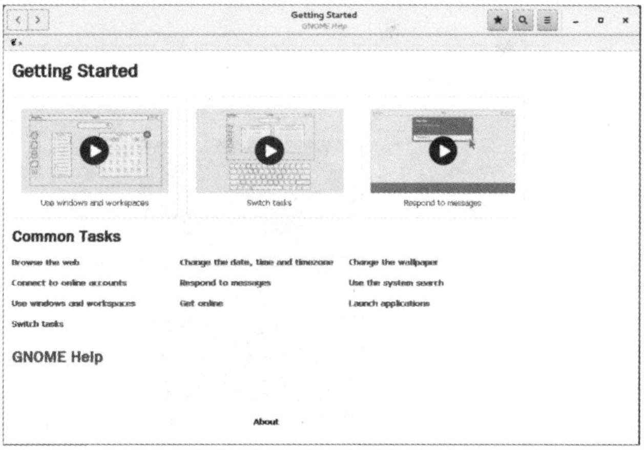

图 1-41　简单的使用教学视频

现在安装第二台虚拟机，过程和上述安装过程几乎一致，只是在图 1-26 所示界面选择的是“最小安装”，主机名为 server，创建的普通用户也是 student。那么在安装系统重启后，将进入如图 1-42 所示的登录界面，其中标识“①”处提示该虚拟机安装的操作系统的发行版是 CentOS 7，标识“②”处提示该虚拟机安装的操作系统的内核版本是 Kernel 3.10.0。关于 Linux 的内核版可以关注其官方网站 kernel.org，这是一个开源的网站，所有的 Linux 爱好者都可以基于此研究，发行版就是在内核版基础上的各个公司的研究产物。标识“③”处提示用户登录操作系统，此处用 Linux 的管理员 root 来登录操作系统，如图 1-43 所示。

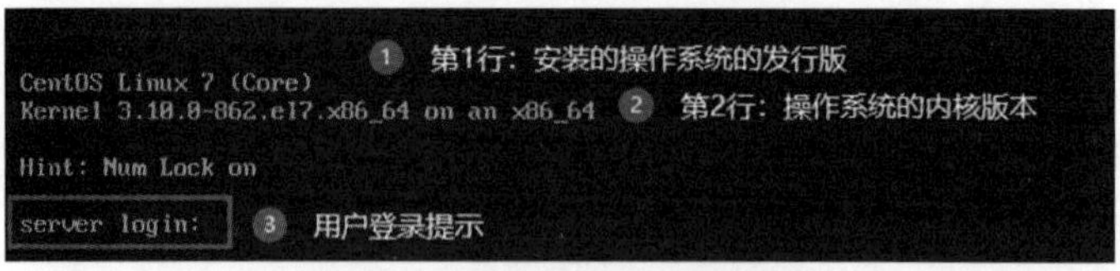

图 1-42　操作系统登录界面

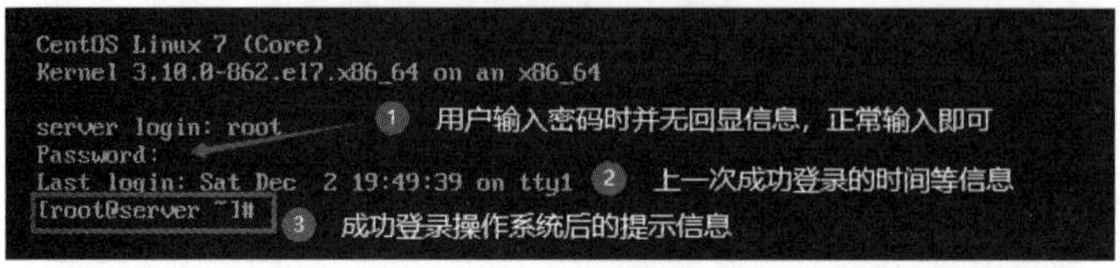

图 1-43　root 用户登录成功界面

在“server login:”处输入用户名 root，然后按 Enter 键，提示输入“Password:”，输入 root 用户的密码。需要注意的是标识“①”处输入时没有回显，正常输入已设置的密码即可，身份验证通过后会看到图 1-43 所示的标识“②”处提示上一次成功登录操作系统的时间等信息，标识“③”处的提示信息将在任务 2 详细阐述。

VMware 中的虚拟机使用完毕后，可以通过 VMware 的菜单栏选择“虚拟机”→“电源”或者直接在虚拟机的 server 标签页选择“电源”选项，再选择“关闭客户机”或者“挂起客户机”，如图 1-44 所示。“关闭客户机”就是计算机的关闭操作，“挂起客户机”相当于计算机进入“屏保”状态，如果关闭 VMware，再关闭物理机，当物理机重启后重新打开 VMware，虚拟机 server 会处于挂起的“屏保”状态，选择“电源”中的“继续运行客户机”选项，可以快速恢复虚拟机 server 上一次的工作状态。因此，“挂起客户机”是 VMware 中虚拟机常用的一个电源操作。

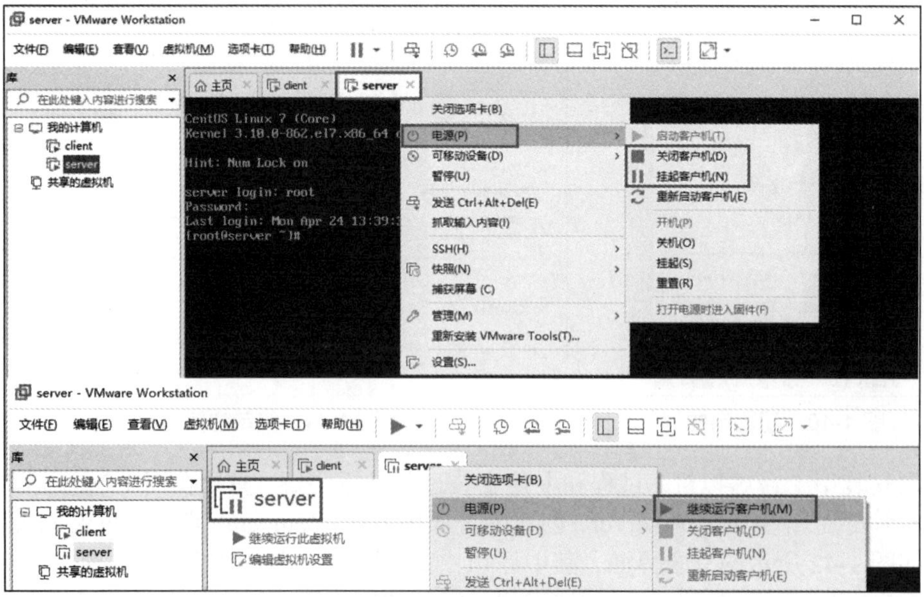

图 1-44　虚拟机的电源设置

课堂练习 1-5：通过用户 student 登录操作系统，使用命令 logout 退出登录，再通过用户 root 登录操作系统。

1.5 任务小结

通过本任务的学习和实践，读者不仅可了解虚拟化技术，而且可对 Linux 有初步认识，现在应该能够完成以下练习。

（1）在自己的计算机中安装虚拟化管理软件。

（2）在虚拟化管理软件中创建虚拟机并安装 Linux，能查看其内核版，区分不同发行版。

（3）通过多用户登录 Linux。

1.6 课后习题

1. 填空题

（1）常见的虚拟化技术有________、________、________和混合虚拟化。

（2）虚拟化的本质是________、________、________和相对于硬件独立。

（3）如果将一台物理机虚拟成多台虚拟机，则称物理机为宿主机，虚拟机为________。

（4）CPU 虚拟化功能应该在计算机________中开启。

（5）CentOS 7 系统默认的/boot 分区的文件系统格式是________。

2. 判断题

（1）所有的 Linux 发行版都是免费的。（　　）

（2）在不开启 CPU 虚拟化功能的情况下，也可以在 VMware 中新建虚拟机。（　　）

（3）一个 Linux 只能有一个超级管理员。（　　）

（4）通过复制虚拟机文件可以实现虚拟机的复制。（　　）

（5）在个人计算机上创建虚拟机并搭建 Linux 实验环境，不需要验证个人计算机是否开启 CPU 虚拟化功能。（　　）

3. 选择题

（1）Linux 的超级管理员是（　　）。

A. admin　　B. Administrator　　C. Sa　　D. root

（2）安装 Linux 至少需要（　　）个分区。

A. 2　　B. 3　　C. 4　　D. 5

（3）Linux 中充当虚拟内存的是（　　）分区。

A. swap　　B. /　　C. /boot　　D. /home

（4）创建虚拟机时，虚拟磁盘默认不会立即分配所有的磁盘空间，这样做的好处是（　　）。

A. 提高大容量磁盘的性能　　B. 提高磁盘利用率

C. 按需分配，避免磁盘空间浪费　　D. 提高虚拟机性能

（5）执行软件最小安装的 CentOS 7，操作系统的登录界面中的第 2 行提示信息是（　　）。

A. 操作系统的发行版　　B. 操作系统的内核版本

C. 登录提示信息　　D. 上一次成功登录的信息

任务 2 开始使用 Linux

在 Windows 系统中，通过双击操作可以打开文件夹，查看文件夹中包含的文件，还可以通过快捷菜单和快捷键对文件进行复制、粘贴、移动、重命名和删除等操作。在 Linux 图形用户界面上，同样也可以通过双击操作打开文件夹并查看其中的文件，还可以通过快捷菜单和快捷键对文件进行操作，使用习惯与 Windows 保持一致。

但是 Linux 不是作为普通的文件操作系统而存在的，它更多的是作为工业服务器操作系统而存在的。在工业领域，复杂的配置和频繁的文件操作是很难通过图形用户界面来快速完成的。因此，作为一名专业的 IT 人员，必须掌握 Linux 文件系统的操作命令来提高工作效率。

2.1 学习目标

完成 Linux 安装后，登录并开始使用系统。

（1）知识目标

- 掌握 Linux 的文件系统的目录结构。
- 掌握 Linux 的绝对路径与相对路径的概念及使用方法。
- 掌握 Linux 命令的基本范式。

（2）能力目标

- 能够在最小安装的 CentOS 7 中依据两种不同路径访问目录和文件。
- 能够在最小安装的 CentOS 7 中创建并管理目录和文件。
- 能够熟练操作 CentOS 7 的目录结构。

（3）素养目标

通过 Linux 中高频使用的命令，引入“不积小流，无以成江海”的警句，勉励学生一步一个脚印地将每个常用命令学好，引导学生志存高远、脚踏实地，培养坚持不懈的做事习惯。

2.2 任务描述

计算机无论是作为客户端用于办公娱乐还是作为服务器用于提供服务，目录和文件都是用户的第一需求。比如用户需要下载或者从他人处接收几部影片并保存到自己计算机上以便任意时刻都可以观影，此时他需要在自己计算机的某个存储空间（如大家熟悉的 Windows 操作系统的“本地磁盘(C:)”）存储影片，那么最好的做法就是在“本地磁盘(C:)”中创建一个专门存放影片的目录，然后把收集到的所有影片放至该目录下，后期想要观影时进入该目录，打开影片（文件）即可。同样的道理，如果存储在 Linux 中，那么与“本地磁盘(C:)”对应的存储空间是什么呢？怎样创建目录呢？怎样将影片文件复制、粘贴或者移动至新建的目录下呢？这就是本任务所需要解决的问题，任务学习路径如图 2-1 所示，主要包括以下步骤。

（1）认识 Linux 的文件系统。

（2）掌握绝对路径与相对路径的使用方法。

（3）对目录进行操作——目录的查看、创建、移动、重命名和删除。

（4）对文件进行操作——文件的查看、创建、移动、重命名和删除。

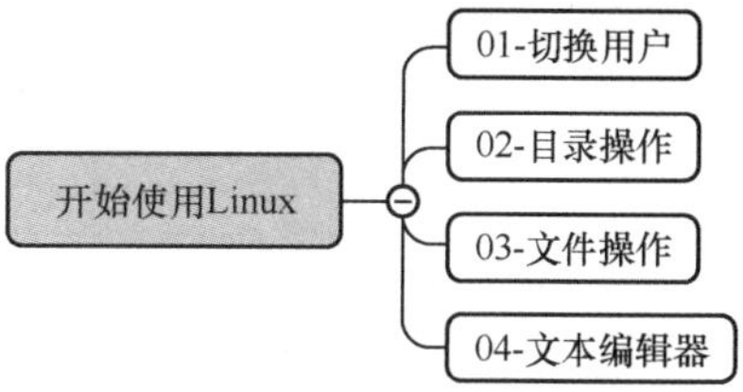

图 2-1　任务学习路径

2.3　相关知识

依据任务学习路径，首先要了解相关基础知识，包括 Linux 文件系统、Linux 目录、绝对路径和相对路径以及 Linux 命令基本范式。

2.3.1　Linux 文件系统

文件系统是操作系统中用于明确存储设备或分区上文件的方法和数据结构，简单地说就是存储设备上组织文件的方法。在 Linux 中，目前流行的文件系统主要有：xfs、ext4、ISO-9660 和 fat、ntfs 等。

（1）xfs 是由 SGI（Silicon Graphics Inc，硅图公司）开发的日志文件系统，支持超大容量文件。本书中的 CentOS 7 操作系统默认使用该文件系统。

（2）ext4 是由 ext2、ext3 升级而来的文件系统，其中，ext2 是 Linux 早期最常用的一种文件系统，CentOS 6 操作系统默认使用该文件系统。

（3）ISO-9660 是由国际标准化组织在 1985 年制定的、唯一通用的光盘文件系统，当需要读取光盘数据时，就必须使用该文件系统或与其兼容的文件系统。

（4）fat、ntfs 等都是微软 Windows XP/NT 等操作系统使用的文件系统。

微课视频

目录结构和访问路径

2.3.2　Linux 目录

类似 Windows 系统中的文件夹，在 Linux 中称之为“目录”。Linux 目录采用倒树形结构，最大目录为“/”，称为根目录；“/”根目录下的二级目录多为系统在安装过程中建立的目录。Linux 使用标准的目录结构，操作系统在安装的时候，就已经为用户创建了文件系统和完整而固定的目录组成形式，并指定了每个目录的作用和其中的文件类型。

表 2-1 列出了 Linux 文件系统根目录下的二级目录及其说明。

表 2-1　Linux 文件系统根目录下的二级目录及其说明

二级目录	说明
/bin	常用应用程序目录
/sbin	系统管理程序目录
/boot	启动分区目录
/sys	内核参数调整目录

续表

二级目录	说明
/dev	设备文件目录
/lib	32 位库文件目录
/lib64	64 位库文件目录
/media	挂载目录
/mnt	临时挂载目录
/opt	第三方软件安装位置目录
/proc	系统信息目录
/etc	系统配置目录
/home	普通用户家目录
/root	超级用户家目录
/var、/srv	系统数据目录

2.3.3　绝对路径和相对路径

路径用于指明一个文件和目录存放的位置，分为绝对路径和相对路径。

1. 绝对路径

Windows 系统中，绝对路径是指从盘符开始的路径，例如 C:\windows\system32\cmd.exe，该路径从 C 盘开始指明了一个文件在磁盘上的绝对地址。

Linux 系统中，绝对路径是指从根目录开始的路径，例如/home/student，该路径从根目录开始指明了一个目录在磁盘上的绝对地址。

2. 相对路径

相对路径是指由文件所在的路径引起的跟其他文件（或文件夹）的路径关系。为了定义相对路径，在操作系统的路径表示法中，引入了两个符号："." 和 ".."。"." 表示当前工作路径（即当前正在访问的路径），".." 表示父目录（即上一级路径）。如图 2-2 所示，假设当前所在目录的绝对路径为 "/home/student/Downloads"，如果要定位图 2-2 所示的目的路径 "/home/student/Documents"，相对路径就是 "./../Documents"。

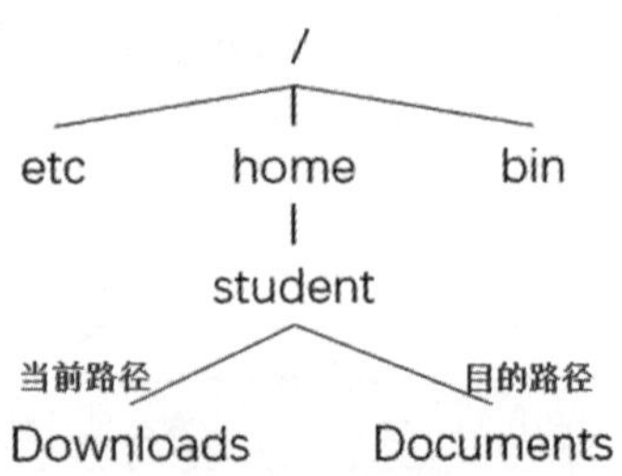

图 2-2　目录树

2.3.4　Linux 命令基本范式

Linux 命令基本范式是所有 Linux 命令都遵守的基本语法规则，每条 Linux 命令由 3 部分组成：关键字、选项和参数。

（1）关键字是命令的核心，指明了用户要完成的具体操作，必不可少。

（2）选项用来指示操作系统以某种特定的方式来完成操作，选项一般有默认值，可以不写。

（3）参数用来指明操作的具体对象，参数可以有多个，也可以没有。

2.4 任务实施

任务实施主要内容如图 2-3 所示。

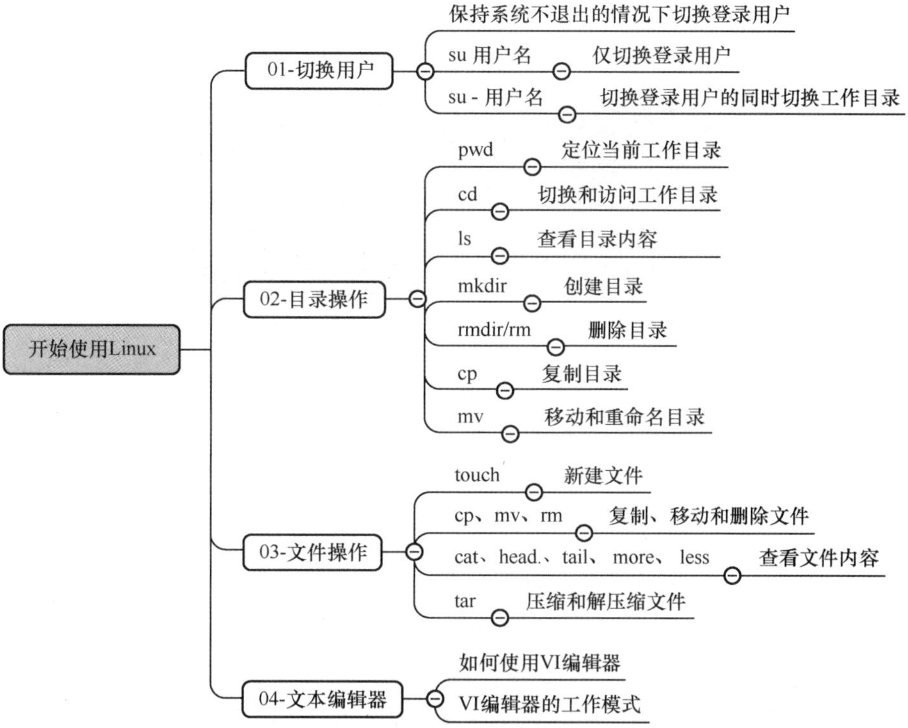

图 2-3 任务实施主要内容

2.4.1 切换用户

Linux 不以图形用户界面见长，它的特点和优点在于系统稳定、可靠和图形用户界面简单，以及占用资源少。因此，使用 Linux 的最佳方式是通过命令终端直接向操作系统下发命令。在任务 1 完成带有 GUI 的 CentOS 7 系统（主机名：client）安装后，使用 student 用户登录，在桌面上单击鼠标右键，在弹出的快捷菜单中选择“打开终端”，打开 CentOS 7 命令终端，如图 2-4 所示，该终端中的提示信息如下。

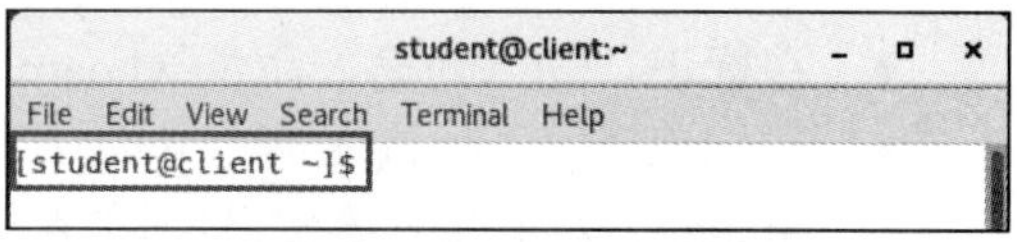

图 2-4 CentOS 7 命令终端

```
[student@client ~]$
```

具体如下。

- “student”表示登录操作系统的用户名，当前登录的用户是 student。
- “@”表示登录用户名和主机名之间的连接符。
- “client”表示登录的主机名，当前登录的主机是 client。

- “~”表示工作目录。根据 2.3.2 小节目录结构描述可知，普通用户家目录为“/home”，此处的“~”等同于“/home/student”。
- “$”表示命令提示符。命令提示符一共有两种，分别是“$”和“#”，“$”表示普通用户的命令提示符，“#”则表示超级管理员 root 的命令提示符。

在任务 1 完成最小化安装的 CentOS 7 系统（主机名：server）安装后，使用 root 用户登录，直接工作在命令行窗口中，如图 2-5 所示，最后一行提示信息如下。

```
[root@server ~]#
```

依据分析，这一段提示信息表示：登录计算机的用户是 root，登录的主机是 server，当前工作目录是 root 用户的家目录，其绝对路径是/root，命令提示符是“#”。

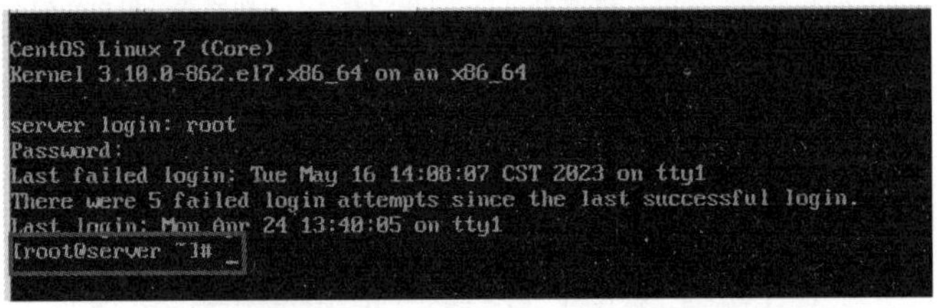

图 2-5　最小化安装的 CentOS 7 命令行窗口

在图 2-5 所示的窗口，可以输入命令 logout。该命令可以只使用关键字，不使用选项及参数，表示退出系统，它和进入系统的命令“login”是对应的。

执行 logout 命令后会重新回到用户登录提示界面，此时用户可以重新登录。那么，如何在保持用户登录的情况下进行用户切换呢？可以使用 su 命令。“su”是“switch user”（切换使用者）的简写，用于切换为其他用户。除 root 用户外，其他用户执行 su 命令时都需要键入目标用户的密码。su 命令的格式如下。

```
su - 用户名
```

注意命令关键字“su”后有一个空格，符号“-”后也有一个空格，最后是要切换的新用户名。这里的符号“-”加与不加的区别在于是否同时切换用户的工作环境。关于图 2-6 所示命令的说明如下。

- 在标识“①”处输入命令 whoami 并按 Enter 键执行，输出结果为 student，表示当前用户是 student。
- 在标识“②”处输入命令 su root 并按 Enter 键执行，提示输入 root 用户的密码。输入正确密码后，下一行返回新的命令提示信息[root@ccit student]#，表示当前用户是 root 用户，工作目录为/home/student。
- 在标识“③”处输入命令 whoami 并按 Enter 键查询当前用户，输出结果为 root。
- 在标识“④”处输入命令 pwd 并按 Enter 键查询当前工作目录，输出结果为/home/student，表示此时虽然已经切换了用户但是用户的工作环境没有切换，还是之前的 student 用户的工作环境。
- 在标识“⑤”处输入命令 exit 并按 Enter 键执行，退出 root 用户回到 student 用户。
- 在标识“⑥”处输入命令 su - root 并按 Enter 键执行，和标识“②”处不同的是命令关键字和参数之间多了一个符号“-”，它们的意义也不同，此处表示在切换用户的同时切换用户的工作环境。
- 在标识“⑧”处输入命令 pwd 并按 Enter 键输出当前工作目录，输出结果为/root。

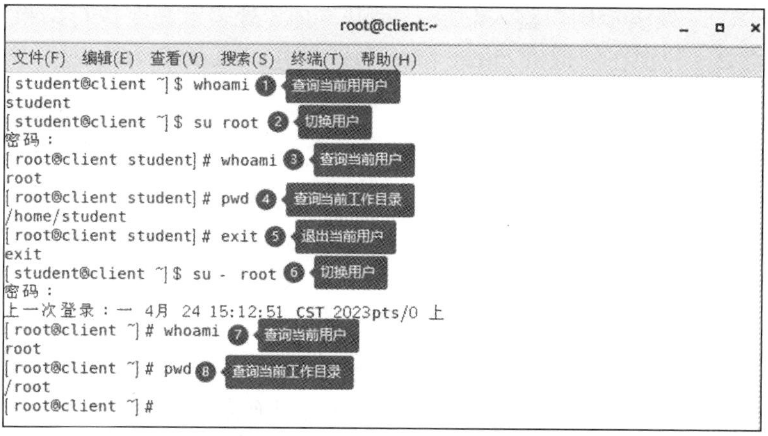

图 2-6 通过 su 命令切换用户

课堂练习 2-1：在虚拟机 server 中用 student 用户登录，登录后在不退出登录的情况下切换 root 用户。

2.4.2 目录操作

目录操作有很多相关命令，本书主要介绍常用的目录操作命令，如 pwd、cd、ls、mkdir、rmdir/rm、cp 以及 mv 等。

微课视频

pwd 和 cd 命令的使用

1. 定位当前工作目录（pwd）

命令终端或命令行窗口实际上是用户与 Linux 内核交互的工具，图 2-6 展示了一些命令，如 whoami、su、pwd、exit。

现在主要介绍定位当前工作目录的命令 pwd。pwd 是 print work directory（输出工作目录）的缩写，通过这个命令，可以知道该命令终端当前的工作目录处于哪一个绝对路径。

登录用户不同，默认的当前工作目录也不同，如图 2-7 所示。

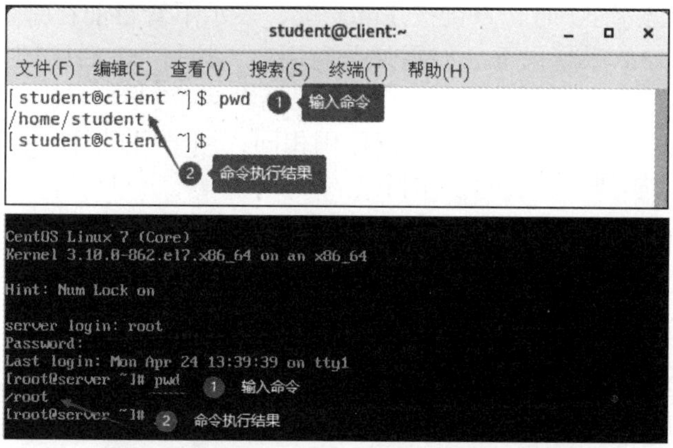

图 2-7 通过 pwd 命令输出当前工作目录

图 2-7 上半部分显示在虚拟机 client 中登录的用户是 student，输入 pwd 并按 Enter 键后，显示默认的用户工作目录是/home/student。

图 2-7 下半部分显示在虚拟机 server 中登录的用户是 root，输入 pwd 并按 Enter 键后，显示默认的用户工作目录是/root。

其中标识“①”处表示用户输入命令，标识“②”处表示命令执行结果。

课堂练习 2-2：分别在虚拟机 client 和 server 中用 student 和 root 用户登录，并执行命令 pwd 查看用户当前工作目录。

2. 切换和访问工作目录（cd）

日常使用中，切换目录是频繁的操作。切换目录，可以理解为关闭一个文件夹的同时打开另一个文件夹，就如同离开一个房间后立即进入另一个房间。如图 2-8 所示，如果要从/home/student 目录切换到/tmp 目录，使用 cd 命令。cd 是 change directory（切换工作目录）的缩写，其格式如下。

```
cd 目的路径
```

执行 cd /tmp 命令后，当前命令终端的工作目录切换为/tmp。

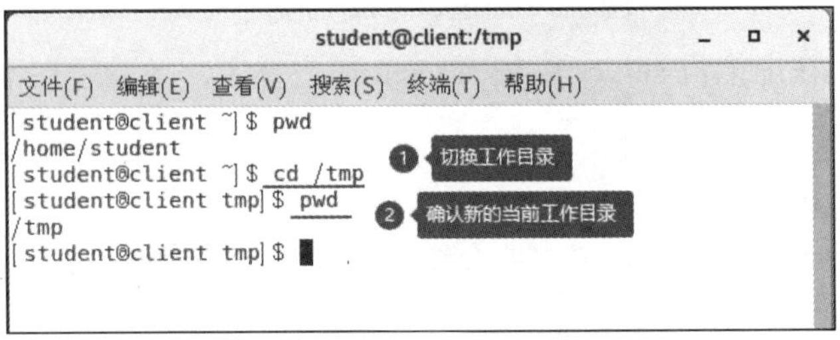

图 2-8 通过 cd 命令切换工作目录

如图 2-8 中标识“①”处所示，输入命令后按 Enter 键，并没有结果输出，读者可能会有疑问，这条命令是否执行成功了呢？如果成功执行命令，可能会有结果输出；也有可能无任何信息提示，但也表示命令执行成功，比如标识“①”处。此时可以执行命令 pwd 查看输出结果，以确认 cd 命令已成功执行。如果命令执行失败，一般会有相关错误信息提示。

使用 cd 命令时一般是要设置选项和参数的，以下是常用的 cd 命令格式。

- 只有命令关键字 cd 时，直接按 Enter 键，表示不管目前在哪个工作目录下，直接回到当前用户的家目录下。如果是普通用户，执行 cd 后则切换至/home/用户名；如果是 root 用户，执行 cd 后则切换至/root。
- cd ~：和输入 cd 后直接按 Enter 键作用相同，用于回到用户家目录。
- cd -：用于切换到上一次的工作目录。
- cd ..：用于返回上一级目录（父目录）。

课堂练习 2-3：图 2-8 中的目录切换使用了绝对路径，请使用相对路径完成从/home/ student 目录到/tmp 目录的切换。

微课视频

ls 命令的使用

3. 查看目录内容（ls）

在命令行窗口中可以使用 ls 命令来完成目录内容的查看。ls 是 list files（列出当前工作目录所含的文件）的缩写，用于显示指定工作目录下的内容。ls 命令的格式如下。

```
ls [选项] … [文件]…
```

常用的一些选项如下。

（1）-a：表示列出所有文件及目录，包括以“.”开头的隐藏文件也会被列出。

（2）-l：表示以长格式列出文件的详细信息，包括文件类型、权限、所有者、文件大小等。

（3）-t：表示将文件按其创建时间的先后顺序列出。

如图 2-9 所示，在标识“①”处执行命令 cd /表示切换到 Linux 的根目录；在标识“②”处执行命令 ls 查看根目录的内容，可结合 2.4.2 小节的表 2-1 分析当前目录下的内容（二级目录）；在标识“③”处输入 ls 时加了选项-a，可以看到命令执行结果比上一条命令的执行结果多了“.”和“..”；在标识“④”处输入 ls 时加了选项-l，可以看到命令执行结果中有更详细的文件及目录信息。ls -a 类似于在 Windows 中查看文件夹内容时以“列表”形式呈现且勾选“隐藏的项目”；ls -l 则类似于在 Windows 中查看文件夹内容时以“详细信息”形式呈现。

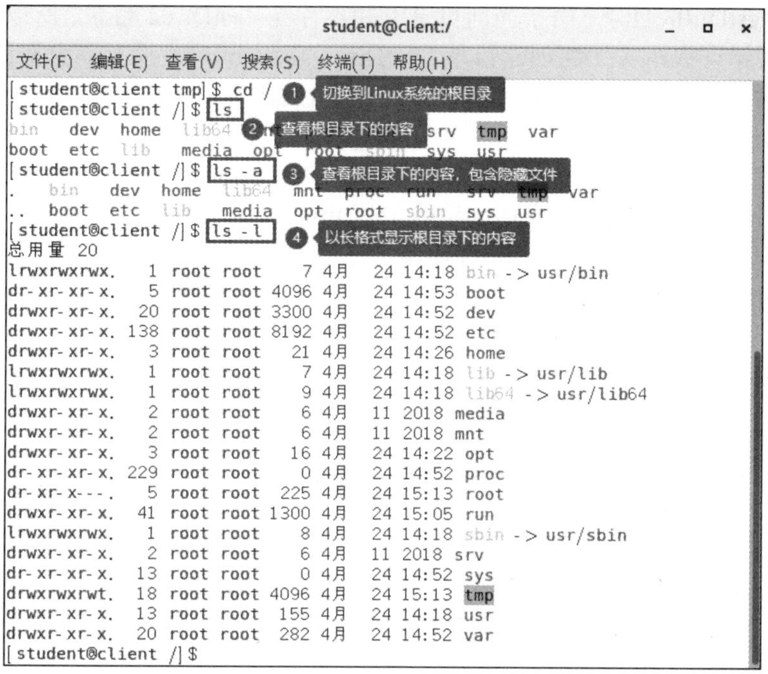

图 2-9　通过 ls 命令查看目录内容

在 ls 命令的格式中，第三部分参数是文件（目录），图 2-9 中省略了该参数，表示查看的是当前目录下的内容。图 2-9 中当前目录为根目录，也可以指定要查看的具体目录。

课堂练习 2-4：请在用户家目录下执行查看/tmp 目录内容的命令。

除了以上内容，读者还需掌握 Linux 中常用的帮助选项。当需要具体了解一条命令的使用方法时，可以使用选项--help，如图 2-10 所示，通过 ls --help 可以查看 ls 命令的具体用法，并且每一个选项和参数都有详细的说明。

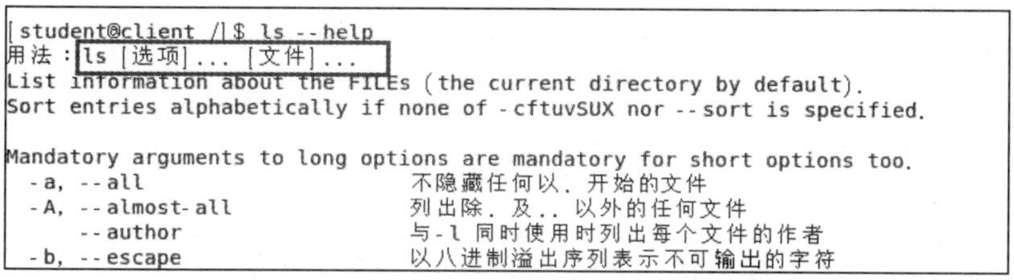

图 2-10　通过--help 选项查看命令的使用方法

微课视频

创建目录和文件

4. 创建目录（mkdir）

mkdir 是 make directory（新建目录或文件夹）的缩写，其格式如下。

```
mkdir [-p] 目录名
```

其中选项-p 用来确保目录名称存在，如果不存在，则新建该目录，主要用于逐级创建目录。关于图 2-11 所示命令的说明如下。

- 在标识“①”处执行命令 ls 查看当前工作目录的内容。
- 在标识“②”处执行命令 mkdir TestDir01，在当前工作目录下新建目录 TestDir01，然后通过 ls 命令查看当前目录下的内容，可以确认 TestDir01 目录已经创建成功。
- 在标识“③”处执行命令 mkdir TestDir02/TestDir03，在当前目录下的 TestDir02 下创建 TestDir03 目录。由于当前目录下并不存在 TestDir02 目录，所以执行该命令时会出现错误提示“无法创建目录"TestDiro2/TestDir03"：没有那个文件或目录”，表示刚输入的命令执行失败，也就是并未成功创建目录。可以通过键盘上的上方向键翻出刚执行过的命令，并在命令关键字和参数中间加上选项-p 再执行命令，如果当前目录下不存在 TestDir02 目录，则先创建该目录后，再继续进行后续目录的创建，最后执行 ls 查看已成功创建的 TestDir02 目录。
- 在标识“④”处执行 cd TestDir02 切换工作目录到/home/student/TestDir01/TestDir02/，用 ls 命令可以查看到 TestDir03 目录，表示已经创建成功。

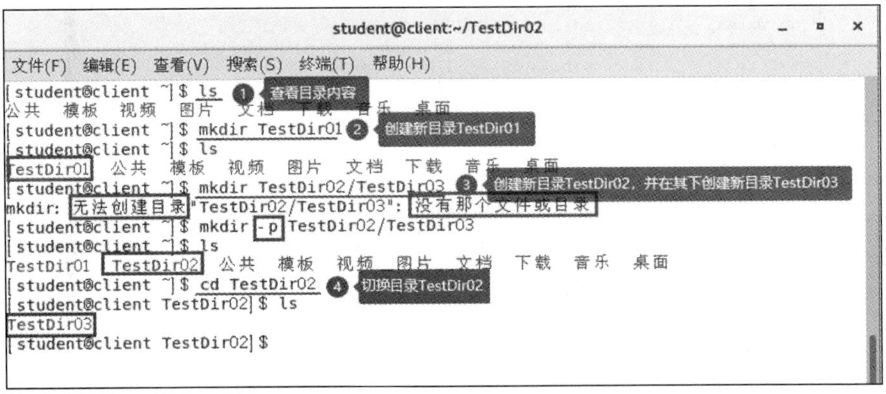

图 2-11　通过 mkdir 命令创建目录

如图 2-12 所示，通过 mkdir 命令还可以一次创建多个目录，参数之间用空格隔开。

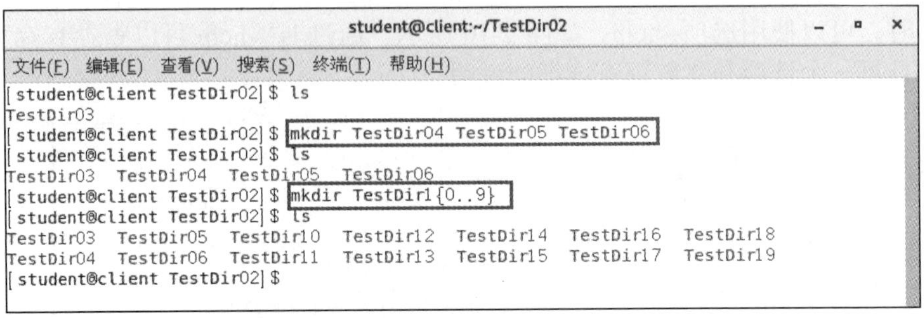

图 2-12　通过 mkdir 命令创建多个目录

如图 2-13 所示，通过 mkdir 命令加绝对路径或者相对路径指定新建目录的位置。标识“①”处的命令 mkdir ../TestDir20 表示在当前目录的上一级目录中创建目录 TestDir20。标识“②”处的命令 cd ../表示切换到上一级目录。标识“③”处的命令 ls 表示查看当前目录内容，结果显示已创建目录 TestDir20。标识“④”处的命令 mkdir --help 表示查看 mkdir 命令的使用帮助。

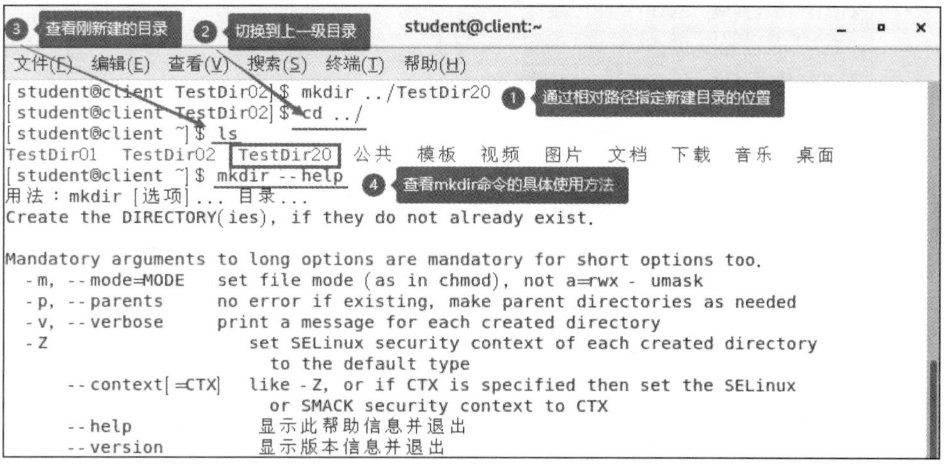

图 2-13 使用 mkdir 命令的多种方式

课堂练习 2-5：请在/tmp 目录下新建以编码–姓名缩写–三位学号命名的目录，编码使用 01、02、03……09，如新建目录 01-huly-123、02- huly-123、03-huly-123……

微课视频

rm 命令的使用

5. 删除目录（rmdir/rm）

如图 2-14 所示，rmdir 命令用来删除目录（文件夹），其用法与 mkdir 的基本相同。

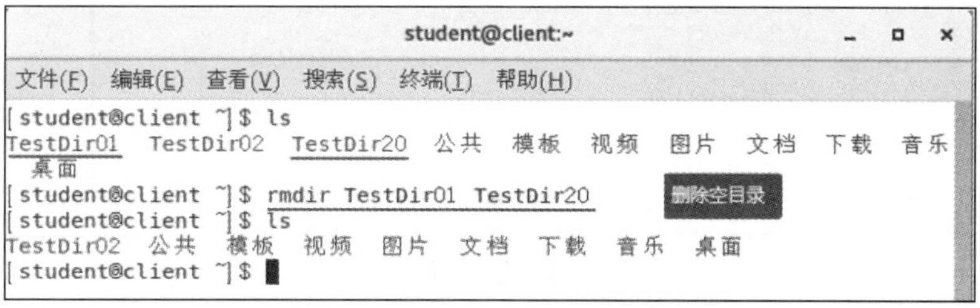

图 2-14 使用 rmdir 删除多个目录

rm 是 remove（删除）的简写，主要用于删除文件，也可用于删除目录，但是要添加一个控制参数-r（recrusive 的缩写，意为递归），表示删除目录的同时删除其包含的子目录和子文件，否则删除不会成功。

如图 2-15 所示，标识“①”处的命令 ls 表示查看当前目录/home/student/TestDir02 的内容，结果显示该目录中有内容，非空。执行命令 cd ..切换到该目录的上一级目录，执行命令 rmdir TestDir02/，执行结果提示“rmdir：删除‘TestDir02/’失败：目录非空”。标识“②”处的命令 rm -r TestDir02/表示对非空目录 TestDir02 使用 rm 执行删除操作。

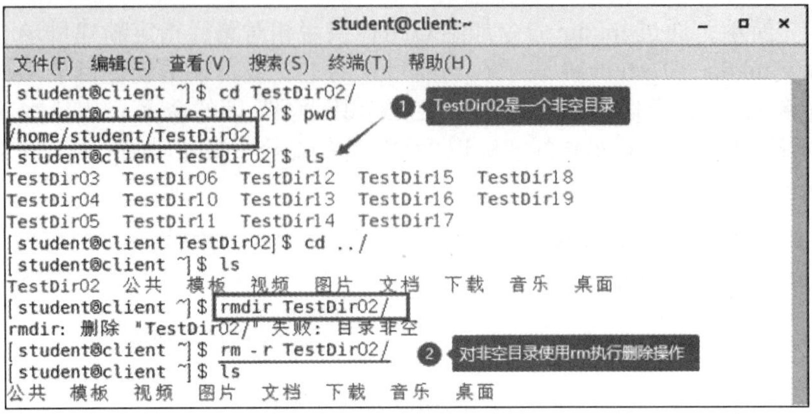

图 2-15　通过 rm 删除目录

课堂练习 2-6：请删除/tmp 目录下新建的 09 目录。

微课视频

cp 命令的使用

6. 复制目录（cp）

cp 是 copy（复制）的简写，与上述命令不同，cp 命令需要两个参数，一个参数用于指定要复制的目录，另一个参数用于指定粘贴目录的路径。如图 2-16 所示，执行 cp 命令把目录/etc/sysconfig/network-scripts/复制到./（当前目录），名称保持不变。通过 ls 命令可以查看到当前目录下新增了一个目录 network-scripts；切换到该目录可以查看到该目录复制了原目录内的所有内容。

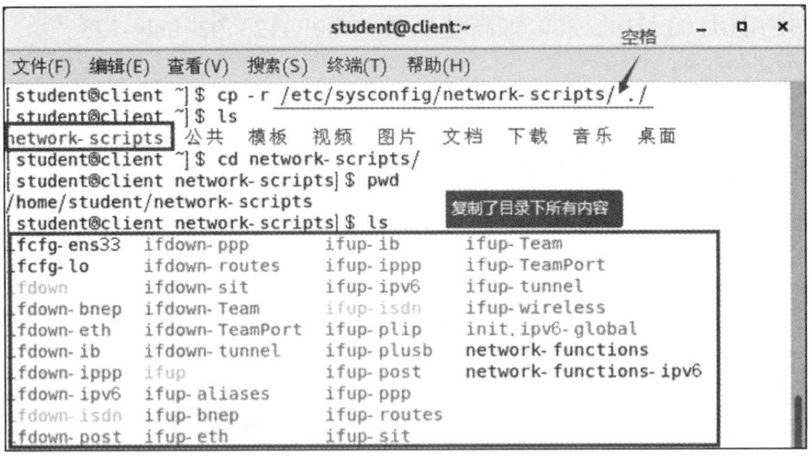

图 2-16　cp 命令的用法

课堂练习 2-7：请把/tmp 目录下新建的 01 目录复制到用户家目录下。

微课视频

mv 命令的使用

7. 移动和重命名目录（mv）

mv 是 move（移动）的简写，它的用法与 cp 命令类似。如图 2-17 所示，第 1 次执行 mv 命令，将当前目录下的 network-scripts 目录重命名为 new-network-scripts；第 2 次执行 mv 命令，将 new-network-scripts 目录移动到/tmp 目录下，名称保持不变。可见原目录下已无 new-network-scripts 目录，/tmp 目录下有了 new-network-scripts 目录。

课堂练习 2-8：请把/tmp 目录下新建的 08 目录移动到用户家目录下。

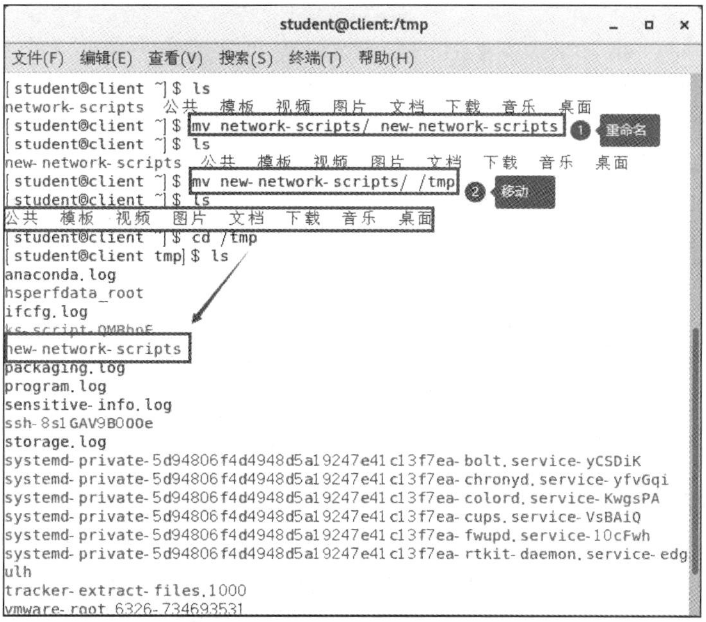

图 2-17　mv 命令的两种用法

2.4.3　文件操作

文件操作有很多相关命令，并且有些命令可以用于目录操作，此处主要介绍常用的文件操作命令，包括 touch 命令、cp 命令、mv 命令、rm 命令、cat 命令、head 命令、tail 命令、more 命令、less 命令以及 tar 命令等。

1. 新建文件（touch 命令）

通过 touch 命令新建一个文件，如图 2-18 所示。

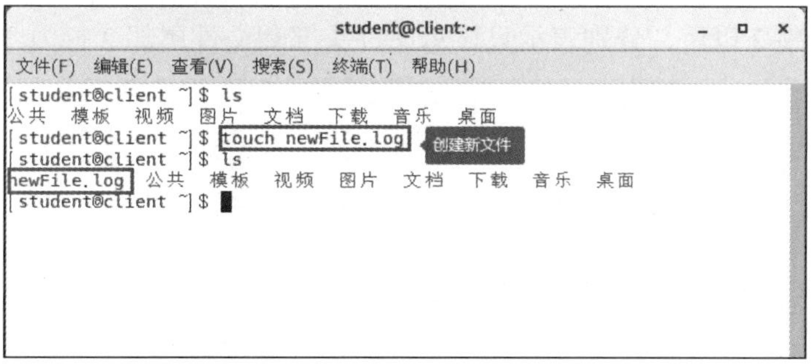

图 2-18　通过 touch 命令创建文件

课堂练习 2-9：请在 08 目录下新建文件，文件名为“01-当前日期”。

2. 复制、移动和删除文件（cp 命令、mv 命令、rm 命令）

cp 命令、mv 命令和 rm 命令的具体用法在 2.4.2 小节已经有了较为具体的介绍。相比于目录的复制和删除，文件的复制和删除不需要添加控制参数-r，如图 2-19 所示。

值得强调的是，cp 命令和 mv 命令都至少需要两个参数，第 1 个参数是待复制或移动的文件（要指明其绝对路径或相对路径），第 2 个参数是复制或移动后的新文件（要指明其绝对路径或相对路径）。在复制和移动的过程中，可以根据需要同步完成新文件的重命名。

```
student@client:~
文件(F) 编辑(E) 查看(V) 搜索(S) 终端(T) 帮助(H)
[student@client ~]$ ls
公共  模板  视频  图片  文档  下载  音乐  桌面
[student@client ~]$ touch newFile.log
[student@client ~]$ ls
newFile.log  公共  模板  视频  图片  文档  下载  音乐  桌面
[student@client ~]$ cp newFile.log myFile.log
[student@client ~]$ ls
myFile.log  newFile.log  公共  模板  视频  图片  文档  下载  音乐  桌面
[student@client ~]$ mv myFile.log newMyFile.log
[student@client ~]$ ls
newFile.log    公共  视频  文档  音乐
newMyFile.log  模板  图片  下载  桌面
[student@client ~]$ rm newFile.log
[student@client ~]$ 
```

图 2-19　文件的基本操作

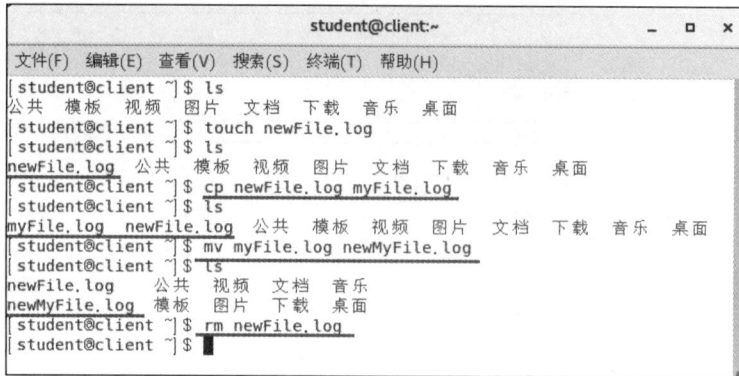

课堂练习 2-10：请在 08 目录下复制文件/etc/passwd，复制后保持文件名不变。

3. 查看文件内容（cat 命令、head 命令、tail 命令、more 命令、less 命令）

微课视频

查看文件内容

cat 命令、head 命令、tail 命令、more 命令、less 命令都是用于查看文件内容的命令，其中 cat 命令用于显示文件的全部内容；head 命令用于显示文件头部的若干行（默认为 10 行）内容，可以通过参数来指定显示的行数；tail 命令用于显示文件尾部的若干行（默认为 10 行）内容，也可以通过参数来指定显示的行数；more 命令用于自动对文件内容进行分页显示（针对 1 页显示不完的情况）；而 less 命令的功能和 more 命令的类似，只不过使用 more 命令时用户只能向前浏览，而使用 less 命令时用户既能向前浏览也能向后浏览。

如图 2-20 所示，首先通过 echo 命令向 newMyFile.log 文件写入 3 行信息，其中“>>”是输出重定向符号（计算机的默认标准输出设备是显示器），此处“>>”后加参数 newMyFile.log，表示使用 echo 命令输出至该文件，而不是显示器。从执行结果来看，因为文件内容信息较少，所以 cat 命令和 more 命令的执行结果没有区别，但是 head 命令和 tail 命令加上控制参数-2 以后，分别表示只显示文件头部和文件尾部 2 行内容。

```
student@client:~
文件(F) 编辑(E) 查看(V) 搜索(S) 终端(T) 帮助(H)
[student@client ~]$ ls
newMyFile.log  公共  模板  视频  图片  文档  下载  音乐  桌面
[student@client ~]$ echo hello,world! >> newMyFile.log
[student@client ~]$ echo hello,China! >> newMyFile.log
[student@client ~]$ echo hello,CCIT! >> newMyFile.log
[student@client ~]$ cat newMyFile.log
hello,world!
hello,China!
hello,CCIT!
[student@client ~]$ head -2 newMyFile.log
hello,world!
hello,China!
[student@client ~]$ tail newMyFile.log
hello,world!
hello,China!
hello,CCIT!
[student@client ~]$ tail -2 newMyFile.log
hello,China!
hello,CCIT!
[student@client ~]$ more newMyFile.log
hello,world!
hello,China!
hello,CCIT!
[student@client ~]$ 
```

图 2-20　不同的文件内容查看命令执行效果对比

课堂练习 2-11：编辑课堂练习 2-9 中新建的文件内容为“日期-班级-姓名-学号-课程名”，并查看文件内容。

4．压缩和解压缩文件（tar）

在 Linux 中，压缩和解压缩文件都是由 tar 命令来实现的。tar 命令的主要控制选项如表 2-2 所示。

表 2-2 tar 命令的主要控制选项

控制选项	含义
-c	建立压缩档案
-x	解压缩
-z	使用 gzip 算法完成压缩和解压缩操作
-j	使用 bz2 算法完成压缩和解压缩操作
-v	显示所有过程
-f	必要选项，使用档案名，切记，这个选项是最后一个选项，后面只能接档案名

（1）使用 tar 命令进行文件或目录的压缩

使用 tar 命令进行文件或目录压缩的格式如下。

```
tar  -cf  [压缩包名]     [添加到压缩包中的文件或目录，用空格隔开]
```

例如 tar -cf archive.tar foo bar 用于将 foo 和 bar 两个文件（目录）压缩成 archive.tar。如图 2-21 所示，把当前目录下的目录 dirTest 和文件 newMyFile.log、passwd 压缩为 myTest.tar。

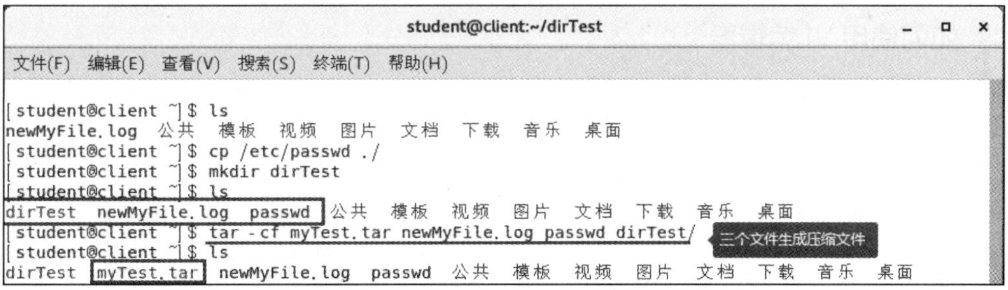

图 2-21 使用 tar 命令创建压缩包

课堂练习 2-12：请在/tmp 目录下分别生成两个压缩文件，其中一个的内容为/etc/sysconfig 目录下的所有内容，另一个的内容为/proc 目录下的所有内容。

（2）使用 tar 命令进行文件或目录的解压缩

使用 tar 命令进行文件或目录解压缩的格式如下。

```
tar  -xf  [压缩包名]
```

例如 tar -xf archive.tar 用于解压缩 archive.tar。如图 2-22 所示，解压缩后，压缩包不变，dirTest 目录中增加了 3 个解压缩出来的文件和目录。

除了上述两种基本用法，在实际使用过程中，还可以根据实际需要添加参数，例如使用 gzip 算法压缩或解压缩文件时要添加“-z”作为控制选项，使用 bz2 算法压缩或解压缩文件时要添加“-j”作为控制选项。在 Linux 中，压缩包名一般带有压缩算法，比如压缩包名 Linux-0.3.1.tar.gz 表示这是一个使用 gzip 算法进行压缩的压缩包。

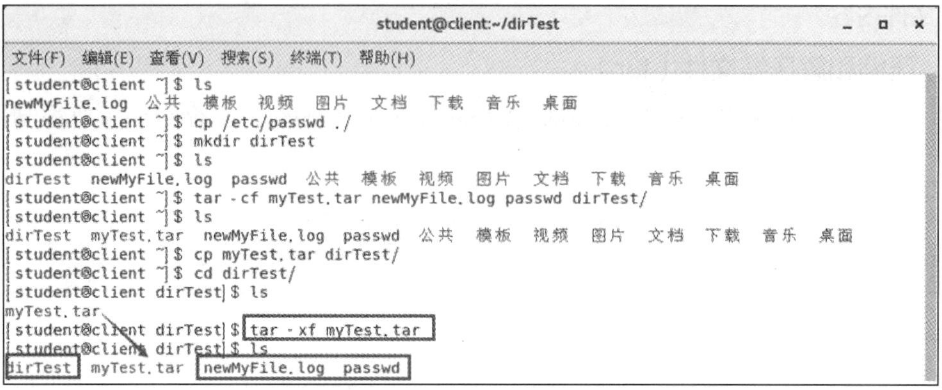

图 2-22　从压缩包中提取文件

2.4.4　文本编辑器

前面试着用了这么长时间的 Linux 了，有没有同学有疑问：在 Linux 的命令模式下如何对文件进行编辑呢？比如 2.4.3 小节查看文件内容这部分提到的用 echo 命令向文件中写入内容，诚然这是一种方式，那么更常规地对文件进行内容编辑，该如何进行呢？首选的方式显然是使用文本编辑器。

文本编辑器有很多，比如图形模式下的 gedit 编辑器、Kwrite 编辑器、OpenOffice 编辑器等，文本模式下的 VI 编辑器、VIM 编辑器、NANO 编辑器等。VI 和 VIM 是 Linux 中常用的编辑器，一般在安装好 Linux 后会默认安装 VI 编辑器，而 VIM 编辑器是 VI 编辑器的增强版本，需要额外安装。

1. 如何使用 VI 编辑器

VI 编辑器是 Linux 下常用的文件创建及编辑软件，功能类似于在 Windows 下通过“新建文本文件”创建文本文件，然后执行编辑、保存等一系列操作，完成文件的创建及编辑。要使用 VI 编辑器，可以先使用 touch 命令新建一个文件，然后用 VI 编辑器打开这个文件进行编辑；也可以直接用 VI 编辑器编辑一个新文件，然后保存，表示在新建文件的同时编辑了该文件。如图 2-23 所示，在命令行中输入 vi viTestFile，表示将用 VI 编辑器进行文件的编辑。由于当前目录下没有 viTestFile 文件，所以执行该命令后会生成一个新文件 viTestFile。

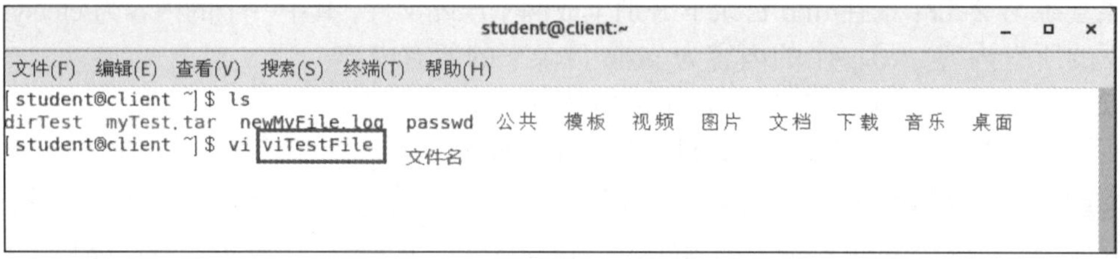

图 2-23　调用 VI 编辑器

输入 vi viTestFile 后按 Enter 键，会进入图 2-24 所示的界面，此时已进入了 VI 编辑器使用窗口。窗口左上方标识“①”处提示目前光标所在位置；窗口左下方标识“②”处提示文件信息；窗口中间标识“③”处是文件内容部分，目前该文件内容为空。你会发现此时按键盘上的很多按键都毫无反应，那么接下来先来了解一下 VI 编辑器的几种工作模式。

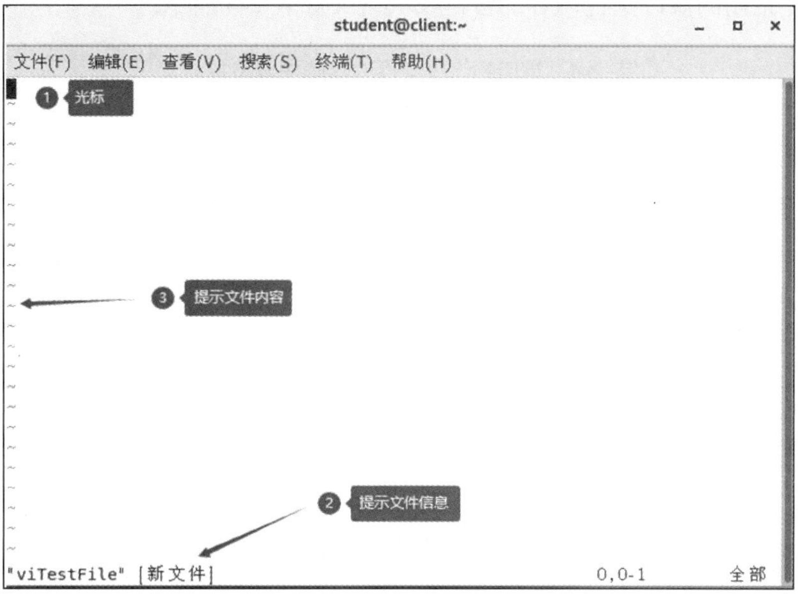

图 2-24 进入 VI 编辑器使用窗口

2. VI 编辑器的工作模式

VI 编辑器的工作模式主要有命令模式、插入模式、底行模式、可视化模式以及查询模式。

（1）命令模式

使用 vi filename 进行文件编辑时首先进入的一定是命令模式，用于输入命令，这是 VI 编辑器的默认模式，该模式下常用的一些使光标移动的按键及其含义如表 2-3 所示。如果处于其他模式时要切换模式，切记一定要首先退回命令模式。无论在何种模式下，都可以通过键盘上的 Esc 键进入命令模式，然后通过相应操作进入其他模式。

表 2-3 常用的使光标移动的按键及其含义

按键	含义
h	向左移动一个字符，与键盘左方向键同功能，3h 表示向左移动 3 个字符，字母按键前可加相应数字按键
l	向右移动一个字符，与键盘右方向键同功能，5l 表示向右移动 5 个字符，字母按键前可加相应数字按键
j	向下移动一行，与键盘下方向键同功能，6j 表示向下移动 6 行，字母按键前可加相应数字按键
k	向上移动一行，与键盘上方向键同功能，8k 表示向上移动 8 行，字母按键前可加相应数字按键
gg	将光标移动到文首
G	将光标移动到文末
Ctrl+b	向上移动一屏
Ctrl+f	向下移动一屏

在命令模式下除了常用的使光标移动按键，还经常会用到修改文件内容的删除、复制、粘贴等按键，常用的修改文件内容的按键及其含义如表 2-4 所示。

表 2-4 常用的修改文件内容的按键及其含义

按键	含义
x	删除一个字符，3x 表示删除 3 个字符，字母按键前可加相应数字按键
dw	删除一个单词，3dw 表示删除 3 个单词，字母按键前可加相应数字按键
dd	删除一行，3dd 表示删除 3 行，字母按键前可加相应数字按键
d$	删除光标位置到行尾的内容
u	撤销修改或删除操作，如果想撤销多个以前的修改或删除操作，可多按几次
y	复制，常结合可视化模式一起使用
p	粘贴，常结合可视化模式一起使用

课堂练习 2-13：打开 student 用户家目录下的 passwd 文件，使用表 2-3 所列按键练习使用光标。

（2）插入模式

在命令模式下可以通过键盘上的按键 a、i、o、s（也可用大写形式，但含义不同）进入插入模式，用于插入文本，窗口下方显示有“—插入—”或者“—INSERT—”。这些按键的含义如表 2-5 所示。

表 2-5 a、i、o、s 等的含义

按键	含义
a	在光标之后插入
A	在光标所在行的末尾插入
i	在光标之前插入
I	在光标所在行的开头插入
o	在光标所在行的下一行插入
O	在光标所在行的上一行插入
s	删除光标所在位置的一个字符，然后进入插入模式
S	删除光标所在的行，然后进入插入模式

退出插入模式，还是使用键盘上的 Esc 键。

课堂练习 2-14：继续在 passwd 文件中练习插入操作及修改文件操作。

（3）底行模式

在命令模式下通过键盘输入冒号即可进入底行模式（有时也称为末行模式），编辑完文件后必须进入该模式，以对文件进行保存、退出等操作。VI 编辑器会在窗口的最下方等待操作指令，窗口下方显示有“:”。底行模式的常用命令如表 2-6 所示。

表 2-6 底行模式的常用命令

命令	含义
:w	保存文件
:w filename	另存为新文件 filename
:q	文件没有修改时使用该命令退出 VI 编辑器
:q!	文件有修改但是不想保存修改时使用该命令强制退出 VI 编辑器
:wq	保存并退出文件

在底行模式下除了保存、退出文件，还经常使用一个操作，那就是设置及取消行号。有时配置一个服务，会出现配置文件某一行错误的提示，这时就需要快速定位到对应行，而在底行模式下执行 set nu 可以设置行号。如图 2-25 所示，在底行模式下执行 set nu，该文件的每一行前都出现了行号。如果要取消行号，可以在底行模式下执行 set nonu。

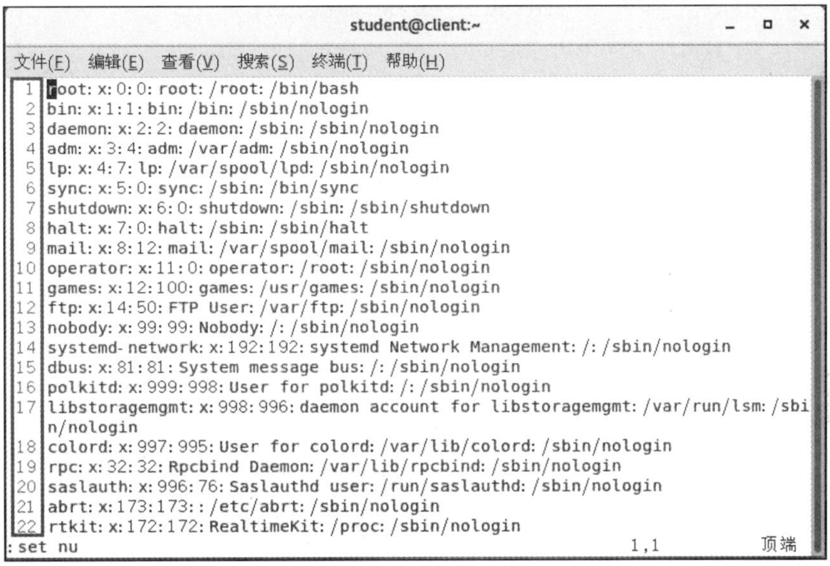

图 2-25 设置行号

退出底行模式，还是使用键盘上的 Esc 键。

课堂练习 2-15：练习修改 passwd 文件后进行保存、另存为、退出等一系列操作。

（4）可视化模式

在命令模式下可通过按键 v 进入可视化模式，该模式可提供极为友好的选取文本范围，并以高亮显示，此时窗口左下方显示有“—可视—”或者“—VISUAL—”。进入可视化模式后，就可以用前面提到的命令模式中的光标移动按键，进行文本范围的选取。选取文本范围有什么作用呢？比如要删除或复制一个段落的内容，在可视化模式下选中这部分内容后，按 d 键就可以直接删除选中的内容；而选中内容后，按 y 键复制，然后移动光标到某个位置，按 p 键，就可以粘贴刚才复制的内容了。如图 2-26 所示，把原文件的第 1～第 5 行复制、粘贴到原文件的第 10 行后，可以进行如下操作。

在命令模式下按 v 键，进入可视化模式，窗口左下方显示有“--可视--”，通过上、下、左、右方向键选中第 1～第 5 行。这里注意光标停留在第 5 行的最后一个字符 n 上，表示选中了高亮的 5 行；如果是光标最后停留在字符 n 后，则表示选中 5 行外加一个换行符。

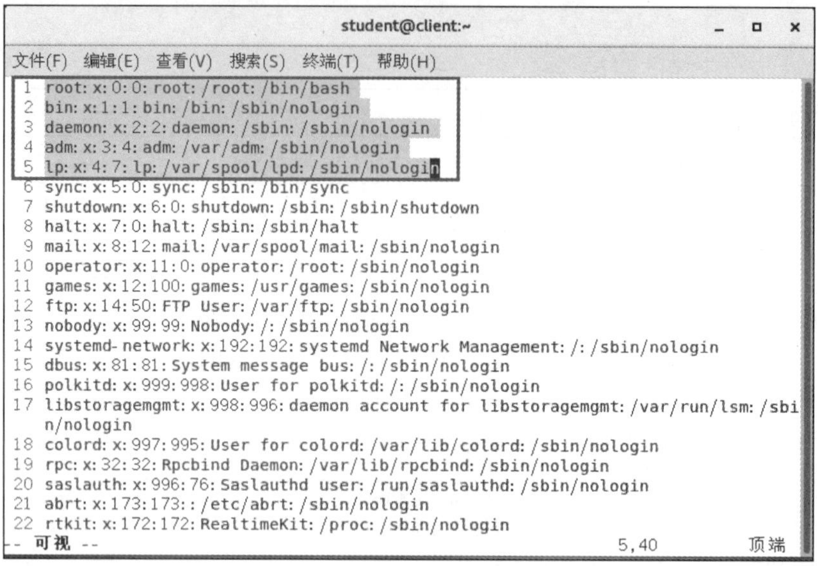

图 2-26 在可视化模式下选中文本

按 y 键，复制 5 行，如图 2-27 所示，窗口左下方会有提示信息“复制了 5 行”。

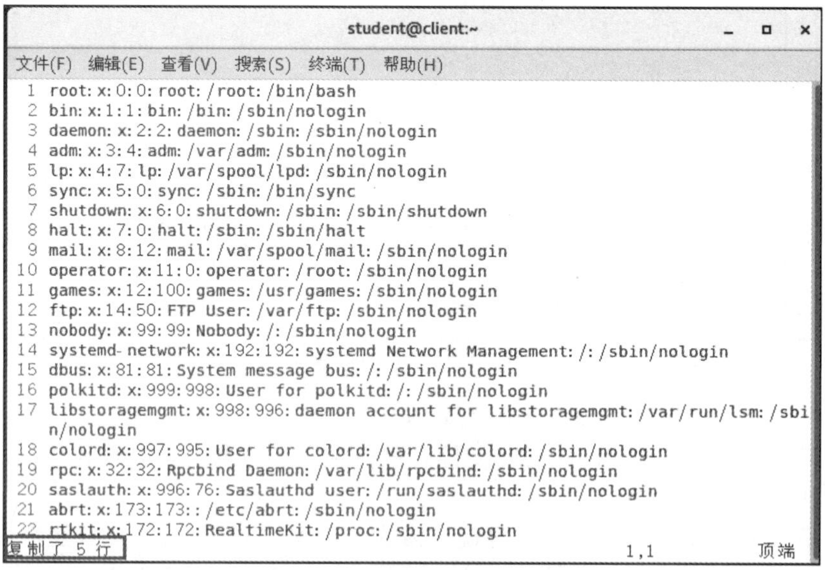

图 2-27 可视化模式下复制

此时执行 10j，光标会跳转到第 11 行，然后按 O 键，会在第 11 行上方，也就是第 10 行下方插入一个空行；按 Esc 键，退回到命令模式后，再次按 p 键，如图 2-28 所示，就会把刚复制的 5 行内容粘贴到此处。图 2-28 中左下方显示“多了 4 行”，这是因为刚按 O 键时已经多了一行，所以此处粘贴 5 行只需要多 4 行即可。

无论在何种工作模式下，都可以按 Esc 键退回到命令模式后再进行下一步操作，有时可以多次按 Esc 键退回。

图 2-28　在可视化模式下粘贴

课堂练习 2-16：打开 passwd 文件，练习复制、粘贴等操作。

（5）查询模式

在服务器的配置与管理过程中，经常需要在配置文件中查找特定内容，此时使用查询模式，输入需要查找的内容就可以快速定位到目标，简化了编辑配置文件的过程。在命令模式下通过键盘输入“？”就可以进入查询模式。如图 2-29 所示，需要在打开的配置文件中查找 root，该如何操作呢？首先在命令模式下通过键盘输入“？”，进入查询模式，窗口左下方接收输入的“？”，接着在查询模式下输入要查找的内容，这里是 root，按 Enter 键开始查找。

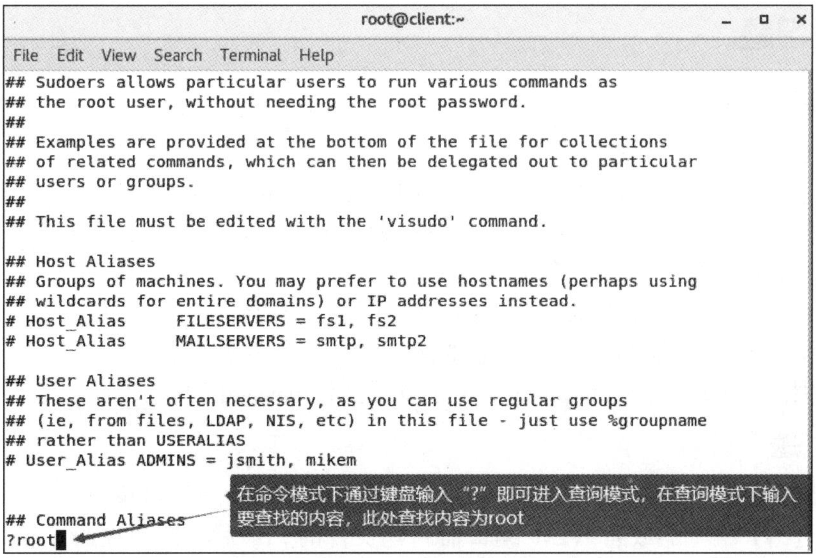

图 2-29　查找模式

如图 2-30 中标识“①”处所示，当全部查找完成后，就会出现图 2-30 中标识“②”处的提示，表明对文件已查找过一遍，可以重新再次查找。

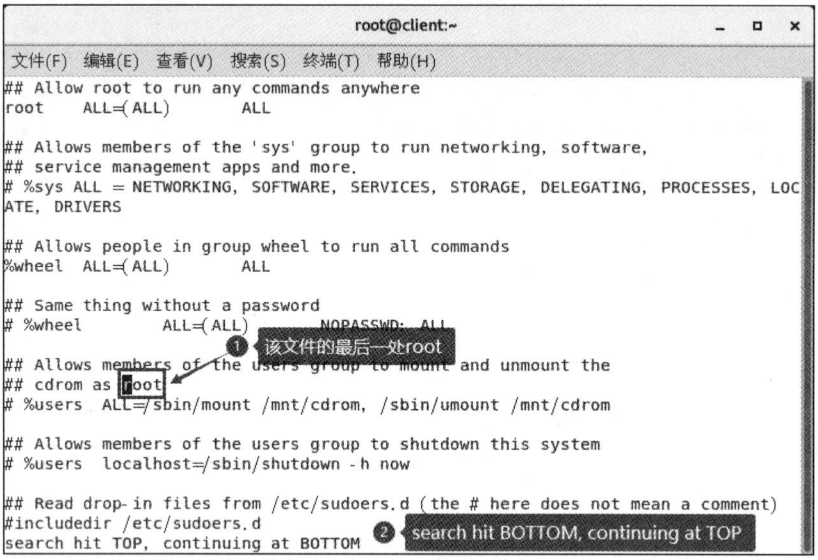

图 2-30 查找模式

2.5 任务小结

通过本任务的学习和实践，读者不仅可理解 Linux 的文件系统及目录结构，而且可掌握 Linux 中绝对路径和相对路径的使用方法。现在应该能够完成以下练习。

（1）使用绝对路径和相对路径访问文件及目录。

（2）区分目录操作及文件操作，并分别进行一系列操作，包括新建、复制、移动、删除、切换、压缩等。

（3）使用文本编辑器编辑文件。

2.6 课后习题

1. 填空题

（1）在 Linux 中，绝对路径是指从________开始的路径。

（2）________是命令的核心，用来指明用户要完成的具体操作；________用来指明操作系统以某种特定的方式来完成操作，一般有默认值，可以不写；命令的________用来指明本次操作的具体对象，可以有多个，也可以没有。

（3）在 student 用户下执行命令“cd ~”的作用是切换到________目录。

（4）使用命令 cp 复制目录时，一定要有________个参数。

（5）使用命令 head -n 5 /etc/passwd 用于查看文件 passwd 的前________行内容。

2. 判断题

（1）使用命令 ls 只能查看绝对路径目录，不能查看相对路径目录。（ ）

（2）通过 VI 编辑器或者 VIM 编辑器新建文件时，最后一定要在命令模式下执行:wq 保存文件，这样才能成功创建文件。（ ）

（3）使用命令 pwd 可以输出当前所在工作目录的绝对路径，这个路径也用作相对路径的参考点。（ ）

（4）使用命令 rmdir 可以删除任何指定目录。（　　）

（5）使用命令 mv　oldName　newName 可以将文件 oldName 重命名为 newName。（　　）

3. 选择题

（1）Linux 的目录结构有（　　）个根目录。

A. 1　B. 2　C. 3　D. 若干个

（2）如果文件内容较多，要分页显示，可以使用命令（　　）。

A. cat　B. head　C. more　D. tail

（3）使用命令 mkdir 在指定位置创建目录失败，原因可能是（　　）。（多选）

A. 指定的路径上有不存在的目录，又未添加选项-p

B. 路径中包含空格，而没有使用转义字符

C. 执行命令 mkdir 的用户没有创建目录权限

D. 创建多个目录时，参数中间没有用空格隔开

（4）命令“cd　..”用于通过相对路径切换到（　　）。

A. 当前用户的家目录　B. 当前目录的上一级目录

C. /root　D. /

（5）移动目录或文件，可以使用命令（　　）。

A. cp　B. mv　C. rm　D. rmdir

任务 3 将 Linux 接入网络

在安装完 Linux 后，经常需要安装一些服务和应用程序，这和 Windows 操作系统有很大区别：在 Windows 操作系统中，通常是在图形用户界面下下载相应的应用程序然后安装；而在 Linux 中，更常用的是在命令行窗口中直接安装需要的服务和应用程序。后者的这种安装方式最重要的是安装源，类似于软件库。最常用的安装源就是网络源，所谓网络源就是直接从网络搜索安装包，找到合适的、可用的安装包后直接在线安装。

3.1 学习目标

熟悉 Linux 的基本命令后，需要能够根据不同的运行环境配置并维护该系统的网络连接，确保系统可以接入互联网。

（1）知识目标

- 掌握 VMware 的虚拟网络连接组件。
- 掌握常用的网络连接模式。

（2）能力目标

- 能够规划并配置 VMware 中的虚拟网络。
- 能够配置 VMware 中虚拟机的静态 IP 地址和动态 IP 地址。

（3）素养目标

利用服务器必须接入网络工作的特征，培养学生的网络素养，引导学生在网络使用中正确处理和学习信息，对网络行为做出正确决策，学会保护自己的隐私安全。

3.2 任务描述

为了使安装有 Linux 的计算机能够接入网络，首先需要了解 VMware 的虚拟网络编辑器，接着需要熟悉虚拟机的网络连接类型，最后才是依据场景需求进行网络的正确配置。本任务主要是在 VMware 中设置 CentOS 7 的网络连接，包括以下内容。

（1）设置虚拟网络编辑器。

（2）了解虚拟网络适配器，设置网络连接模式。

（3）使用图形用户界面和命令行工具配置网络连接信息。

（4）修改配置文件配置网络连接信息。

由此，建议学习本任务时遵循图 3-1 所示的路径。

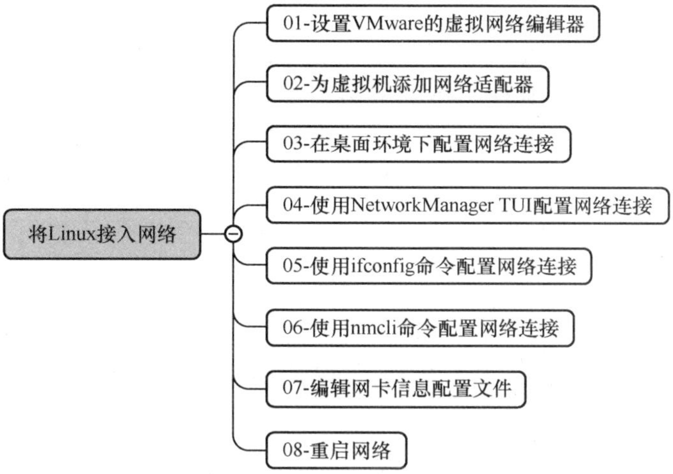

图 3-1　任务学习路径

3.3　相关知识

依据任务学习路径，首先要了解一些 VMware 的基本概念，包括虚拟网络连接组件和常见网络连接类型。

微课视频

VMware 虚拟网络连接组件简介

3.3.1　虚拟网络连接组件

VMware 中的虚拟网络连接组件包括虚拟交换机、虚拟网络适配器、虚拟动态主机配置协议（Dynamic Host Configuration Protocol，DHCP）服务器和网络地址转换（Network Address Translation，NAT）设备。

（1）虚拟交换机

与物理交换机相似，虚拟交换机也能将网络连接组件连接在一起。虚拟交换机又称为虚拟网络，其名称为 VMnet0、VMnet1、VMnet2……有少量虚拟交换机默认映射到特定网络。如图 3-2 所示，通过在 VMware 的菜单栏选择“编辑”→“虚拟网络编辑器”，可看到虚拟网络编辑器中有 3 台虚拟交换机：VMnet0、VMnet1、VMnet8，如图 3-2 所示。这里各虚拟交换机的子网地址是随机分配的，可以根据自己的网络规划需求自行修改，图 3-2 中的 VMnet8 设置了子网地址 192.168.200.0，子网掩码 255.255.255.0。在 VMware 中还可根据需要创建虚拟交换机，最多能在 Windows 主机系统上创建 20 个虚拟交换机，在 Linux 主机系统上创建 255 个虚拟交换机。可以将任意数量的虚拟网络设备连接到 Windows 主机系统的虚拟交换机，最多能将 32 个虚拟网络设备连接到 Linux 主机系统的虚拟交换机。

（2）虚拟网络适配器

在使用新建虚拟机向导创建新的虚拟机时，根据向导可为虚拟机创建虚拟网络适配器，为虚拟机提供网络服务。如图 3-3 所示，可看到虚拟机设置中“网络适配器 2”的网络连接类型主要有：桥接模式、NAT 模式、仅主机模式、自定义以及 LAN 字段。

（3）虚拟 DHCP 服务器

虚拟 DHCP 服务器可在未桥接到外部网络的配置中向虚拟机提供 IP 地址。例如，虚拟 DHCP 服务器可在仅主机模式和 NAT 模式中向虚拟机分配 IP 地址。如图 3-2 所示，在 NAT 模式下，勾选“使用本地 DHCP 服务将 IP 地址分配给虚拟机”，同时可设置子网 IP 地址等，由此安装在 VMware 中的虚拟机都将自动获取到子网的一个合法 IP 地址。同样，如果网络适配器选择其他类型的网络连接时，只要对应的虚拟交换机支持“使用本地 DHCP 服务将 IP 地址分配给虚拟机”，虚拟机就可以自动获取设置子网内的合法 IP 地址。

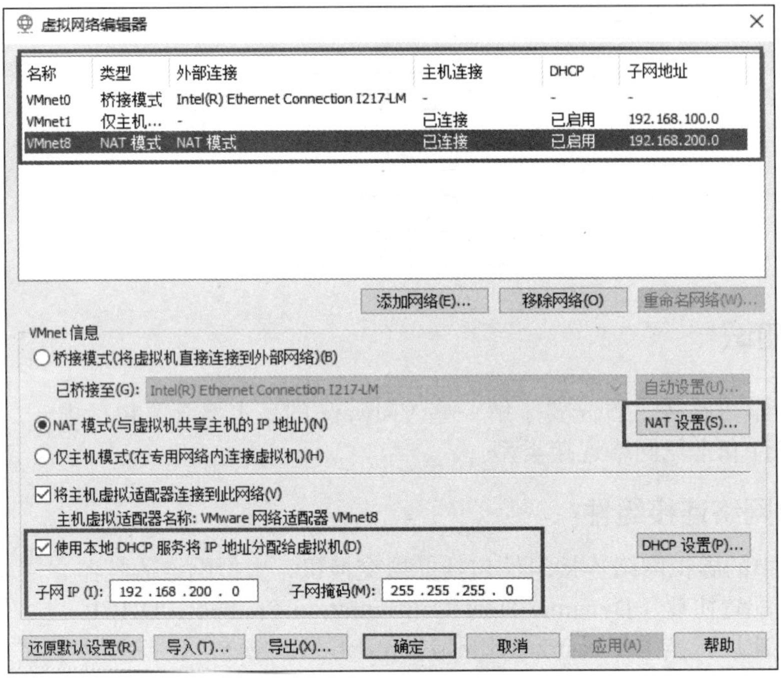

图 3-2　虚拟网络编辑器

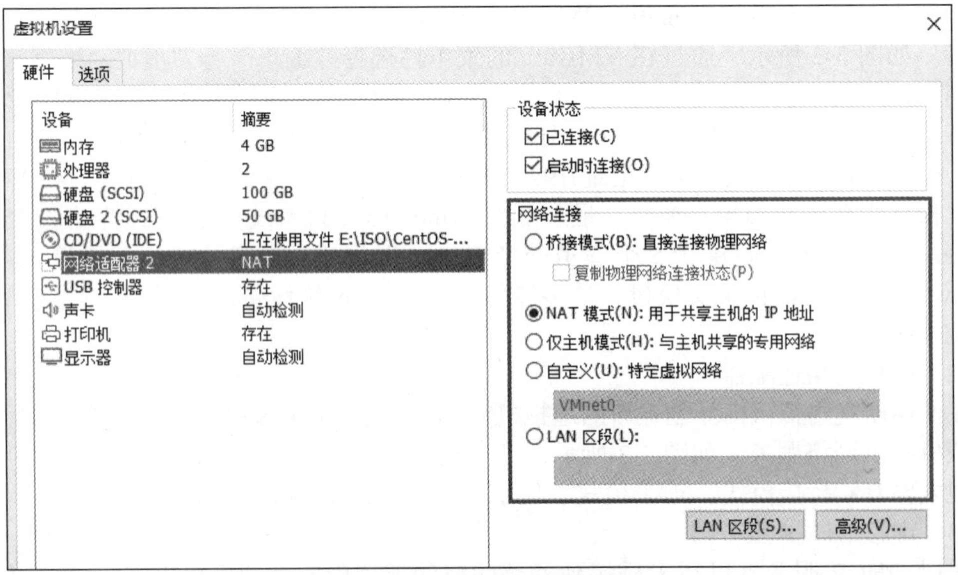

图 3-3　虚拟机设置-网络适配器

（4）NAT 设备

如图 3-2 所示，在 NAT 模式下，可通过“NAT 设置”指定 NAT 设备，使得一台或多台虚拟机可以与外部网络进行数据通信，识别每台虚拟机的传入数据包，并将它们发送到正确的目的地，即在 NAT 模式下，虚拟机可以通过共享物理主机 IP 地址和外部网络连接。

3.3.2 常见网络连接类型

VMware 中虚拟机的网络适配器的常见网络连接类型主要包括：桥接模式、NAT 模式、仅主机模式、自定义以及 LAN 区段。下面具体介绍前 3 种网络连接类型。

（1）桥接模式

当将 VMware 安装到 Windows 或 Linux 主机（物理机）系统时，系统会设置一个桥接模式网络 VMnet0。如图 3-4 所示，在桥接模式网络连接配置中，虚拟机使用自己的虚拟网络适配器连接到虚拟网络交换机，再连接到主机网络适配器。如果主机网络适配器已连接至网络，通过桥接模式进行网络连接通常是虚拟机访问该网络的最简单途径。

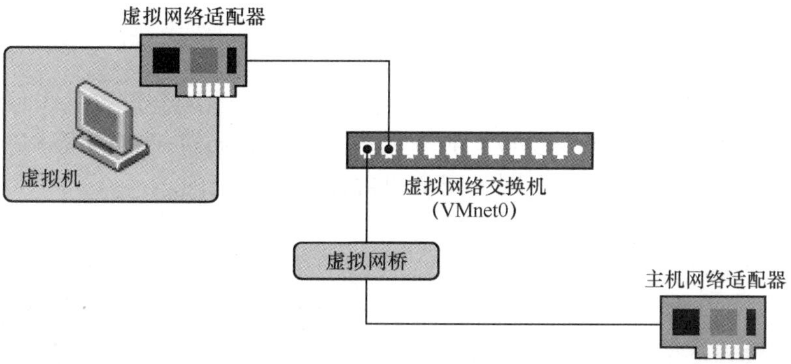

图 3-4 桥接模式网络连接配置

通过桥接模式进行网络连接时，虚拟机中的虚拟网络适配器可连接到主机系统中的物理主机网络适配器。虚拟机可通过主机网络适配器连接到主机系统所用的局域网（Local Area Network，LAN）。通过桥接模式进行网络连接支持有线和无线主机网络适配器。

通过桥接模式进行网络连接时，虚拟机在网络中具有唯一标识，它与主机系统相分离，且与主机系统无关。虚拟机可完全参与网络活动，它可以访问网络中的其他计算机，也可以被网络中的其他计算机访问，就像是网络中的物理机。

需要特别注意的是，虚拟机在桥接模式网络中，必须具有自己的标识，即必须配置和物理机同一网络的不同 IP 地址。

（2）NAT 模式

当将 VMware 安装到 Windows 或 Linux 主机系统时，系统会默认设置 NAT 模式网络 VMnet8。如图 3-5 所示，使用 NAT 模式网络时，虚拟机在外部网络中不必具有自己的 IP 地址，主机系统会建立单独的专用网络。在默认配置中，虚拟机会在此专用网络中通过虚拟 DHCP 服务器获取地址。

虚拟机和主机系统共享一个网络标识，此标识在外部网络中不可见。NAT 设备工作时，会将虚拟机在专用网络中的 IP 地址转换为主机系统的 IP 地址。当虚拟机发送网络资源的访问请求时，它会充当网络资源，就像请求来自主机系统一样。

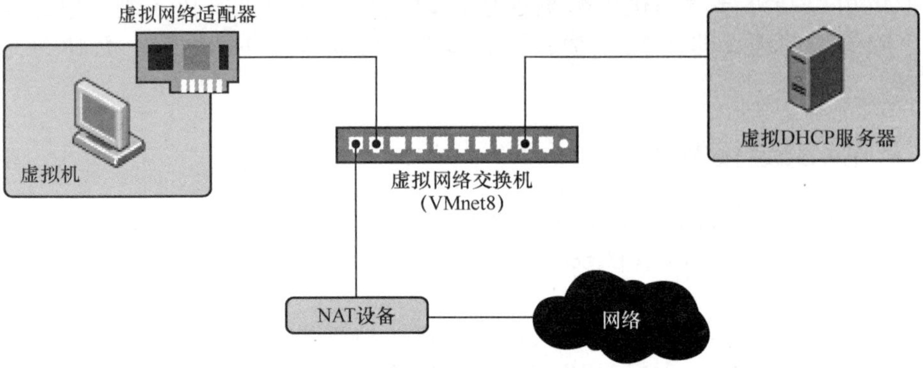

图 3-5 NAT 模式网络连接配置

主机系统在 NAT 模式网络上具有虚拟网络适配器。借助该适配器，主机系统可以与虚拟机相互通信。NAT 设备可在一台或多台虚拟机与外部网络之间传送网络数据，用于每台虚拟机的传入数据包，并将它们发送到正确的目的地。

（3）仅主机模式

当将 VMware 安装到 Windows 或 Linux 主机系统时，系统会设置一个仅主机模式网络 VMnet1。如图 3-6 所示，如果需要设置独立的虚拟网络，通过仅主机模式进行网络连接将非常有用。在仅主机模式网络中，网络完全包含在主机系统内。

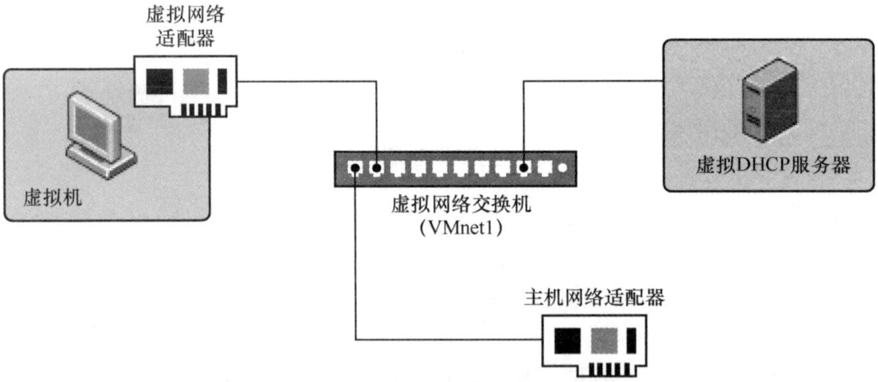

图 3-6 仅主机模式网络连接配置

在默认配置中，仅主机模式网络中的虚拟机无法连接到网络。如果主机系统上安装了适当的路由或代理软件，那么可以在主机系统的主机虚拟网络适配器和物理网络适配器之间建立连接，从而将虚拟机连接到令牌环网或其他非以太网。

在 Windows 主机中，可以结合使用仅主机模式网络连接和 Windows 的网络连接共享功能，让虚拟机能够使用主机系统的拨号网络连接适配器或其他网络。

3.4 任务实施

任务实施主要内容如图 3-7 所示。

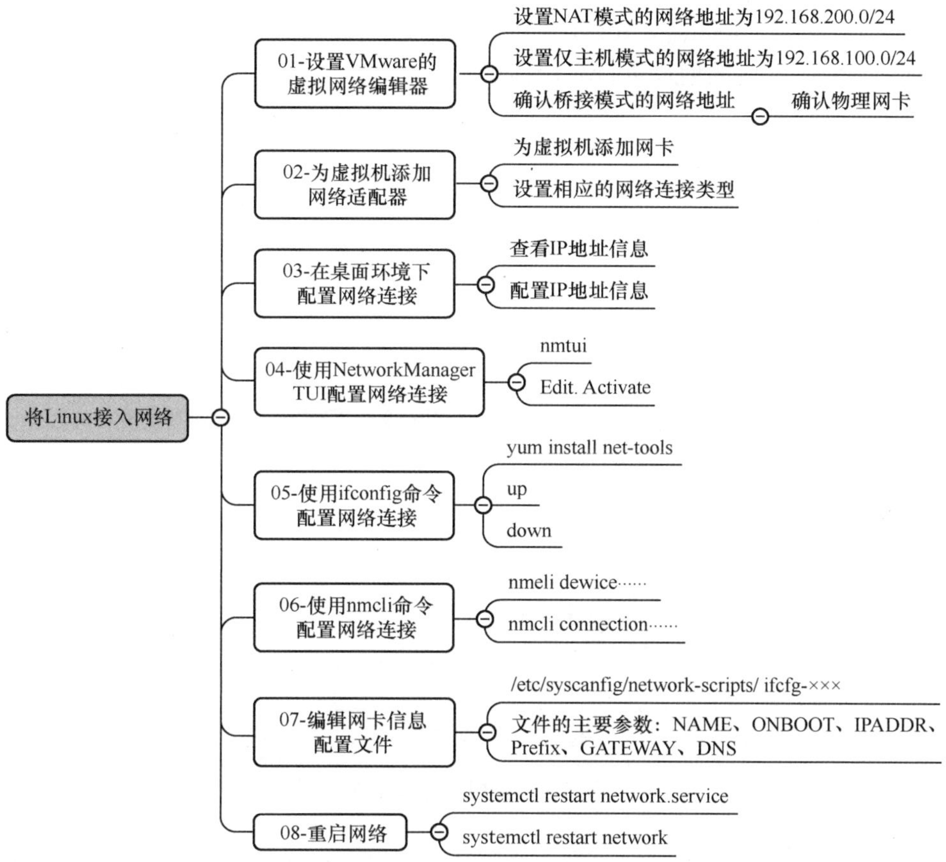

图 3-7　任务实施主要内容

3.4.1　设置 VMware 的虚拟网络编辑器

在了解了 VMware 的虚拟网络编辑器，并熟悉了虚拟机的网络连接类型后，接下来对虚拟机的网络进行按需配置。

首先设置 VMware 虚拟化管理软件的 3 个虚拟网络地址分别如下。

- VMnet8：NAT 模式网络，虚拟网络地址为 192.168.200.0/24。
- VMnet1：仅主机模式网络，虚拟网络地址为 192.168.100.0/24。
- VMnet0：桥接模式网络，依据物理机的网络地址确认虚拟网络地址。

也就是说，目前在 VMware 中创建的虚拟机可以通过网络适配器连接这 3 个虚拟网络中的任意一个。连接相同网络的不同虚拟机可以组成局域网，实现同一网络内的数据通信。接下来介绍具体的设置过程。

（1）NAT 模式

通过在 VMware 的菜单栏选择“编辑”→“虚拟网络编辑器”，可看到虚拟网络编辑器中对应 NAT 模式的虚拟交换机 VMnet8。选中 VMnet8 并单击“更改设置”，进入图 3-8 所示的虚拟网络编辑器界面。在该界面中可进行 NAT 设置、DHCP 设置、子网 IP 地址及子网掩码设置等，具体操作如下。

第一步，设置网络地址：在“子网 IP”文本框中输入 192.168.200.0，在“子网掩码”

文本框中输入 255.255.255.0，单击“应用”按钮，使虚拟网络 VMnet8 的网络地址 192.168.200.0/24 生效。VMware 软件中的虚拟机，网络连接类型一旦选择 NAT 模式，都将使用 192.168.200.0/24 内的地址进行身份标识。

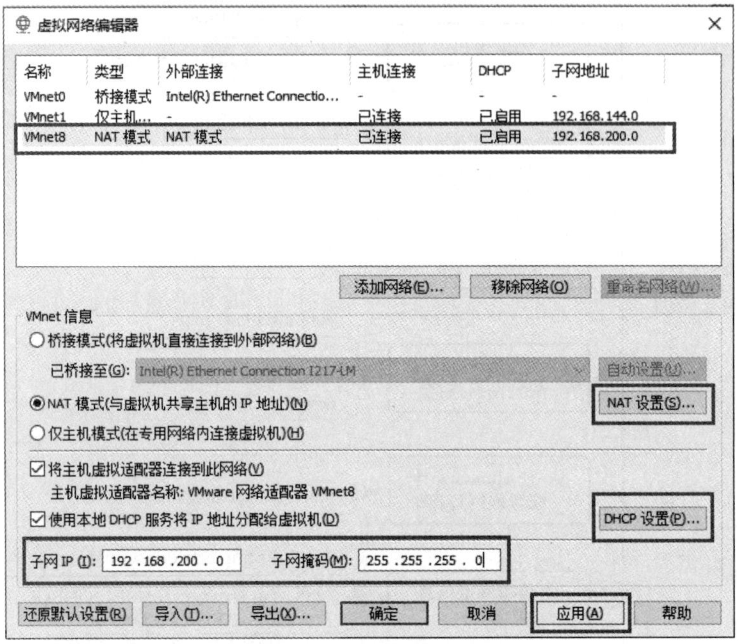

图 3-8　虚拟网络编辑器

第二步，DHCP 配置：在图 3-8 所示界面中，勾选“使用本地 DHCP 服务将 IP 地址分配给虚拟机”，单击“DHCP 设置”按钮，进入“DHCP 设置”界面。如图 3-9 所示，设置起始 IP 地址的最后一位十进制数为实训者的学号，设置结束 IP 地址的最后一位十进制数为实训者的学号加 50。如实训者的学号为 15，那么起始 IP 地址为 192.168.200.15，结束 IP 地址为 192.168.200.65。后续在该软件内的所有虚拟机如若设置为动态获取 IP 地址，则都将获得此地址范围内的某一个 IP 地址。单击“确定”按钮，返回图 3-8 所示的界面。

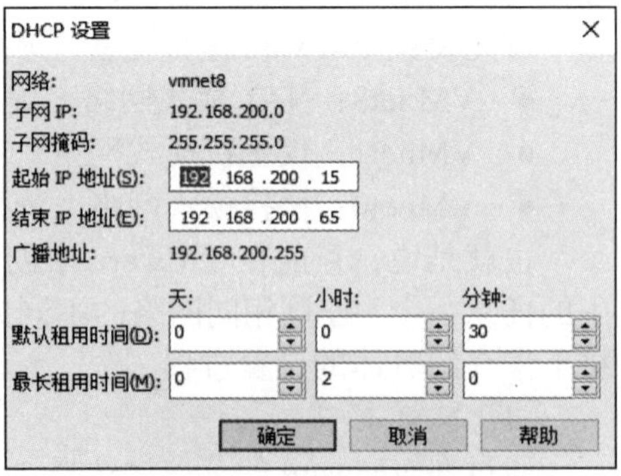

图 3-9　DHCP 设置

第三步，NAT 配置：DHCP 配置完成后，单击图 3-8 所示界面中的“NAT 设置”按钮，进入“NAT 设置”界面。如果配置 DHCP 时已经单击“应用”按钮，此处则已自动修改为符合要求的网关 IP 地址段，默认网关 IP 地址为 192.168.200.2，一般不做修改。如果配置 DHCP 时未单击“应用”按钮，则此处需要手动设置网关 IP 地址为 192.168.200.2。

如图 3-10 所示，在左下角还可以单击“DNS 设置”按钮进行 DNS 的配置。

（2）仅主机模式

根据 NAT 模式网络连接设置方法设置 VMnet1 为仅主机模式，配置网络地址为 192.168.100.0/24，主机地址范围为 192.168.100.100～192.168.100.200，如图 3-11 所示。

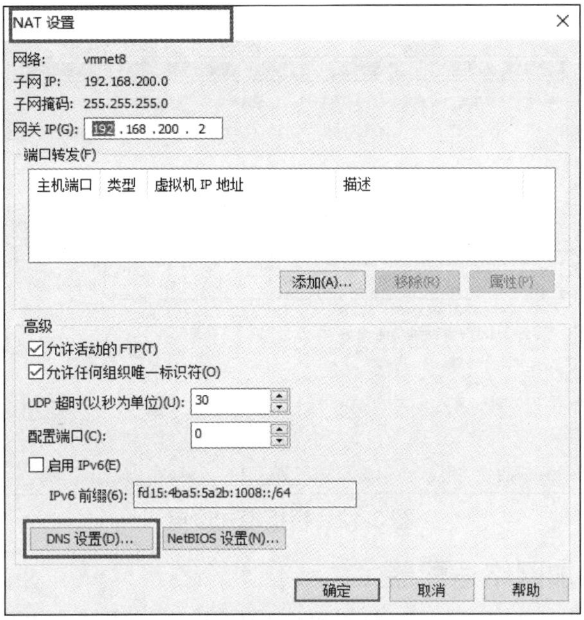

图 3-10 NAT 设置

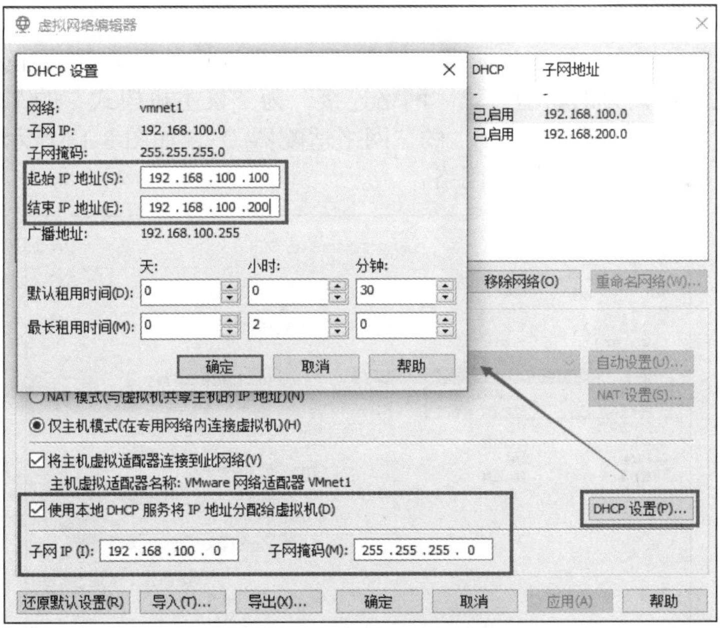

图 3-11 仅主机模式设置

（3）桥接模式

在桥接模式的网络连接中选择合适的物理网卡，该网卡可以在物理机的网络连接中确认，如图 3-12 所示，桥接到的物理网卡为：Intel(R) Ethernet Connection I217-LM。读者需要根据自己物理机现有的物理网卡进行选择。

课堂练习 3-1：在个人计算机的 VMware 软件的“虚拟网络编辑器”中，设置 VMnet1 和 VMnet8 的网络地址、网关地址及可供 DHCP 服务分配的地址池。

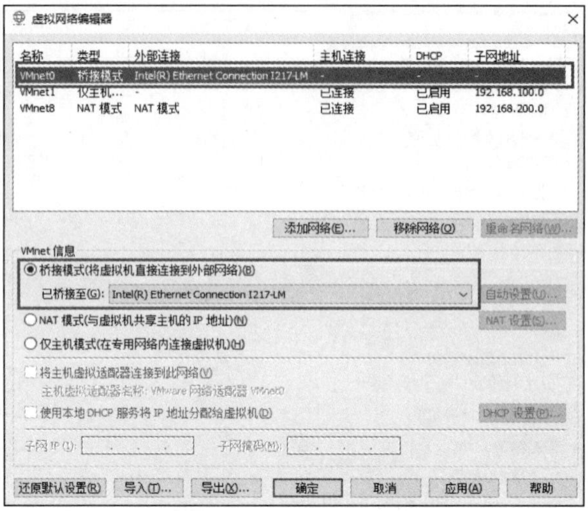

图 3-12　桥接模式设置

3.4.2　为虚拟机添加网络适配器

网络适配器常被称为网卡，在为虚拟机添加网卡时无须关注虚拟机的开关机状态。生产环境中的服务器一般会有两块或更多的网卡，分别连接不同的网络。

在 VMware 中选中虚拟机 client，通过在 VMware 的菜单栏中选择“虚拟机”→“设置”进入“虚拟机设置”界面，可看到原有一块默认“网络连接”为“NAT”的“网络适配器”。选择添加网络适配器，分别新增一块“网络连接”为“仅主机模式”的“网络适配器 2”和“网络连接”为“桥接模式(自动)”的“网络适配器 3”，如图 3-13 所示。此时该虚拟机有 3 块网卡，可以连接 3 个不同的网络。

图 3-13　虚拟网络适配器

课堂练习 3-2：分别为虚拟机 server 及 client 添加两块网络适配器并设置不同的网络连接类型。

微课视频

IP 基础及图形界面下的 IP 配置

3.4.3 在桌面环境下配置网络连接

1. 查看 IP 地址信息

桌面环境下，Linux 的网络配置和 Windows 操作系统的网络配置较为相似。网络配置主要是网络连接的配置，在进行网络连接配置之前通常先进行网络连接信息的查看，如查看 IP 地址、子网掩码及默认网关等。可以通过虚拟机 client 右上角标识“①”处的网络连接标记进行网络连接配置；查看到标识“②”处有 3 块网卡，这是在 3.4.2 小节中为虚拟机添加的网卡；单击标识“③”处的箭头可以对某一块网卡进行进一步配置；单击标识“④”处可以进入 Settings 配置界面，然后选择 Network 进行网络配置，如图 3-14 所示。

除了上述方法，也可以通过虚拟机左上角的“Application”进行网络配置。如图 3-15 所示，选择“Application”→“System Tools”→“Settings”，打开 Settings 配置界面，然后选择 Network 进行网络配置。

图 3-14 进行网络配置的第一种方法

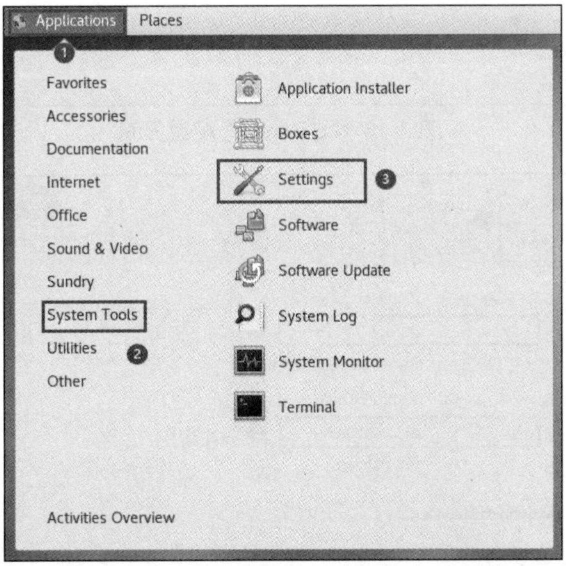

图 3-15 进入网络配置界面的第二种方法

“Settings”配置界面如图 3-16 所示，选择左侧栏目中标识“①”处的“Network”，出现右侧标识“②”处的“Network”相关信息，查看到 3 块网卡目前都处于“ON”启用状态，可以通过标识“③”处进入相应网卡的网络连接配置界面。

如图 3-17 所示，这是虚拟机 client 对应图 3-16 中第一块网卡 Enternet(ens33)的网络连接查看界面，网络连接类型为 NAT 模式。标识“①”处 Details 选项卡的信息，表示该网卡目前已配置的相关网络连接信息，包括标识“②”处的“IPv4 Address”（IPv4 地址，如无特殊说明，本书 IP 地址均指 IPv4 地址）192.168.200.15，为 DHCP 自动分配的地址；标识“③”处的“Default Route”（默认网关）是 192.168.200.2，为 NAT 设置中配置的网关 IP 地址。也可以选择标识“④”处的“IPv4”进行网络连接的静态配置。

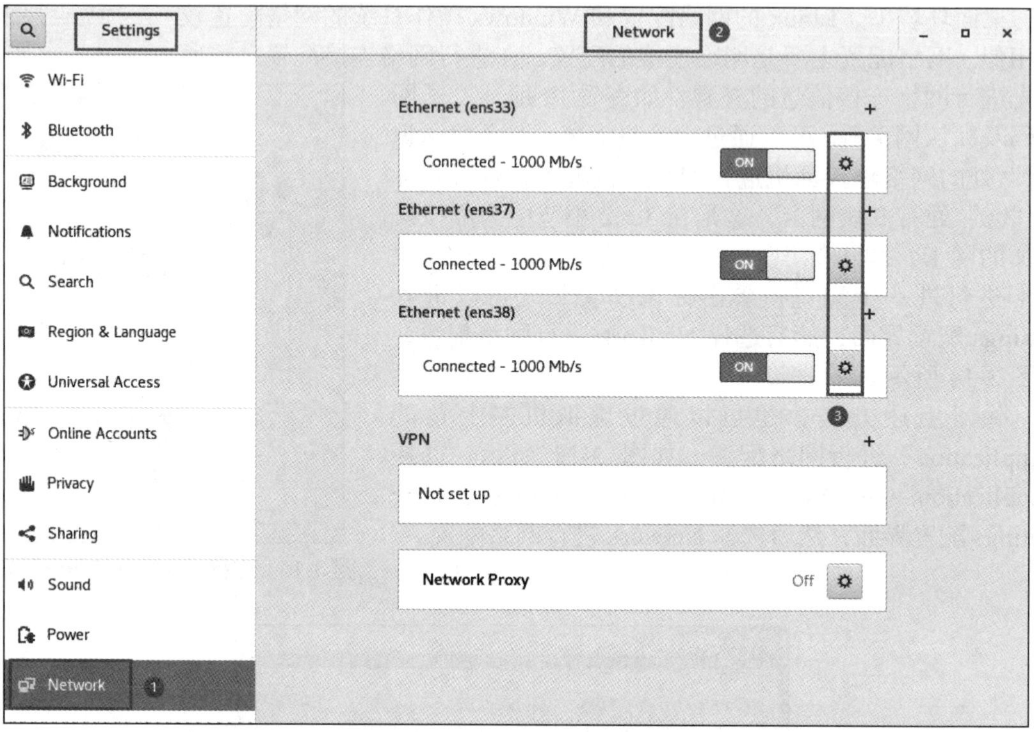

图 3-16 “Settings”配置界面

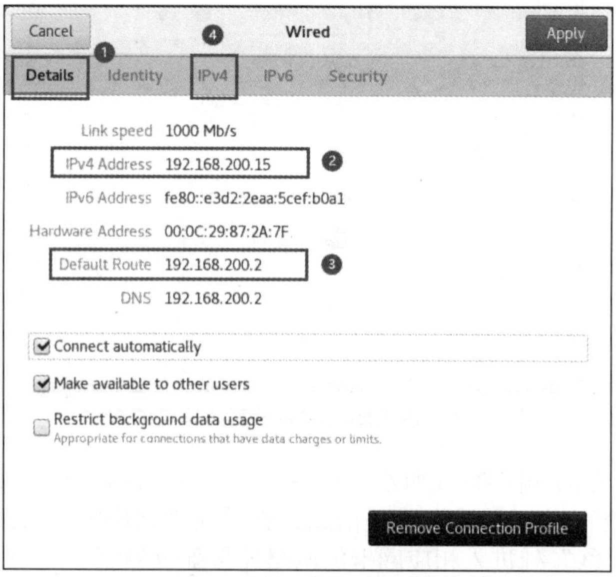

图 3-17 网络连接查看界面

课堂练习 3-3：查看虚拟机 client 中所有网络适配器的网络连接信息。

2. 配置 IP 地址信息

接下来进行网络连接信息的静态配置。此处选择 3 块网卡中的第一块网卡 Enternet(ens33) 进行举例。单击图 3-18 所示的标识“①”处的“IPv4”进入网络连接配置界面，标识“②”处的“IPv4 Method”由原来的“Automatic (DHCP)”更改为“Manual”。然后，配置标识“③”处的 Addresses 信息，具体如下。

（1）Address（IP 地址）：192.168.200.x（x 可设置为“学号+100”，此处设置为 200）。

（2）Netmask（子网掩码）：255.255.255.0。

（3）Gateway（网关）：192.168.200.2（此处网关设置的值必须是图 3-10 所示的 NAT 设置中网关 IP 地址的值）。

（4）DNS 和 Routes：设置 DNS（域名系统）和 Routes（路由）时保证“Automatic”开关打开即可，表示自动获取，不再另行设置。

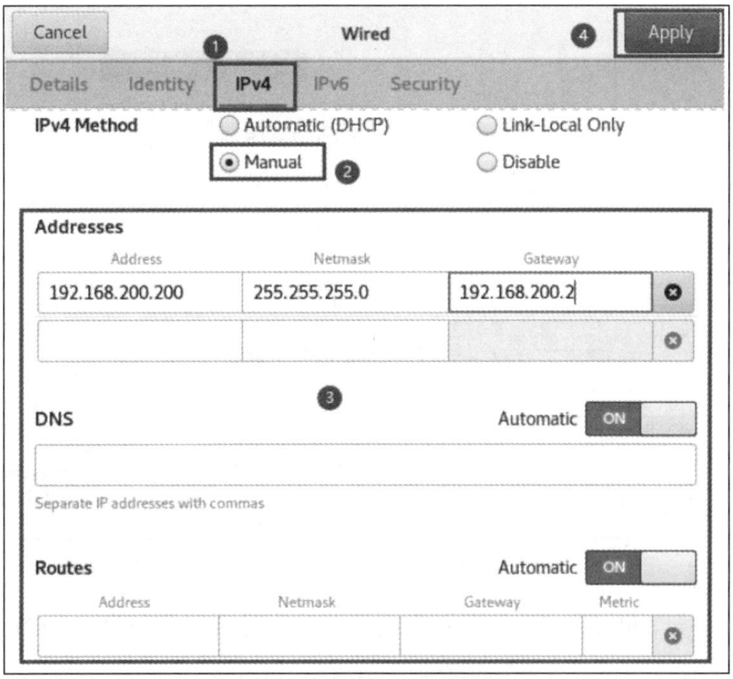

图 3-18　网络连接配置界面

最后单击标识“④”处的“Apply”，进行应用配置。

特别注意：在网络连接配置信息有变化时，需要通过图 3-16 中对应的控制开关重新启用网络连接。重新启用网络连接 Enternet(ens33)后，新的静态配置信息才会生效。如图 3-19 所示，新配置的 IP 地址 192.168.200.200 已生效。

课堂练习 3-4：静态配置虚拟机 client 中仅主机模式网络适配器和 NAT 模式网络适配器的网络连接信息。

3. 通过命令查看 IP 地址信息

虽然现在是在图形化的 Linux 中进行操作，但是随着学习的深入，大家会逐步熟悉甚至更习惯使用命令来完成相关操作。在桌面空白的地方单击鼠标右键，在弹出的快捷菜单中选择“终端”或是“Open Terminal”，使用以下两种方式查看 IP 地址信息。

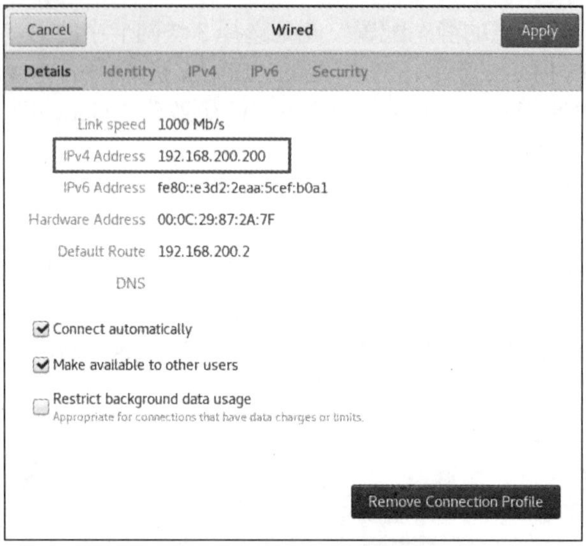

图 3-19　新配置的网络连接信息

（1）使用命令 ifconfig，查看网络连接 ens33（虚拟机的网络连接名称，环境不同，该名称可能不同）的对应配置信息，如图 3-20 所示。

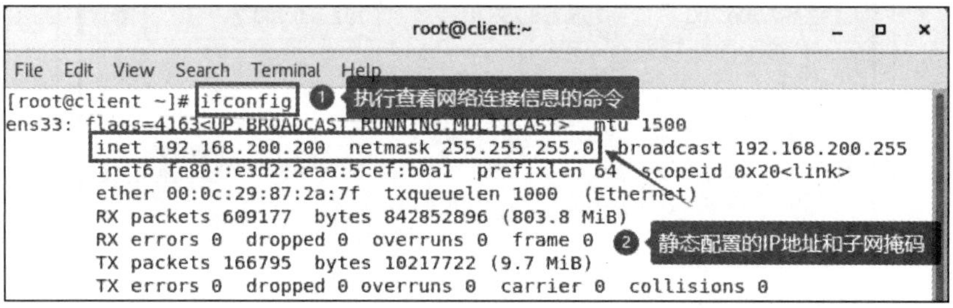

图 3-20　使用 ifconfig 命令查看 IP 地址信息

（2）使用命令 ip address，查看网络连接 ens33 的对应配置信息，如图 3-21 所示。

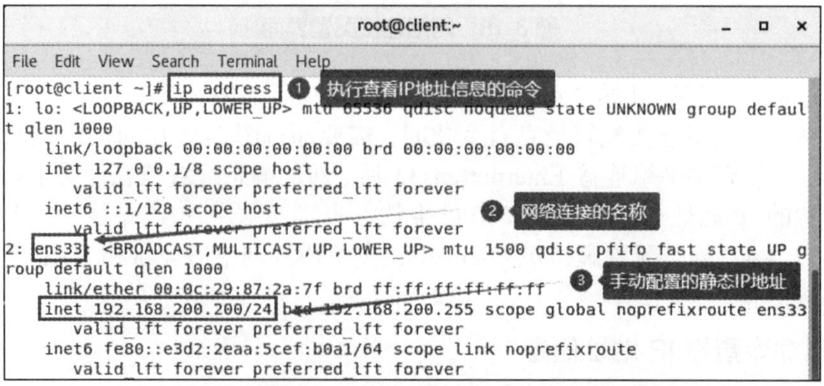

图 3-21　使用 ip address 命令查看 IP 地址信息

通常情况下，还可以使用命令 route 查看路由信息。所谓路由信息，更多体现在网络设备上，是连接不同网络时的必需配置信息。而在服务器上，通常称之为默认网关信息，如图 3-22 所示，手动静态配置过程中设置的默认网关就体现在此处。在网络故障排除过程中，经常需要确认该配置无误，否则该计算机的网络将无法到达其他网络，而被局限在本网络内。

```
root@client:~
File  Edit  View  Search  Terminal  Help
[root@client ~]# route -n
Kernel IP routing table
Destination     Gateway         Genmask         Flags Metric Ref    Use Iface
0.0.0.0         10.24.20.1      0.0.0.0         UG    104    0        0 ens37
0.0.0.0         192.168.200.2   0.0.0.0         UG    106    0        0 ens33
10.24.20.0      0.0.0.0         255.255.254.0   U     104    0        0 ens37
192.168.100.0   0.0.0.0         255.255.255.0   U     105    0        0 ens38
192.168.122.0   0.0.0.0         255.255.255.0   U     0      0        0 virbr0
192.168.200.0   0.0.0.0         255.255.255.0   U     106    0        0 ens33
[root@client ~]#
```

① 执行查看路由信息的命令

② NAT模式网络的默认路由，即NAT模式中设置的网关IP地址

图 3-22　使用 route 命令查看路由信息

课堂练习 3-5：确认虚拟机 client 新配置的两块网络适配器的静态 IP 地址信息。

微课视频

NetworkManager TUI 工具的使用

3.4.4　使用 NetworkManager TUI 配置网络连接

NetworkManager TUI 是一款带有图形用户界面的配置工具，它既可以在桌面环境下使用，也可以在无桌面环境下使用。

1. 确认网络连接类型及名称

在最小化安装的 CentOS 7 系统中使用 root 用户登录系统。

在虚拟机设置中确认网络适配器的网络连接类型，默认为 NAT 模式。在前面学习中已经知道，NAT 模式是通过 VMnet8 虚拟交换机连接的，因此此虚拟机目前所在网络为 192.168.200.0/24。

在命令行中执行 ip address show dev ens37，查看 IP 地址信息，如图 3-23 所示，自动获取到的地址 192.168.200.16/24 是 DHCP 服务分配范围内的一个地址。注意图 3-23 中网卡名称为“ens37”，VMware 中的虚拟网卡名称一般是“ens33”“ens37”“eno16777736”等。

通过命令 nmcli device status 可以查看到虚拟机中所有网卡的名称，如图 3-24 所示，第一列“DEVICE”表示网卡名称。目前，虚拟机 server 共有 3 块虚拟网卡，分别是 ens37、ens38 和 ens33。还有 1 块网卡是 lo，是创建虚拟机时默认添加的回环网卡。

```
[root@server ~]# ip address show dev ens37
2: ens37: <BROADCAST,MULTICAST,UP,LOWER_UP> mtu 1500 qdisc pfifo_fast
 state UP group default qlen 1000
    link/ether 00:0c:29:c6:a0:27 brd ff:ff:ff:ff:ff:ff
    inet 192.168.200.16/24 brd 192.168.200.255 scope global noprefixr
oute dynamic ens37
       valid_lft 1638sec preferred_lft 1638sec
    inet6 fe80::9cf0:2b3d:2107:165f/64 scope link noprefixroute
       valid_lft forever preferred_lft forever
```

图 3-23　使用 ip address 命令查看 IP 地址信息

课堂练习 3-6：查看虚拟机 server 网络适配器的 IP 地址信息。

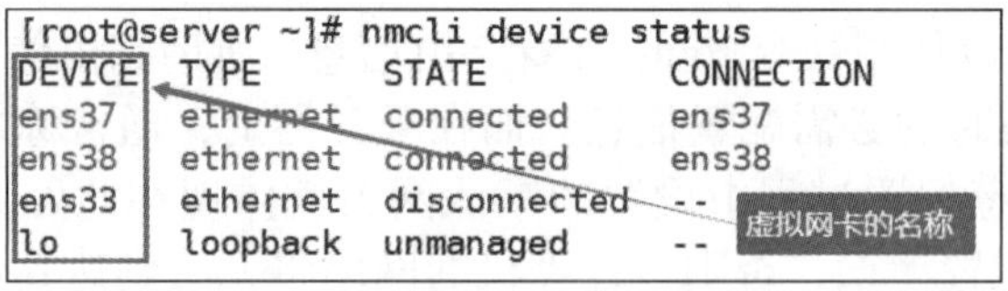

图 3-24　查看虚拟网卡的名称

2. 打开 NetworkManager TUI

在命令行窗口执行命令 nmtui，打开 NetworkManager TUI（网络管理工具），如图 3-25 所示。

图 3-25 所示配置界面中主要信息说明如下。

（1）Edit a connection：编辑一个连接，可以添加、删除网络配置。

（2）Activate a connection：激活一个连接，可以启用、禁用网络配置。

（3）Set system hostname：设置主机名。

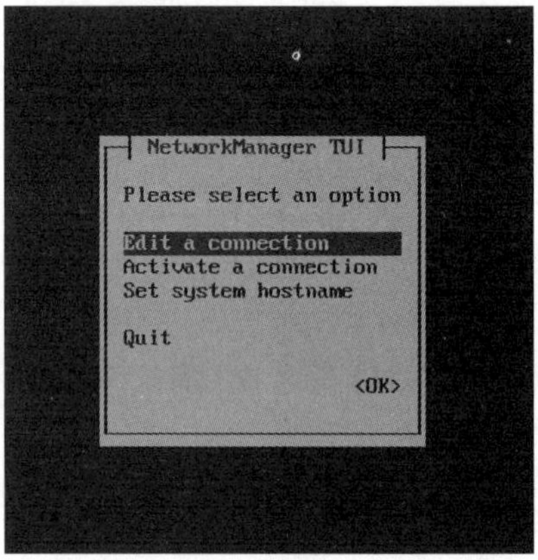

图 3-25　NetworkManager TUI

3. 手动配置静态 IP 地址信息

前面已通过 ip address 命令查看了虚拟机现有网络适配器的动态 IP 地址信息，这里介绍配置静态 IP 地址信息。

在命令行窗口执行命令 nmtui，打开 NetworkManager TUI 后选择“Edit a connection”，进入图 3-26 所示界面，默认选中以太网网卡连接“ens37”（虚拟机的网络连接名称），如有多个网络连接，则通过键盘上、下方向键选择需要配置的网络连接。

通过键盘左、右方向键选择“Edit...”并进入“Edit Connection”配置界面，使用键盘上、下方向键选中“IPv4 CONFIGURATION”后的“Automatic”并按 Enter 键，如图 3-27 所示，使用键盘上、下方向键选中“Manual”并按 Enter 键。再通过键盘右方向键选中该行的“Show”并按 Enter 键。此时，原“Show”处显示为“Hide”，如图 3-28 所示。通过下方向键选中“Addresses”后的“Add...”并按 Enter 键，添加 IP 地址，如图 3-29 所示，格式必须为：IP 地址/掩码长度。用同样的方法设置“Gateway”“DNS servers”，如图 3-29 所示，然后保存退出（单击“OK”退出）。此处需要注意的是，“Gateway”需配置为在 3.4.1 小节中设置的 VMnet8 虚拟网络的 NAT 设置值，以便作为正在配置的虚拟机 server 的网关。“DNS servers”可直接设置为公网 DNS 服务器的地址，此处设置为 8.8.8.8。

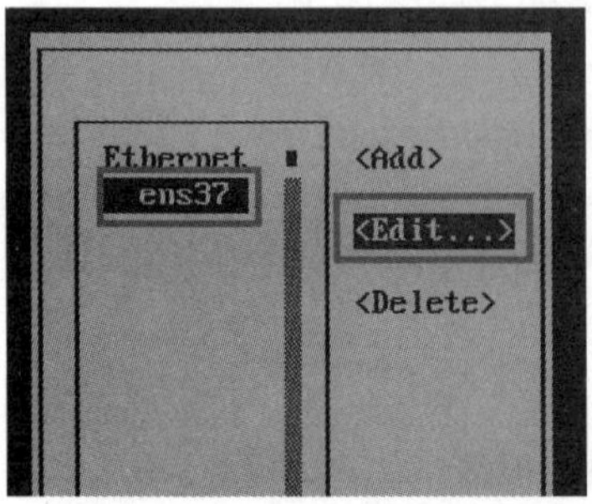

图 3-26　Edit a connection

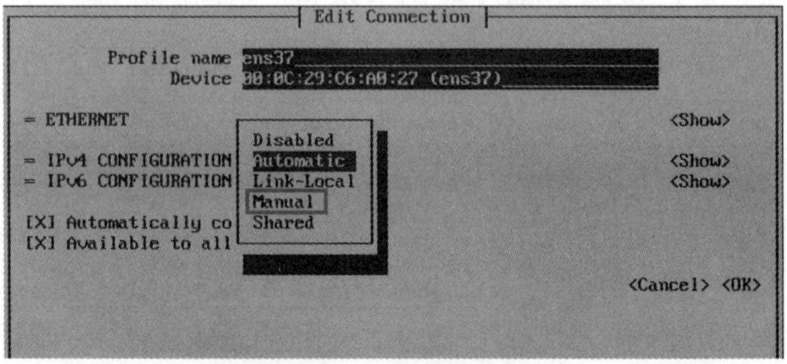

图 3-27　Edit Connection

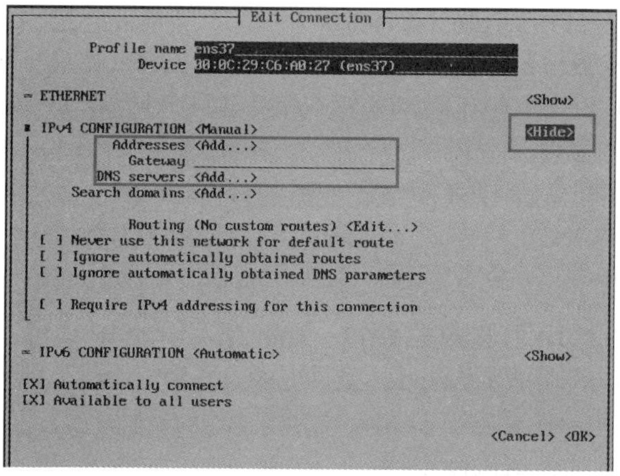

图 3-28 IPv4 CONFIGURATION（1）

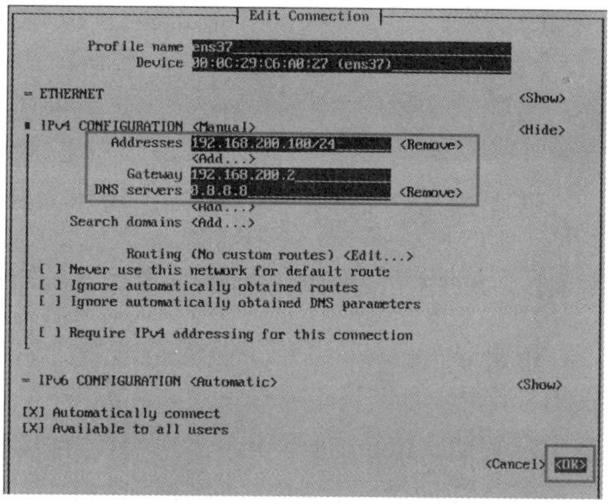

图 3-29 IPv4 CONFIGURATION（2）

4. 生效新配置的 IP 地址信息

当 IP 地址信息配置完成后，需要重新启用网络配置。在命令行窗口执行 nmtui，打开 NetworkManager TUI 后选择“Activate a connection”，把对应的网络连接（ens37）先禁用“Deactivate”，然后启用“Activate”，如图 3-30 所示。

图 3-30 Activate a connection

配置完成后验证配置是否生效，同时测试与互联网的连通性，网络连接信息如图 3-31 所示。

```
[root@server ~]# ip address
1: lo: <LOOPBACK,UP,LOWER_UP> mtu 65536 qdisc noqueue state UNKNOWN group default qlen 1000
    link/loopback 00:00:00:00:00:00 brd 00:00:00:00:00:00
    inet 127.0.0.1/8 scope host lo
       valid_lft forever preferred_lft forever
    inet6 ::1/128 scope host
       valid_lft forever preferred_lft forever
2: ens37: <BROADCAST,MULTICAST,UP,LOWER_UP> mtu 1500 qdisc pfifo_fast state UP group default qlen 1000
    link/ether 00:0c:29:c6:a0:27 brd ff:ff:ff:ff:ff:ff
    inet 192.168.200.100/24 brd 192.168.200.255 scope global noprefixroute ens37
       valid_lft forever preferred_lft forever
    inet6 fe80::59bc:75d1:bcc4:fcf5/64 scope link noprefixroute
       valid_lft forever preferred_lft forever
[root@server ~]# ping www.baidu.com
PING www.a.shifen.com (180.101.50.188) 56(84) bytes of data.
64 bytes from 180.101.50.188 (180.101.50.188): icmp_seq=1 ttl=128 time=6.80 ms
64 bytes from 180.101.50.188 (180.101.50.188): icmp_seq=2 ttl=128 time=9.21 ms
64 bytes from 180.101.50.188 (180.101.50.188): icmp_seq=3 ttl=128 time=9.23 ms
^C
--- www.a.shifen.com ping statistics ---
3 packets transmitted, 3 received, 0% packet loss, time 2007ms
rtt min/avg/max/mdev = 6.802/8.417/9.232/1.141 ms
[root@server ~]#
```

图 3-31 网络连接信息

（1）网络适配器 ens37 新的静态 IP 地址为：192.168.200.100/24。

（2）测试与互联网的连通性时显示“3 packets transmitted, 3 received, 0% packet loss”，表示发出 3 个包，收到 3 个包，无数据丢包，即具有互联网连通特性，可以使用互联网资源。

课堂练习 3-7：设置并确认虚拟机 server 的 NAT 模式网络适配器的静态 IP 地址信息。

3.4.5 使用 ifconfig 命令配置网络连接

ifconfig 命令可以用于查看、配置、启用或禁用指定网络接口，如配置网卡的 IP 地址、掩码、广播地址、网关等，功能丰富。该命令的功能和 Windows 系统的 ipconfig 命令的功能非常类似。ifconfig 是 net-tools 中已被废弃的一个命令，许多年前就已经没有维护了，但很多网络管理员还是习惯使用该命令，下面简单介绍该命令。

1. 软件安装

最小化安装的 CentOS 7 操作系统中默认是没有安装 ifconfig 的，如果执行 ifconfig，会出现错误提示“-bash: ifconfig: command not found”，表示找不到该命令，那么需要安装相关软件包，以使得 ifconfig 命令可以执行。首先，通过 yum 命令的 search 选项对包进行搜索（yum 的具体使用方法请参考任务 7），搜索结果如图 3-32 所示。通过执行 yum search ifconfig，得到安装 ifconfig 包 net-tools.x86_64。然后，在命令行窗口中执行 yum install net-tools.x86_64，进行软件包的安装。

```
[root@server ~]# yum search ifconfig
Loaded plugins: fastestmirror
Loading mirror speeds from cached hostfile
 * base: mirrors.huaweicloud.com
 * extras: mirrors.huaweicloud.com
 * updates: mirrors.huaweicloud.com
========================= Matched: ifconfig ==========================
net-tools.x86_64 : Basic networking tools
[root@server ~]#
```

图 3-32 通过 yum 查找软件包

2. 常用命令

（1）ifconfig ens33（网卡名称）up/down：用于启动或关闭网卡。

（2）ifconfig ens33（网卡名称）x.x.x.x（IP 地址）netmask x.x.x.x（子网掩码）：用于设置 IP 地址。

需要注意的是，用 ifconfig 命令配置的网卡信息，在网卡重启或计算机重启后就不存在了。要想将上述的配置信息保存在计算机中，就要修改网卡的配置文件。具体内容将在 3.4.7 小节详述。

课堂练习 3-8：使用命令 ifconfig 修改并确认虚拟机 server 的 NAT 模式网络适配器的 IP 地址信息。

微课视频

nmcli 命令的使用

3.4.6 使用 nmcli 命令配置网络连接

CentOS 7 中默认的网络服务由 NetworkManager 提供。3.4.4 小节中介绍的 NetworkManager TUI 是配置网络连接的文本用户界面工具。因为该工具中存在与用户交互的界面，操作方便，适合无基础的初学者。本小节介绍的 nmcli 命令则是用来与 NetworkManager 交互的命令行工具，但由于没有用户界面，需要用户熟悉各种操作的命令代码，适合有一定基础的读者。由于 nmcli 命令功能强大，大家可以逐步养成使用 nmcli 命令的习惯，避免使用 ifconfig 命令配置网络。

1. 基本语法含义

nmcli 命令行工具不仅可以完成在 NetworkManager 文本用户界面下可以完成的操作，而且可以进行更多的网络服务操作。命令基本格式如下。

```
nmcli [ OPTIONS ] OBJECT { COMMAND | help }
```

OBJECT 和 COMMAND 可以用全称也可以用简称，最少可以只用一个字母，建议用前 3 个字母。OBJECT 平时用得最多的是 connection 和 device（可以简写为 con 和 dev）。

（1）device 网络接口

① device：用于查看和管理网络接口。

② nmcli device help：用于查看管理网络接口的用法。

（2）connection 网络连接

① connection：用于管理网络连接。

② nmcli connection help：用于查看管理网络连接的用法。

多个 connection 可以应用到同一个 device，但同一时间只能启用一个 connection。可以设置多个网络连接，比如静态 IP 地址和动态 IP 地址，再根据需要连接相应 connection。查看网格接口和连接，如图 3-33 所示。

```
[root@server ~]# nmcli device status
DEVICE  TYPE      STATE         CONNECTION
ens37   ethernet  connected     ens37
ens38   ethernet  connected     ens38
ens33   ethernet  disconnected  --
lo      loopback  unmanaged     --
[root@server ~]# nmcli connection show
NAME   UUID                                  TYPE      DEVICE
ens37  38cb3a1d-e170-3109-a535-b9c67af38c7a  ethernet  ens37
ens38  326785a7-df10-31e2-bf5e-991d5e972675  ethernet  ens38
ens33  9e389a44-b270-4785-b570-a6b24ce406be  ethernet  --
```

图 3-33　查看网络接口和连接

（1）在图 3-33 中执行命令 nmcli device status，显示所有网络接口的状态，输出信息如下。

DEVICE	TYPE	STATE	CONNECTION
ens37	ethernet	connected	ens37
ens38	ethernet	connected	ens38
ens33	ethernet	disconnected	--
lo	loopback	unmanaged	--

其中：

① DEVICE 表示网卡的名称，计算机上目前有 4 块网卡，名称分别是 ens37、ens38、ens33 和 lo。本节描述过程中以网卡 ens37 为例进行说明；

② TYPE 表示网卡的类型，网卡 ens37、ens38 和 ens33 是 ethernet（以太网）网卡，lo 是 Loopback（回环）网卡；

③ STATE 表示网卡的连接状态，值有 connected、disconnected 和 unmanaged。connected 表示该网卡已有生效的网络连接，disconnected 表示该网卡还没有生效的网络连接，unmanaged 表示不在 NetworkManager 管理之列。需要注意，计算机接入网络的必要条件就是网络接口上必须有生效的合法网络连接；

④ CONNECTION 表示网络连接的名称。

（2）在图 3-33 中，执行命令 nmcli connection show，显示所有网络连接信息，输出信息如下。

NAME	UUID	TYPE	DEVICE
ens37	38cb3a1d-e170-3109-a535-b9c67af38c7a	ethernet	ens37
ens38	326785a7-df10-31e2-bf5e-991d5e972675	ethernet	ens38
ens33	9e389a44-b270-4785-b570-a6b24ce406be	ethernet	--

其中：

① NAME 表示网络连接的名称；

② UUID 表示网络连接的唯一识别码；

③ TYPE 表示网络连接的类型；

④ DEVICE 表示网卡的名称，与 nmcli device status 中的保持一致。

2. 设置网络连接

（1）修改已有网络连接的名称

把网络连接 ens37 的名称改为 con01-ens37，如图 3-34 所示。

```
[root@server ~]# nmcli connection modify uuid 38cb3a1d-e170-3109-a535-b9c67af38c7a con-name con01-ens37
[root@server ~]# nmcli connection show
NAME         UUID                                  TYPE      DEVICE
con01-ens37  38cb3a1d-e170-3109-a535-b9c67af38c7a  ethernet  ens37
ens38        326785a7-df10-31e2-bf5e-991d5e972675  ethernet  ens38
ens33        9e389a44-b270-4785-b570-a6b24ce406be  ethernet  --
[root@server ~]# nmcli device status
DEVICE  TYPE      STATE         CONNECTION
ens37   ethernet  connected     con01-ens37
ens38   ethernet  connected     ens38
ens33   ethernet  disconnected  --
lo      loopback  unmanaged     --
[root@server ~]#
```

图 3-34　修改网络连接的名称

修改时使用的命令如下。

```
nmcli connection modify uuid 38cb3a1d-e170-3109-a535-b9c67af38c7a con-name con01-ens37
```

其中：

① nmcli 表示命令的关键字，使用 nmcli 工具进行网络管理；

② connection 表示命令的操作对象，对象有 device 和 connection；

③ modify 表示对命令的操作对象进行修改。对于不同的操作对象会有不同的动作。图 3-35 所示的是对网络接口 device 的常用管理命令（动作），图 3-36 所示的是对网络连接 connection

的常用管理命令（动作）；

```
[root@server ~]# nmcli device --help
Usage: nmcli device { COMMAND | help }

COMMAND := { status | show | set | connect | reapply | modify
| disconnect | delete | monitor | wifi | lldp }
```

图 3-35　常用管理网络接口的命令

```
[root@server ~]# nmcli connection --help
Usage: nmcli connection { COMMAND | help }

COMMAND := { show | up | down | add | modify | clone | edit |
delete | monitor | reload | load | import | export }
```

图 3-36　常用管理网络连接的命令

④ uuid xxx 表示修改网络连接的参数，一般情况下可以通过按 Tab 键 2 次获取命令的下一个输入值的提示。例如此处当输入完 nmcli connection modify 这 3 个单词后输入空格，按 Tab 键 2 次出现接下来可输入值的提示，如图 3-37 所示，此处有 6 项，选择输入 uuid，表示将通过 UUID 来修改网络连接的名称。由图 3-33 中命令 nmcli connection show 的输出结果可知目前操作对象有 3 个，分别是 ens37、ens38 和 ens33，这里对 ens37 进行连接名称的修改，所以要使用 ens37 对应的 UUID。此处输入关键字 uuid 后，输入空格，然后需要输入数字 38，按 Tab 键，会自动补全 ens37 完整的 UUID 值，如图 3-38 所示。如果无法补全，请执行命令 yum install bash-completion 安装命令自动补全工具，工具安装后需要重新登录操作系统使其生效；

```
[root@server ~]# nmcli connection modify
ens33        ens37        ens38        help         id           path         --temporary  uuid
[root@server ~]# nmcli connection modify uuid 38cb3a1d-e170-3109-a535-b9c67af38c7a
```

图 3-37　modify 的参数

```
[root@server ~]# nmcli connection modify uuid 38cb3a1d-e170-3109-a535-b9c67af38c7a
```

图 3-38　modify uuid 自动补全唯一 UUID 值

⑤ con-name xxx 表示修改网络连接的参数，故上述命令表示修改 UUID 值为 38cb3a1d-e170-3109-a535-b9c67af38c7a 的网络连接的名称为 con01-ens37。

这样该完整命令就把原网络连接的名称 ens37 修改为 con01-ens37，图 3-34 显示完成了连接名称的修改和确认。

（2）新增网络连接

接下来通过 nmcli 为网卡 ens37 新增一个新的连接 con02-ens37，如图 3-39 所示。使用 nmcli 新增一个连接的命令，具体如下。

```
nmcli connection add type ethernet con-name con02-ens37 ifname ens37。
```

如果连接没有被绑定到设备上，DEVICE 处显示为“--”。

```
[root@server ~]# nmcli connection add type ethernet con-name con02-ens37 ifname ens37
Connection 'con02-ens37' (bfa41be6-4ff3-4df9-9323-aabd9d8d73eb) successfully added.
[root@server ~]# nmcli connection show
NAME         UUID                                  TYPE      DEVICE
con01-ens37  38cb3a1d-e170-3109-a535-b9c67af38c7a  ethernet  ens37
ens38        326785a7-df10-31e2-bf5e-991d5e972675  ethernet  ens38
con02-ens37  bfa41be6-4ff3-4df9-9323-aabd9d8d73eb  ethernet  --
ens33        9e389a44-b270-4785-b570-a6b24ce406be  ethernet  --
```

图 3-39　创建一个新的连接

其中：

① add 表示增加一个网络连接；

② **type** xxx 表示增加的网络连接的类型，常用 ethernet。要了解更多，可通过按 Tab 键 2 次查看可用值；

③ **con-name** xxx 表示设置新增的网络连接名称。**con-name** 是固定参数，xxx 是自定义的网络连接名称；

④ **ifname** xxx 表示网卡名称，**ifname** 是固定参数，xxx 是计算机上网卡的名称，此处设置为网卡 ens37。

（3）生效网络连接

如果要使设备 ens37 使用连接 con02-ens37，可以执行命令：**nmcli connection up** con02-ens37。执行完上述命令后，由图 3-40 可知，新连接已生效，并使用了 DHCP 自动获取 IP 地址。

```
[root@server ~]# nmcli device status
DEVICE  TYPE      STATE         CONNECTION
ens37   ethernet  connected     con02-ens37
ens38   ethernet  connected     ens38
ens33   ethernet  disconnected  --
lo      loopback  unmanaged     --
[root@server ~]# nmcli connection show
NAME         UUID                                  TYPE      DEVICE
con02-ens37  bfa41be6-4ff3-4df9-9323-aabd9d8d73eb  ethernet  ens37
ens38        326785a7-df10-31e2-bf5e-991d5e972675  ethernet  ens38
con01-ens37  38cb3a1d-e170-3109-a535-b9c67af38c7a  ethernet  --
ens33        9e389a44-b270-4785-b570-a6b24ce406be  ethernet  --
[root@server ~]# ip address show dev ens37
3: ens37: <BROADCAST,MULTICAST,UP,LOWER_UP> mtu 1500 qdisc pfifo_fast state UP group default qlen 1000
    link/ether 00:0c:29:c6:a0:27 brd ff:ff:ff:ff:ff:ff
    inet 192.168.200.16/24 brd 192.168.200.255 scope global noprefixroute dynamic ens37
       valid_lft 1511sec preferred_lft 1511sec
    inet6 fe80::af68:b480:cd8b:9a82/64 scope link noprefixroute
       valid_lft forever preferred_lft forever
```

图 3-40　确认新连接生效

其中：

① **nmcli device status** 的输出结果表示网卡 ens37 生效的网络连接为 con02-ens37；

② **nmcli connection show** 的输出结果表示有两个网络连接，分别为 con02-ens37 和 con01-ens37，最后一列 DEVICE 显示生效的连接；

③ ip address show dev ens37 输出结果表示网卡 ens37 已有新的 IP 地址 192.168.200.16/24，并且该 IP 地址是动态获取的（图 3-40 中 dynamic 表示动态）。

（4）修改 IP 地址动态获取为静态指定

在前面的内容中，已经通过 NetworkManager 创建了一个静态指定 IP 地址信息的网络连接 con01-ens37，又通过 nmcli 命令创建了一个动态获取 IP 地址信息的网络连接 con02-ens37。这两种方式都可用来设置网络连接信息，在此详述如何通过 nmcli 修改动态获取为静态指定。执行命令如图 3-41 所示，按 Enter 键后没有输出提示表示命令被正确执行。

```
[root@server ~]# nmcli connection modify con02-ens37 ipv4.method manual ipv4.addresses
192.168.200.123/24 ipv4.gateway 192.168.200.2 ipv4.dns 114.114.114.114
[root@server ~]# 
```

图 3-41 修改动态获取为静态指定

执行命令如下。

```
nmcli connection modify con02-ens37 ipv4.method manual ipv4.addresses
192.168.200.123/24 ipv4.gateway 192.168.200.2 ipv4.dns 114.114.114.114
```

其中：

① **nmcli connection modify** con02-ens37 表示修改连接 con02-ens37；

② **ipv4.method** manual 表示把 IPv4 的设置方式修改为 manual，前面在新增连接的时候未指定该参数，则默认为动态获取；

③ **ipv4.addresses** 192.168.200.123/24 表示静态指定 IP 地址；

④ **ipv4.gateway** 192.168.200.2 表示静态指定网关地址；

⑤ **ipv4.dns** 114.114.114.114 表示静态指定 DNS 服务器地址。

注意，使用该命令时，不能只修改方式为 manual，却不进行具体信息的配置，否则会报错。而 IP 地址、网关、DNS 服务器可以一次指定，也可以多次修改。

（5）确认修改配置生效

先执行命令 **nmcli connection up** con02-ens37，使连接 con02-ens37 重新生效，再执行查看命令，确认修改配置生效，具体如图 3-42 所示。

```
[root@server ~]# ip address show dev ens37
3: ens37: <BROADCAST,MULTICAST,UP,LOWER_UP> mtu 1500 qdisc pfifo_fast state UP group default
    link/ether 00:0c:29:c6:a0:27 brd ff:ff:ff:ff:ff:ff
    inet 192.168.200.123/24 brd 192.168.200.255 scope global noprefixroute ens37
       valid_lft forever preferred_lft forever
    inet6 fe80::af68:b480:cd8b:9a82/64 scope link noprefixroute
       valid_lft forever preferred_lft forever
[root@server ~]# route -n
Kernel IP routing table
Destination     Gateway         Genmask         Flags Metric Ref    Use Iface
0.0.0.0         192.168.200.2   0.0.0.0         UG    102    0        0 ens37
192.168.100.0   0.0.0.0         255.255.255.0   U     101    0        0 ens38
192.168.200.0   0.0.0.0         255.255.255.0   U     102    0        0 ens37
[root@server ~]# cat /etc/resolv.conf
# Generated by NetworkManager
search localdomain
nameserver 114.114.114.114
nameserver 192.168.100.1
[root@server ~]# 
```

图 3-42 确认修改配置生效（1）

图 3-42 中执行了 3 条查看命令，分别如下。

① ip address show dev ens37：查看网络接口 ens37 的 IP 地址信息，输出结果 192.168.200.123/24 是前一条命令 nmcli connection modify 新修改的 ipv4.addresses 值。

② route -n：查看路由信息，输出结果表明默认网关已设置为了 192.168.200.2，是前一条命令 nmcli connection modify 新修改的 ipv4.gateway 值。

③ cat /etc/resolv.conf：查看指定 DNS 服务器地址的配置文件，输出结果表明 DNS 服务器地址已设置为 114.114.114.114，是前一条命令 nmcli connection modify 新修改的 ipv4.dns 值。

或者可以直接使用命令 **nmcli dev show** ens37 查看当前连接的详细信息，如图 3-43 所示，可以看到通过 **nmcli connection modify** 命令执行的修改配置已全部生效。

```
[root@server network-scripts]# nmcli dev show ens37
GENERAL.DEVICE:                         ens37
GENERAL.TYPE:                           ethernet
GENERAL.HWADDR:                         00:0C:29:C6:A0:27
GENERAL.MTU:                            1500
GENERAL.STATE:                          100 (connected)
GENERAL.CONNECTION:                     con02-ens37
GENERAL.CON-PATH:                       /org/freedesktop/NetworkManager/ActiveConnectio
WIRED-PROPERTIES.CARRIER:               on
IP4.ADDRESS[1]:                         192.168.200.123/24
IP4.GATEWAY:                            192.168.200.2
IP4.ROUTE[1]:                           dst = 192.168.200.0/24, nh = 0.0.0.0, mt = 100
IP4.ROUTE[2]:                           dst = 0.0.0.0/0, nh = 192.168.200.2, mt = 100
IP4.DNS[1]:                             114.114.114.114
IP6.ADDRESS[1]:                         fe80::9cf0:2b3d:2107:165f/64
IP6.GATEWAY:                            --
IP6.ROUTE[1]:                           dst = ff00::/8, nh = ::, mt = 256, table=255
IP6.ROUTE[2]:                           dst = fe80::/64, nh = ::, mt = 256
IP6.ROUTE[3]:                           dst = fe80::/64, nh = ::, mt = 100
```

图 3-43　确认修改配置生效（2）

3. nmcli 命令参数释义

了解了上述一些常用的 nmcli 命令后，表 3-1 对 nmcli 命令进行了汇总并做简单释义。

表 3-1　nmcli 命令

命令	释义
nmcli dev status	列出所有网络接口的状态
nmcli dev show xxx	查看网卡 xxx 当前连接的详细信息
nmcli dev connect xxx	在网卡 xxx 上启用合适的连接
nmcli dev disconnect xxx	在网卡 xxx 上断开当前连接
nmcli dev set xxx …	对网卡 xxx 进行设置（autoconnect 或 managed）
nmcli con show	列出所有网络连接
nmcli con show xxx	列出名为 xxx 的连接的详细信息
nmcli con add con-name xxx	新增一个名为 xxx 的连接
nmcli con modify xxx	修改名为 xxx 的连接
nmcli con delete xxx	删除名为 xxx 的连接
nmcli con up/down xxx	启用/禁用名为 xxx 的连接

课堂练习 3-9：使用 nmcli 为虚拟机 server 的 NAT 模式的网络适配器新增一个静态网络连接，并与先前创建的网络连接进行切换。

3.4.7 编辑网卡信息配置文件

微课视频

编辑网卡信息配置文件

在所有配置网络信息的任务中，无论是使用命令行还是图形用户界面，无论是使用 ifconfig、ip 还是 nmtui、nmcli，最终都是修改的网卡信息配置文件。

网卡信息配置文件的默认路径为/etc/sysconfig/network-scripts/ifcfg-xxx，其中 xxx 一般和网络连接同名，以便识别。如网卡 ens37 对应的两个网络连接的网卡信息配置文件为：ifcfg-con01-ens37 和 ifcfg-con02-ens37。注意，图 3-44 中的 cat 命令，在使用过程中用 Tab 键补全，可以查看/etc/sysconfig/network-scripts/目录下以 ifcfg-开头的所有文件，该目录路径不需要记忆，读者可以通过理解的方式去熟悉不同版本的操作系统下网卡信息配置文件的路径。比如/etc 目录一般存放的是各种配置文件，包括系统配置文件、服务配置文件、用户配置文件等；其子目录 sysconfig 一般存放的是系统配置文件；下一级子目录 network-scripts 存放的是与网络相关的脚本文件。

```
[root@server ~]# cat /etc/sysconfig/network-scripts/
ifcfg-con01-ens37     ifdown-sit          ifup-plusb
ifcfg-con02-ens37     ifdown-Team         ifup-post
ifcfg-lo              ifdown-TeamPort     ifup-ppp
ifdown                ifdown-tunnel       ifup-routes
ifdown-bnep           ifup                ifup-sit
ifdown-eth            ifup-aliases        ifup-Team
ifdown-ippp           ifup-bnep           ifup-TeamPort
ifdown-ipv6           ifup-eth            ifup-tunnel
ifdown-isdn           ifup-ippp           ifup-wireless
ifdown-post           ifup-ipv6           init.ipv6-global
ifdown-ppp            ifup-isdn           network-functions
ifdown-routes         ifup-plip           network-functions-ipv6
```

图 3-44 /etc/sysconfig/network-scripts/目录下网络相关配置文件

分别查看 ifcfg-con01-ens37 和 ifcfg-con02-ens37 文件内容，如图 3-45 所示。由图 3-45 可知，两个连接都静态指定 IP 地址、网关和 DNS。

```
[root@server network-scripts]# cat ifcfg-con01-ens37
HWADDR=00:0C:29:C6:A0:27
TYPE=Ethernet
PROXY_METHOD=none
BROWSER_ONLY=no
BOOTPROTO=none
DEFROUTE=yes
IPV4_FAILURE_FATAL=no
IPV6INIT=yes
IPV6_AUTOCONF=yes
IPV6_DEFROUTE=yes
IPV6_FAILURE_FATAL=no
IPV6_ADDR_GEN_MODE=stable-privacy
NAME=con01-ens37
UUID=38cb3a1d-e170-3109-a535-b9c67af38c7a
ONBOOT=yes
AUTOCONNECT_PRIORITY=-999
IPADDR=192.168.200.100
PREFIX=24
GATEWAY=192.168.200.2
DNS1=8.8.8.8
```

（a）

```
[root@server network-scripts]# cat ifcfg-con02-ens37
TYPE=Ethernet
PROXY_METHOD=none
BROWSER_ONLY=no
BOOTPROTO=none
DEFROUTE=yes
IPV4_FAILURE_FATAL=no
IPV6INIT=yes
IPV6_AUTOCONF=yes
IPV6_DEFROUTE=yes
IPV6_FAILURE_FATAL=no
IPV6_ADDR_GEN_MODE=stable-privacy
NAME=con02-ens37
UUID=02d7f563-ea18-4434-9d76-983ba45a76a7
DEVICE=ens37
ONBOOT=yes
IPADDR=192.168.200.123
PREFIX=24
GATEWAY=192.168.200.2
DNS1=114.114.114.114
```

（b）

图 3-45 查看静态连接配置文件

重新创建连接 con03-ens37，使用动态获取 IP 地址信息的方式查看配置文件，如图 3-46 所示。

对比图 3-46 和图 3-45 可以发现，两者的 BOOTPROTO 值不同，分别为 none 和 dhcp。

none 表示静态指定，dhcp 表示动态获取。在静态指定的连接中，IP 地址、掩码、网关和 DNS 服务器分别通过参数 IPADDR、PREFIX、GATEWAY 和 DNS1 设置。如果大家熟悉了网络配置，可以直接修改配置文件完成网络设置。在动态获取的连接中，具体 IP 地址信息在配置文件中无法查看。有关该文件的参数具体如表 3-2 所示。

```
[root@server network-scripts]# cat ifcfg-con03-ens37
TYPE=Ethernet
PROXY_METHOD=none
BROWSER_ONLY=no
BOOTPROTO=dhcp
DEFROUTE=yes
IPV4_FAILURE_FATAL=no
IPV6INIT=yes
IPV6_AUTOCONF=yes
IPV6_DEFROUTE=yes
IPV6_FAILURE_FATAL=no
IPV6_ADDR_GEN_MODE=stable-privacy
NAME=con03-ens37
UUID=56b3f5b9-4d3c-4cef-9d0c-c8327de1c6c6
DEVICE=ens37
ONBOOT=yes
```

图 3-46　查看动态连接配置文件

表 3-2　网卡信息配置文件参数与释义

参数	释义
TYPE	连接的类型
BOOTPROTO	获取 IP 地址的方式
NAME	连接的名称
DEVICE	指定连接对应的网卡
ONBOOT	设置开机是否自动加载配置文件
IPADDR	IPv4 地址
PREFIX	子网掩码
GATEWAY	默认网关
DNS1	指定 DNS 服务器，如果指定多个，可以用 DNS2 等

课堂练习 3-10：查看并对比本任务中不同网络连接的网卡信息配置文件。

3.4.8　重启网络

在 CentOS 7 中，配置完网络后必须重启网络，除可以使用图形用户界面中的开关键、NetworkManager 的 Activate、Deactivate 以及 nmcli 的 up、down 外，还可以使用命令 systemctl restart network.service 重启网络。无论使用哪种方式，最终都需要通过 nmcli dev show 或者 ip address、route -n、cat /etc/resolve.conf 等命令确认 IP 地址配置是否生效。

3.5　任务小结

通过本任务的学习和实践，读者可了解计算机接入网络的基本前提是对网络适配器进行正确的设置。本任务在 VMware 中进行操作实践，因此，用户需要了解 VMware 中虚拟网络连接组件包括虚拟交换机、虚拟网络适配器、虚拟 DHCP 服务器和 NAT 设备；常见网络连接类型包括桥接模式、NAT 模式和仅主机模式。读者现在应该能够完成以下练习。

（1）按需设置 VMware 的虚拟网络编辑器。

（2）为虚拟机添加多块不同类型的网络适配器。

（3）使用不同方式配置网络连接，包括桌面环境的图形用户界面、NetworkManager、nmcli 以及 ifconfig。

（4）读懂并修改网卡信息配置文件。

3.6 课后习题

1. 填空题

（1）IPv4 Method 的 Automatic(DHCP)表示的是________配置 IP 地址。

（2）默认虚拟网络交换机 VMnet8 的网络连接模式是________。

（3）CentOS 7 系统中查看所有网络接口状态的命令是________。

（4）CentOS 7 系统中打开名为 static 连接的命令是________。

（5）通过网卡配置文件修改网关时，应该修改的参数为________。

2. 判断题

（1）ipv4.method 的 manual 表示的是动态获取 IP 地址。 （　　）

（2）NAT 配置中的 NAT 设备可在一台或多台虚拟机以及外部网络之间传送网络数据，识别用于每台虚拟机的传入数据包，并将它们发送到正确的目的地。 （　　）

（3）虚拟机的一块网卡可以同时拥有多个连接，但同一时刻只有一个连接生效。 （　　）

（4）在 NetworkManager TUI 的配置界面中，可以使用 Activate 或 Deactivate 分别启用或禁用一个网络连接。 （　　）

（5）nmcli connection add type ethernet con-name ens33 ifname ens33 表示给网卡设备 ens33 创建一个新的名为 ens33 的连接。 （　　）

3. 选择题

（1）现有 IP 地址 192.168.200.100，对应的子网掩码为 255.255.255.0，则该 IP 地址对应的网络地址为（　　）。

A. 192.168.200.0　B. 192.168.200.10　C. 192.168.200.100　D. 192.168.200.255

（2）默认虚拟交换机 VMnet8 的网络连接模式是（　　）。

A. 桥接模式　B. NAT 模式　C. 仅主机模式　D. 自定义网络模式

（3）在 NetworkManager TUI 的配置界面中，Edit a connection 表示（　　）一个连接，可以添加或删除网络配置。

A. 编辑　B. 激活　C. 删除　D. 添加

（4）删除一个网络连接的命令是（　　）。

A. nmcli dev delete　B. nmcli dev modify

C. nmcli con delete　D. nmcli con add

（5）在网卡配置文件中将 DHCP 改为静态 IP 地址时，需要将“BOOTPROT=dhcp”中“dhcp”改为（　　）。

A. none　B. auto　C. manual　D. address

任务 4　使用 Linux 中的硬盘

硬盘是计算机最基本的硬件设备之一，用来存储各种数据。在安装有 Windows 操作系统的计算机中，安装硬盘后只需对硬盘进行分区格式化就可以使用其进行数据的存取。而在安装有 Linux 的计算机中，除了需要对硬盘进行分区格式化，还需要对格式化后的分区进行挂载，然后才可以进行数据的存取。

4.1　学习目标

完成 Linux 网络配置后，要能够正确添加硬盘，并进行硬盘信息查看、分区、格式化及挂载操作，使得新增硬盘可以正常使用。

（1）知识目标

- 了解硬盘接口及硬盘结构。
- 了解虚拟内存的概念及作用。
- 掌握/etc/fstab 文件内容。
- 掌握在 Linux 中硬盘使用流程。

（2）技能目标

- 能够使用 fdisk 创建磁盘分区。
- 能够使用 mkfs 格式化分区。
- 能够使用 mount 挂载分区。

（3）素养目标

通过从实用、规范的角度对硬盘进行规划、使用，培养学生统筹规划意识，使学生意识到“我是祖国一块砖，哪里需要哪里搬”，牢记专业使命，肩负专业的社会责任，促进社会的良性发展，培养学生良好的行为习惯和真善美的良好品质，以及国家大局意识和社会服务意识。

4.2　任务描述

在 Linux 中，一切都以文件的形式存放于系统中，包括硬盘，这是与其他操作系统的本质区别之一。而 Linux 中的硬盘要能够正常使用，必须经过分区、格式化及挂载。本任务主要在 CentOS 7 虚拟机中添加硬盘并挂载使用，要求把任务 1 中的系统安装映像复制至新增硬盘上，主要包括以下几个步骤。

（1）为虚拟机添加硬盘。

（2）硬盘分区。

（3）分区格式化。

（4）分区挂载及卸载。

由此，建议学习本任务时遵循图 4-1 所示的路径。

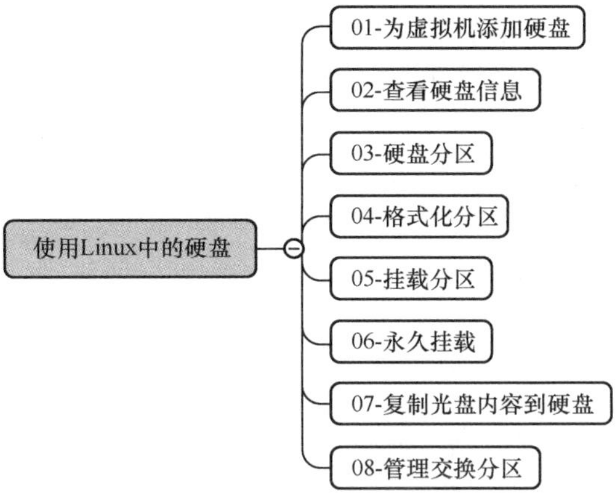

图 4-1　任务学习路径

4.3　相关知识

依据任务学习路径，首先要了解硬盘的相关基础知识，包括硬盘接口、硬盘结构。

4.3.1　硬盘接口

硬盘接口是硬盘与主机系统间的连接部件，作用是在硬盘缓存和主机内存之间传输数据。硬盘接口决定着硬盘与计算机之间的传输速度，整个系统中，硬盘接口的优劣直接影响着程序运行快慢和系统性能好坏。从整体的角度可将硬盘接口分为 IDE 接口、SCSI、SATA 接口、FC 接口和 SAS 这 5 种，分别介绍如下。

（1）IDE 接口

IDE（Integrated Drive Electronics，电子集成驱动器）接口，表示硬盘的传输接口，是目前所有现存先进技术总线附属（Advanced Technology Attachment，ATA）规格的通称。常说的 IDE 接口也叫并行接口、ATA 接口，PC 使用的硬盘大多数都是 IDE 兼容的，只需用一根电缆将它们与主板或接口卡连起来就可以了。IDE 接口的硬盘多用于家用产品。

在 Linux 中，接入 IDE 接口的硬盘一般被命名为以 hd 开头的设备文件。例如将第一块 IDE 硬盘命名为 hda，将第二块 IDE 硬盘命名为 hdb，以此类推。系统将这些设备文件存放在/dev 目录中，因此，这些设备的完整文件名为/dev/hda、/dev/hdb，以此类推。

（2）SCSI

SCSI（Small Computer System Interface，小型计算机系统）接口，主要用于服务器。SCSI 硬盘转速快，缓存容量大，CPU 占用率低，可扩展性远优于 IDE 硬盘，并且支持热插拔。

连接到 SCSI 的设备使用 ID 进行标识，SCSI 设备 ID 为 0～15。在 Linux 中对连接到 SCSI 硬盘使用/dev/sdX 的形式命名，X 的值可以是 a、b、c、d 等，即 ID 为 0 的 SCSI 硬盘名为/dev/sda，ID 为 1 的 SCSI 硬盘名为/dev/sdb，以此类推。

（3）SATA 接口

SATA（Serial Advanced Technology Attachment，串行先进技术总线附属）硬盘是计算

机机械硬盘的主流，已基本取代了传统的 PATA 硬盘。相较于 ATA 硬盘接口新规范，因为采用串行连接方式，所以使用 SATA 接口的硬盘又叫串口硬盘。SATA 总线使用嵌入式时钟信号，具备更强的纠错能力，与传统的 PATA 硬盘相比，最大的区别在于其能对传输命令（不仅仅是数据）进行检查，如果发现错误会自动纠正，这在很大程度上提高了数据传输的可靠性。SATA 接口还具有结构简单、支持热插拔的优点。

在 Linux 中，SATA 硬盘的命名方式与 SCSI 硬盘的命名方式相同，都以 sd 开头。例如，第一块串口硬盘被命名为/dev/sda，第二块串口硬盘被命名为/dev/sdb。

需要特别留意的是，在虚拟机环境下，各种硬盘都可能是以/dev/sdX 或者/dev/vaX 记录的。

（4）FC 接口

FC（Fibre Channel，光纤通道）接口主要用于光纤硬盘。该接口是为提高多硬盘存储系统的通信速度和灵活性开发的，它的出现大大提高了多硬盘系统的通信速度。拥有此接口的硬盘在使用光纤连接时具有可热插拔、高速带宽、可远程连接等特点，但是其价格昂贵，通常用于高端服务器领域，如集中存储系统。

（5）SAS

SAS（Serial Attached SCSI，串行连接 SCSI），是新一代的 SCSI 技术。和传统并行 SCSI 比较起来，SAS 不仅在接口速度上得到显著提升，而且由于采用了串行线缆，不但可以支持更长的连接距离，还可以提高抗干扰能力，并且这种细细的线缆还可以显著改善机箱内部的散热情况。SAS 接口目前已成为云服务器的主流接口。

4.3.2　硬盘结构

硬盘主要由盘片、读写磁头、传动手臂和主轴、传动轴组成，而数据的写入主要发生在盘片上。盘片可以细分出扇区（Sector）与柱面（Cylinder），其中每个扇区有 512 字节。整块硬盘的第一个扇区（0 号扇区）特别重要，主引导记录（Master Boot Record，MBR）就位于 0 号扇区，有 512 字节，包含 3 部分，具体如下。

① 主引导程序：系统在启动过程中会主动去读取主引导程序的内容，这样系统才能知道你的程序放在哪里且该如何启动。该程序有 446 字节。

② 分区表（Disk Partition Table）：其实整块硬盘就像一根原木，需要在这根原木上面切割出想要的区段，进而使用这些区段制作成想要的家具。如果没有切割原木，那么原木就不能被有效地使用。同样道理，必须针对硬盘进行分区，只有分区硬盘才能被合理使用。分区表存储的就是硬盘分区的大小及位置信息，有 64 字节。

③ 结束标志，有 2 字节。

硬盘分区是使用分区编辑器（Partition Editor）在硬盘上划分出几个逻辑部分，盘片一旦被划分成数个分区（Partition），不同类的目录与文件就可以存储进不同的分区。硬盘分区主要有两种格式，分别如下。

（1）MBR 分区

传统的硬盘分区都是 MBR 格式的，MBR 分区结构如图 4-2 所示。MBR 分区位于 0 号扇区，有 512 字节，前 446 字节是主引导程序，中间 64 字节是分区表，最后 2 字节是结束标志。一个 MBR 分区表类型的硬盘中最多只能存在 4 个分区，因为每个分区需要用 16 字节表示，如果一个硬盘需要 4 个以上的分区，就需要使用扩展分区。如果使用扩展分区，那么一个物理硬盘上最多只能有 3 个主分区和 1 个扩展分区。扩展分区不能直接使用，它必须经过第二次分割成为单个的逻辑分区，然后才可以使用。一个扩展分区中的逻辑分区可以有任意多个。在图 4-2 中，分区 1～3 为主分区，分区 4 为扩展分区，由扩展分区继续切出来的分区被称为逻辑分区。扩展分区中的每个逻辑分区的分区信息都存在于一个类似 MBR 的扩展引导记录（Extended Boot Record，EBR）中，扩展引导记录包括分区表和结束标志，没有引导代码部分。

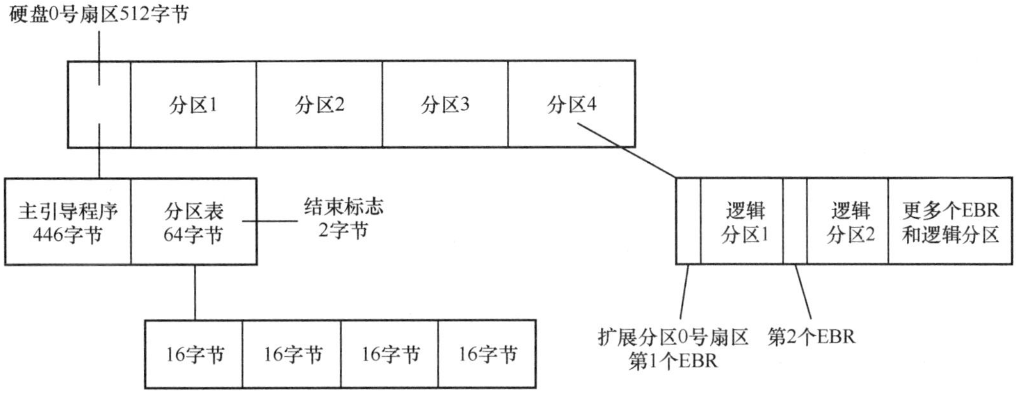

图 4-2 MBR 分区结构

（2）GPT 分区

MBR 分区大小无法超过 2TB，而全局唯一标识分区表（Globally Unique Identifier Partition Table，简称为 GPT）可以打破 MBR 的限制，设置多达 128 个分区，分区的大小根据操作系统的不同有所变化，但是都突破了 2 TB 的限制，支持高达 18 EB（1 EB=1024 PB，1 PB=1024 TB）的卷大小，允许将主硬盘分区表和备份硬盘分区表用于冗余，支持硬盘和分区全局唯一标识符（Globally Unique Identifier，GUID）。

GPT 分区结构如图 4-3 所示，由 6 部分组成，分别是保护性 MBR、GPT 头、分区表、分区区域、分区表备份和 GPT 头备份。保护性 MBR 位于 GPT 分区的第一个扇区（0 号扇区），包括 MBR 分区表和结束标志，没有主引导程序。这里的 MBR 分区表用于兼容 MBR 分区结构。GPT 头主要定义分区表中分区数量、大小及硬盘容量信息等。分区表主要定义分区的 GUID 类型、GUID、分区起始和终止位置及分区属性等信息。分区区域就是存储数据的分区，在 GPT 硬盘上没有扩展分区及逻辑分区的概念。分区表备份和 GPT 头备份是从安全角度考虑对分区表和 GPT 头的备份，当 GPT 头出现故障或分区表出现损坏时可以用对应备份进行恢复。

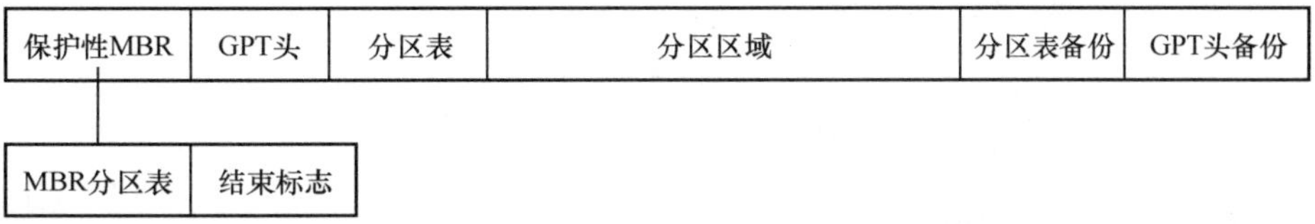

图 4-3 GPT 分区结构

4.4 任务实施

任务实施主要内容如图 4-4 所示。

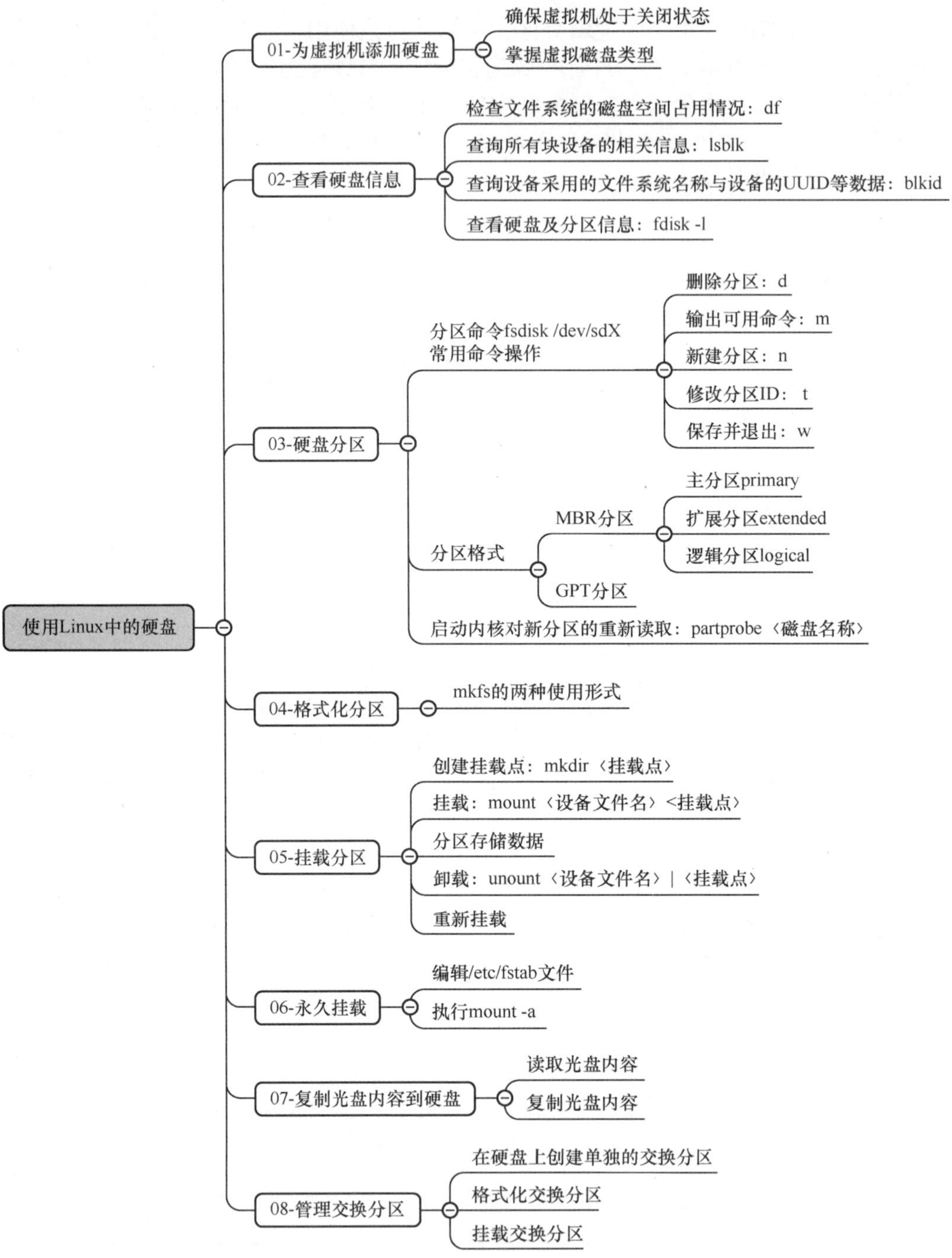

图 4-4　任务实施主要内容

4.4.1　为虚拟机添加硬盘

微课视频

为虚拟机添加硬盘

在为虚拟机添加磁盘之前，首先确保虚拟机处于关闭状态。在 VMware 的菜单栏选择“虚拟机”→“设置”，选择添加“硬盘”，出现图 4-5 所示的“添加硬件向导”界面。可选择的磁盘类型有 IDE、SCSI、SATA、NVMe，大小自定义。添加完成后，在“虚拟机设置”界面可以查看到如

图 4-6 所示新增的 3 块“新硬盘”。

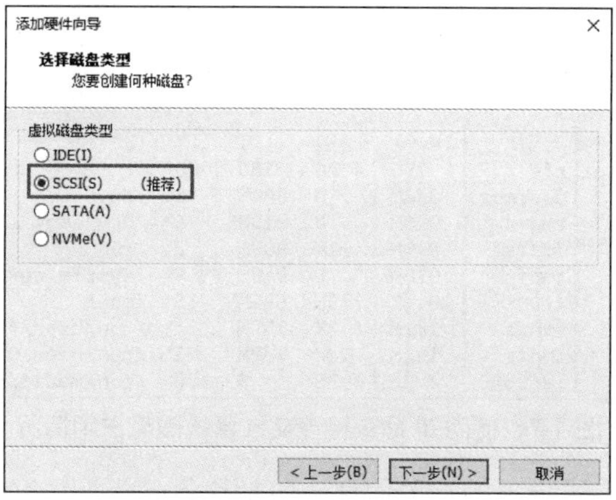

图 4-5 添加硬盘向导

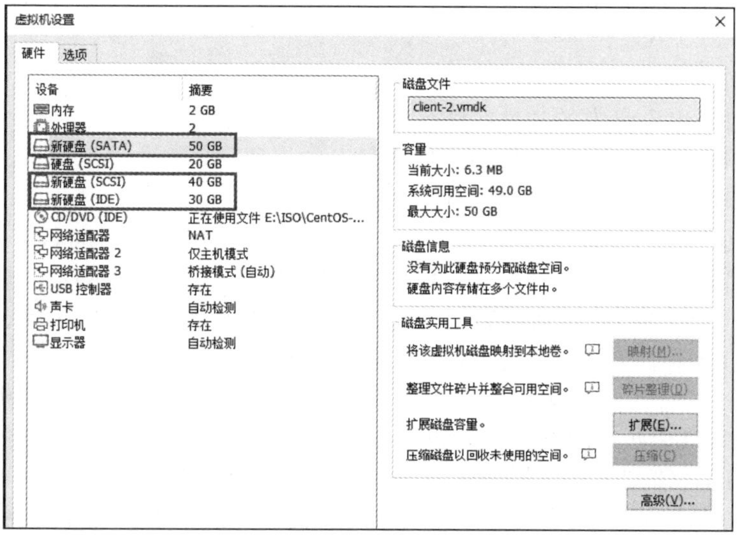

图 4-6 确认添加 3 块“新硬盘”

课堂练习 4-1：请为虚拟机 server 添加两块大小不同的硬盘。

微课视频

查看硬盘信息

4.4.2 查看硬盘信息

在服务器的维护中，常常会关心硬盘空间用了多少和还剩多少、某个文件有多大、某个文件夹内的所有文件加在一起一共占用了多少空间等问题，以便在合适的时机为服务器添加磁盘、分区以及管理磁盘文件，让磁盘的利用率最大化。

现在来看看和磁盘操作相关的一些命令和工具。

（1）df：检查文件系统的磁盘空间占用情况，命令格式如下。

```
df [-ahikHTm] [目录或文件名]
```

命令格式中的各选项可以单独使用，也可以联合使用。

其中。

① -h 表示以人们比较容易理解的 GB、MB、KB 等单位显示。

② -T 表示连同文件系统的类型列出。

如图 4-7 所示，使用 df 命令检查所有文件系统的磁盘占用情况，这里联合使用了选项 -h 和-T。

```
[root@client ~]# df -Th
文件系统                  类型      容量  已用  可用 已用% 挂载点
/dev/mapper/centos-root xfs        17G  4.7G   13G   28% /
devtmpfs                devtmpfs  894M     0  894M    0% /dev
tmpfs                   tmpfs     910M     0  910M    0% /dev/shm
tmpfs                   tmpfs     910M   11M  900M    2% /run
tmpfs                   tmpfs     910M     0  910M    0% /sys/fs/cgroup
/dev/sda1               xfs      1014M  179M  836M   18% /boot
tmpfs                   tmpfs     182M  4.0K  182M    1% /run/user/42
tmpfs                   tmpfs     182M   24K  182M    1% /run/user/0
/dev/sr0                iso9660   4.3G  4.3G     0  100% /run/media/root/CentOS 7 x86_64
```

图 4-7　使用 df 命令检查文件系统磁盘占用情况

（2）lsblk：查询所有块设备的相关信息，包括块设备类型。命令格式如下。

```
lsblk [选项] [设备文件名]
```

选项如下。

① -d：仅列出磁盘本身信息，并不会列出磁盘的分区信息。

② -f：同时列出磁盘内的文件系统名称。

③ -i：使用 ASCII 的字符输出，不使用复杂的编码。

④ -m：同时输出设备在/dev 下的权限信息。

⑤ -p：列出完整的设备文件名，不加这个选项，显示的是最后的名字。

⑥ -t：列出磁盘设备的详细数据，包括磁盘阵列机制、预读写的数据量大小等。

该命令用于列出所有可用块设备的信息，而且能显示它们之间的依赖关系。块设备包括硬盘、CD-ROM 等，如图 4-8 所示。分析输出结果如下。

① NAME：该列表示块设备名，此处 sda 表示第一块硬盘（创建虚拟机时指定的硬件设备），sdB.sdC.sdd 表示新增的 3 块硬盘，sr0 表示光驱。

② MAJ:MIN：该列显示主要和次要设备号。

③ RM：该列显示设备是否是可移动设备。sr0 的 RM 值等于 1，这说明它是可移动设备。

④ SIZE：该列显示设备的容量大小信息。

⑤ RO：该列表明设备是否为只读设备，为 0，表明不是只读设备。

⑥ TYPE：该列表示块设备类型，如磁盘（disk）、分区（part）、逻辑卷（lvm）、只读存储器（rom）。

⑦ MOUNTPOINT：该列指出设备挂载的挂载点，也就是分区访问入口。

```
[root@client ~]# lsblk
NAME            MAJ:MIN RM  SIZE RO TYPE MOUNTPOINT
sda               8:0    0   20G  0 disk
├─sda1            8:1    0    1G  0 part /boot
└─sda2            8:2    0   19G  0 part
  ├─centos-root 253:0    0   17G  0 lvm  /
  └─centos-swap 253:1    0    2G  0 lvm  [SWAP]
sdb               8:16   0   40G  0 disk
sdc               8:32   0   30G  0 disk
sdd               8:48   0   50G  0 disk
sr0              11:0    1  4.3G  0 rom  /run/media/root/CentOS 7 x86_64
```

图 4-8　使用 lsblk 命令查看块设备的相关信息

（3）blkid：查询设备采用的文件系统名称与设备的 UUID 等数据，命令格式如下。

```
blkid [设备文件名]
```

blkid 主要用来对系统的块设备（包括交换分区）所使用的文件系统类型、LABEL、UUID 等信息进行查询。要使用这个命令必须安装 e2fsprogs 软件包。图 4-9 所示是虚拟机 client 上目前设备的相关 UUID 和 TYPE，一般在分区格式化后都需要通过该命令查看并确认文件系统类型及 UUID 等信息，以便于进行挂载操作。

```
[root@client ~]# blkid
/dev/mapper/centos-root: UUID="d1f720e9-cac6-4003-94c4-e8c443af27ee" TYPE="xfs"
/dev/sda2: UUID="YDFfoN-wC4D-QeQU-qpv3-09NC-L4he-9i1Rwm" TYPE="LVM2_member"
/dev/sda1: UUID="ffa8339f-ac9c-4ce4-b817-5ba8bf2cf03e" TYPE="xfs"
/dev/sr0: UUID="2018-11-25-23-54-16-00" LABEL="CentOS 7 x86_64" TYPE="iso9660" PTTYPE="dos"
/dev/mapper/centos-swap: UUID="24c141fb-1251-4e49-9ae4-83bf5614ce1a" TYPE="swap"
```

图 4-9　使用 blkid 命令查看所有 UUID

（4）fdisk -l：查看硬盘及分区信息。

fdisk 是磁盘分区工具。在开始磁盘分区前，首先需要查看磁盘相关信息，比如目前系统中有几块磁盘、使用情况如何等。通过命令 fdisk -l [设备名]，可以查看指定设备的相关信息。如图 4-10 和图 4-11 所示，分别使用 fdisk -l /dev/sda 和 fdisk -l /dev/sdb 查看当前虚拟机中两块硬盘的基本信息。其中，硬盘 sda 的基本信息包括上下两部分，上半部分是硬盘的整体状态，下半部分是分区的信息；硬盘 sdb 的基本信息只有一部分，即硬盘的整体状态，无分区信息，这是因为这块新增硬盘目前还未进行初始化操作。其中，硬盘 sda 的下半部分信息的具体意义如下。

① 设备：该列表示是否为分区的设备文件名，通常是以/dev/...形式呈现的。

② Boot：该列表示启动分区，有“*”表示分区为启动分区。

③ Start：该列表示起始柱面，代表分区从哪里开始。

④ End：该列表示终止柱面，代表分区到哪里结束。

⑤ Blocks：该列表示分区的大小，单位是 KB。

⑥ Id：该列表示分区类型，默认 5 表示扩展分区，82 表示交换分区，83 表示主分区，8e 表示逻辑卷管理（Logical Volume Manager，LVM）分区。

⑦ System：该列同样表示分区类型，和 Id 呈现形式不同。

```
[root@client ~]# fdisk -l /dev/sda

磁盘 /dev/sda: 21.5 GB, 21474836480 字节, 41943040 个扇区
Units = 扇区 of 1 * 512 = 512 bytes
扇区大小(逻辑/物理): 512 字节 / 512 字节
I/O 大小(最小/最佳): 512 字节 / 512 字节
磁盘标签类型: dos
磁盘标识符: 0x000bcc1d

   设备 Boot      Start         End      Blocks   Id  System
/dev/sda1   *        2048     2099199     1048576   83  Linux
/dev/sda2         2099200    41943039    19921920   8e  Linux LVM
```

图 4-10　查看硬盘 sda 的基本信息

```
[root@client ~]# fdisk -l /dev/sdb

磁盘 /dev/sdb: 42.9 GB, 42949672960 字节, 83886080 个扇区
Units = 扇区 of 1 * 512 = 512 bytes
扇区大小(逻辑/物理): 512 字节 / 512 字节
I/O 大小(最小/最佳): 512 字节 / 512 字节
```

图 4-11　查看硬盘 sdb 的基本信息

课堂练习 4-2：分别使用 df、lsblk、blkid、fdisk 命令查看硬盘相关信息，比较、分析命令执行结果有何异同。

微课视频

硬盘分区

4.4.3 硬盘分区

本书介绍硬盘分区时主要用到 fdisk 工具，该工具可用于创建和维护分区表。使用 fdisk 进行硬盘分区，从实质上说就是对硬盘进行格式化。命令格式如下。

```
fdisk /dev/sdX
```

接下来对新增硬盘 sdb 进行操作，执行命令 fdisk /dev/sdb，图 4-12 为中文输出，图 4-13 为英文输出，内容是一一对应的，后文主要以中文输出形式呈现，以方便读者理解操作。

```
[root@client ~]# fdisk /dev/sdb
欢迎使用 fdisk (util-linux 2.23.2)。

更改将停留在内存中，直到您决定将更改写入磁盘。
使用写入命令前请三思。

Device does not contain a recognized partition table
使用磁盘标识符 0x1ae9a39d 创建新的 DOS 磁盘标签。

命令(输入 m 获取帮助)：
```

图 4-12　中文输出

```
[root@server ~]# fdisk /dev/sdb
Welcome to fdisk (util-linux 2.23.2).

Changes will remain in memory only, until you decide to write them.
Be careful before using the write command.


Command (m for help):
```

图 4-13　英文输出

执行 m 命令列出可用命令操作如图 4-14 所示。

```
命令(输入 m 获取帮助)：m
命令操作
   a   toggle a bootable flag
   b   edit bsd disklabel
   c   toggle the dos compatibility flag
   d   delete a partition
   g   create a new empty GPT partition table
   G   create an IRIX (SGI) partition table
   l   list known partition types
   m   print this menu
   n   add a new partition
   o   create a new empty DOS partition table
   p   print the partition table
   q   quit without saving changes
   s   create a new empty Sun disklabel
   t   change a partition's system id
   u   change display/entry units
   v   verify the partition table
   w   write table to disk and exit
   x   extra functionality (experts only)
```

图 4-14　m 命令输出

上述部分 fdisk 命令操作说明如表 4-1 所示。

表 4-1 部分 fdisk 命令操作说明

命令操作	说明
d	删除分区
g	新建空的 GPT 分区表
l	列出已知的分区类型
m	输出这个菜单列表（输出可用命令）
n	新建分区
p	输出分区表
q	不保存直接退出
t	修改分区 ID
w	保存并退出

执行 p 命令输出分区表，如图 4-15 所示，提示框内无任何内容，表示目前 sdb 硬盘上无分区。

```
命令(输入 m 获取帮助): p

磁盘 /dev/sdb: 42.9 GB, 42949672960 字节, 83886080 个扇区
Units = 扇区 of 1 * 512 = 512 bytes
扇区大小(逻辑/物理): 512 字节 / 512 字节
I/O 大小(最小/最佳): 512 字节 / 512 字节
磁盘标签类型: dos
磁盘标识符: 0x1ae9a39d

  设备 Boot      Start         End      Blocks   Id  System
```

图 4-15 fdisk 磁盘分区中的 p 命令

如图 4-16 所示，输入 n 并按 Enter 键表示创建一个新分区，显示了分区类型提示 Partition type：p 和 e。p 是 primary 的缩写，表示主分区；e 是 extended 的缩写，表示扩展分区。在提示信息“Select (default p):”处输入 p 并按 Enter 键，出现提示“分区号(1-4，默认 1):”，表示可以输入分区号 1～4，输入“1”表示第一个分区，以此类推。此处不输入任何数值，直接按 Enter 键，表示使用默认值 1。接着提示“起始 扇区:”，直接按 Enter 键，表示使用默认值 2048 作为该分区的开始位置。然后提示“Last 扇区,+扇区 or +size{K,M,G}:”，根据该提示，通过“+扇区”或者“+size{K,M,G}”的方式指定分区的结束位置。此处输入“+2G”并按 Enter 键，表示创建的分区为 2 GB 大小。提示“分区 1 已设置为 Linux 类型，大小设为 2 GiB”，表示新分区已创建成功，大小为 2 GB（GiB 等同于 GB）。

```
命令(输入 m 获取帮助): n
Partition type:
   p   primary (0 primary, 0 extended, 4 free)
   e   extended
Select (default p): p
分区号 (1-4, 默认 1):
起始 扇区 (2048-83886079, 默认为 2048):
将使用默认值 2048
Last 扇区, +扇区 or +size{K,M,G} (2048-83886079, 默认为 83886079): +2G
分区 1 已设置为 Linux 类型, 大小设为 2 GiB
```

图 4-16 fdisk 磁盘分区中的 n 命令

如图 4-17 所示，执行 p 命令，输出显示第一个主分区/dev/sdb 已经建好。

```
命令(输入 m 获取帮助): p

磁盘 /dev/sdb: 42.9 GB, 42949672960 字节, 83886080 个扇区
Units = 扇区 of 1 * 512 = 512 bytes
扇区大小(逻辑/物理): 512 字节 / 512 字节
I/O 大小(最小/最佳): 512 字节 / 512 字节
磁盘标签类型: dos
磁盘标识符: 0x1ae9a39d

   设备 Boot      Start         End      Blocks   Id  System
/dev/sdb1          2048     4196351     2097152   83  Linux
```

图 4-17 fdisk 磁盘分区中的 p 命令

接下来创建第二个扩展分区（读者可根据实际情况再创建主分区或者扩展分区），把剩余空间都给第二个扩展分区。执行 n 命令新建一个分区，执行 e 命令新建扩展分区，分区编号、分区起始扇区、分区结束扇区都使用默认值，这样就可成功创建一个大小为 38 GB 的扩展分区（本演示案例中硬盘 sdb 的大小为 40 GB），执行 p 命令查看执行结果。fdisk 磁盘分区中各命令的执行结果如图 4-18 所示。

```
命令(输入 m 获取帮助): n
Partition type:
   p   primary (1 primary, 0 extended, 3 free)
   e   extended
Select (default p): e
分区号 (2-4, 默认 2):
起始 扇区 (4196352-83886079, 默认为 4196352):
将使用默认值 4196352
Last 扇区, +扇区 or +size{K,M,G} (4196352-83886079, 默认为 83886079):
将使用默认值 83886079
分区 2 已设置为 Extended 类型, 大小设为 38 GiB

命令(输入 m 获取帮助): p

磁盘 /dev/sdb: 42.9 GB, 42949672960 字节, 83886080 个扇区
Units = 扇区 of 1 * 512 = 512 bytes
扇区大小(逻辑/物理): 512 字节 / 512 字节
I/O 大小(最小/最佳): 512 字节 / 512 字节
磁盘标签类型: dos
磁盘标识符: 0x1ae9a39d

   设备 Boot      Start         End      Blocks   Id  System
/dev/sdb1          2048     4196351     2097152   83  Linux
/dev/sdb2       4196352    83886079    39844864    5  Extended
```

图 4-18 fdisk 磁盘分区中各命令的执行结果

由于扩展分区无法直接使用，既无法格式化也无法挂载，所以按照上文知识点描述部分，需要把扩展分区继续划分为逻辑分区才能使用。执行 n 命令新建分区，出现选项 p 和 l。p 表示主分区，l 表示逻辑分区。输入 l 并按 Enter 键表示新建逻辑分区，逻辑分区编号从 5 开始。分区编号、分区起始扇区使用默认值，提示“Last 扇区”，输入“+10G”并按 Enter 键，表示第一个逻辑分区/dev/sdb5 创建成功，大小为 10 GB。用同样的方法再创建一个 5 GB 大小的逻辑分区。此时该块磁盘上已有分区情况如图 4-19 所示，有一个大小为 2 GB 的主分区，两个大小分别为 10 GB 和 5 GB 的逻辑分区，其中剩下 23 GB 大小的扩展分区未使用。

最后不要忘记执行 w 命令，保存并退出，提示“正在同步磁盘。”，如图 4-20 所示。需要注意的是，有时执行 w 命令以后会出现警告，提示需要重新启动操作系统后新的分区表才能被使用，而如果恰好此时你不想重启系统，那么可以单独使用 partprobe 命令强制让内

核刷新分区表。

```
命令(输入 m 获取帮助)：p

磁盘 /dev/sdb：42.9 GB, 42949672960 字节，83886080 个扇区
Units = 扇区 of 1 * 512 = 512 bytes
扇区大小(逻辑/物理)：512 字节 / 512 字节
I/O 大小(最小/最佳)：512 字节 / 512 字节
磁盘标签类型：dos
磁盘标识符：0x1ae9a39d

   设备 Boot      Start         End      Blocks   Id  System
/dev/sdb1          2048     4196351     2097152   83  Linux
/dev/sdb2       4196352    83886079    39844864    5  Extended
/dev/sdb5       4198400    25169919    10485760   83  Linux
/dev/sdb6      25171968    35657727     5242880   83  Linux
```

图 4-19 fdisk 磁盘分区中的 p 命令

课堂练习 4-3：请为虚拟机 server 新添加的两块硬盘分区，要求分区类型有主分区、扩展分区和逻辑分区，大小自定义。

```
命令(输入 m 获取帮助)：w
The partition table has been altered!

Calling ioctl() to re-read partition table.
正在同步磁盘。
```

图 4-20 fdisk 磁盘分区中的 w 命令

4.4.4 格式化分区

微课视频

格式化分区

对硬盘分区后，必须经过格式化才能够正式使用，Linux 中常见的文件系统格式有 ext2、ext3、ext4、xfs 等。这几种文件系统格式支持的单文件大小不同。其中：ext2 可以支持的单文件最大为 2 TB；ext3 可以支持的单文件最大为 16 TB；ext4 可以支持的单文件最大为 32 TB；xfs 可以支持的单文件最大为 8 EB。目前，CentOS 7 默认的文件系统格式为 xfs。

格式化的命令非常简单，就是 mkfs，即 make file system。这个命令其实是一个综合的命令，它用于调用正确的文件系统格式化工具软件，命令格式如下。

```
mkfs [options] [-t <type>] [fs-options] <device> [<size>]
```

该命令最简单的使用形式为 mkfs <device>，其他参数都是可选参数。

（1）执行命令 mkfs -t ext4 /dev/sdb1，对分区 sdb1 进行格式化，格式化文件系统类型为 ext4，如图 4-21 所示，最后提示格式化成功。

```
[root@client ~]# mkfs -t ext4 /dev/sdb1
mke2fs 1.42.9 (28-Dec-2013)
文件系统标签=
OS type: Linux
块大小=4096 (log=2)
分块大小=4096 (log=2)
Stride=0 blocks, Stripe width=0 blocks
131072 inodes, 524288 blocks
26214 blocks (5.00%) reserved for the super user
第一个数据块=0
Maximum filesystem blocks=536870912
16 block groups
32768 blocks per group, 32768 fragments per group
8192 inodes per group
Superblock backups stored on blocks:
        32768, 98304, 163840, 229376, 294912

Allocating group tables: 完成
正在写入inode表: 完成
Creating journal (16384 blocks): 完成
Writing superblocks and filesystem accounting information: 完成
```

图 4-21 mkfs 格式化分区的第一种形式

（2）使用另一种命令形式 mkfs.xfs /dev/sdb5 和 mkfs.xfs /dev/sdb6，如图 4-22 所示，分别对分区 sdb5 和 sdb6 进行格式化，并格式化文件系统类型为 xfs。

```
[root@client ~]# mkfs.xfs /dev/sdb5
meta-data=/dev/sdb5              isize=512    agcount=4, agsize=655360 blks
         =                       sectsz=512   attr=2, projid32bit=1
         =                       crc=1        finobt=0, sparse=0
data     =                       bsize=4096   blocks=2621440, imaxpct=25
         =                       sunit=0      swidth=0 blks
naming   =version 2              bsize=4096   ascii-ci=0 ftype=1
log      =internal log           bsize=4096   blocks=2560, version=2
         =                       sectsz=512   sunit=0 blks, lazy-count=1
realtime =none                   extsz=4096   blocks=0, rtextents=0
[root@client ~]# mkfs.xfs /dev/sdb6
meta-data=/dev/sdb6              isize=512    agcount=4, agsize=327680 blks
         =                       sectsz=512   attr=2, projid32bit=1
         =                       crc=1        finobt=0, sparse=0
data     =                       bsize=4096   blocks=1310720, imaxpct=25
         =                       sunit=0      swidth=0 blks
naming   =version 2              bsize=4096   ascii-ci=0 ftype=1
log      =internal log           bsize=4096   blocks=2560, version=2
         =                       sectsz=512   sunit=0 blks, lazy-count=1
realtime =none                   extsz=4096   blocks=0, rtextents=0
```

图 4-22　mkfs 格式化分区的第二种形式

需要注意的是，不要直接格式化创建的扩展分区 sdb2，因为扩展分区无法直接使用，所以此处格式化了两个逻辑分区，分别为 sdb5 和 sdb6。

分区格式化成功后，执行命令 blkid，如图 4-23 所示，查看新格式化的 3 个分区/dev/sdb1、/dev/sdb5、/dev/sdb6 已有 UUID 和 TYPE，表示可以开始进行挂载使用了。

```
[root@client ~]# blkid
/dev/mapper/centos-root: UUID="d1f720e9-cac6-4003-94c4-e8c443af27ee" TYPE="xfs"
/dev/sda2: UUID="YDFfoN-wC4D-QeQU-qpv3-O9NC-L4he-9i1Rwm" TYPE="LVM2_member"
/dev/sda1: UUID="ffa8339f-ac9c-4ce4-b817-5ba8bf2cf03e" TYPE="xfs"
/dev/sr0: UUID="2018-11-25-23-54-16-00" LABEL="CentOS 7 x86_64" TYPE="iso9660" PTTYPE="dos"
/dev/mapper/centos-swap: UUID="24c141fb-1251-4e49-9ae4-83bf5614ce1a" TYPE="swap"
/dev/sdb1: UUID="a44d1157-4a45-4e66-bdb0-a5f372c2cff1" TYPE="ext4"
/dev/sdb5: UUID="92b1ebd8-6e90-4851-b411-e20aaa642fdc" TYPE="xfs"
/dev/sdb6: UUID="e7ca37dc-d0ef-499b-94cf-8dd5234e8fb9" TYPE="xfs"
```

图 4-23　使用 blkid 命令确认格式化成功

课堂练习 4-4：请使用不同的文件系统类型格式化课堂练习 4-3 中的分区并查看其 UUID。

微课视频

挂载分区

4.4.5　挂载分区

将磁盘进行分区、格式化后，挂载即可使用。挂载，是将分区或设备与目录关联起来的过程。

（1）创建挂载点

一般在/mnt 目录下创建挂载点即目录，该目录是操作系统安装时自动创建的目录，主要用来进行挂载操作。如图 4-24 所示，使用 cd 命令进入挂载目录/mnt，分别为上述新建的 3 个分区创建挂载点，挂载点名称可自定义。此处，3 个挂载点名称分别为 mountsdb1、mountsdb5 和 mountsdb6，其绝对路径分别为/mnt/mountsdb1、/mnt/mountsdb5 和/mnt/mountsdb6。

（2）挂载

使用 mount 命令执行挂载操作，该命令有很多参数，在此不一一列出，如果有兴趣可以使用 man mount 命令查看使用手册。常用命令格式如下。

```
mount <设备文件名> <挂载点>
```

```
[root@client ~]# cd /mnt
[root@client mnt]# mkdir mountsdb1 mountsdb5 mountsdb6
[root@client mnt]# ll
总用量 0
drwxr-xr-x. 2 root root 6 5月  23 22:42 mountsdb1
drwxr-xr-x. 2 root root 6 5月  23 22:42 mountsdb5
drwxr-xr-x. 2 root root 6 5月  23 22:42 mountsdb6
```

图 4-24 创建挂载点

如图 4-25 所示，把设备/dev/sdb1 和/dev/sdb5 分别挂载到目录/mnt/mountsdb1 和目录/mnt/mountsdb5。然后用 lsblk 命令查看挂载结果，发现挂载已成功。

```
[root@client mnt]# mount /dev/sdb1 mountsdb1
[root@client mnt]# mount /dev/sdb5 mountsdb5
[root@client mnt]# lsblk
NAME            MAJ:MIN RM  SIZE RO TYPE MOUNTPOINT
sda               8:0    0   20G  0 disk
├─sda1            8:1    0    1G  0 part /boot
└─sda2            8:2    0   19G  0 part
  ├─centos-root 253:0    0   17G  0 lvm  /
  └─centos-swap 253:1    0    2G  0 lvm  [SWAP]
sdb               8:16   0   40G  0 disk
├─sdb1            8:17   0    2G  0 part /mnt/mountsdb1
├─sdb2            8:18   0    1K  0 part
├─sdb5            8:21   0   10G  0 part /mnt/mountsdb5
└─sdb6            8:22   0    5G  0 part
sdc               8:32   0   30G  0 disk
sdd               8:48   0   50G  0 disk
sr0              11:0    1  4.3G  0 rom  /run/media/root/CentOS 7 x86_64
```

图 4-25 使用 mount 命令挂载并使用 lsblk 查看挂载结果

（3）分区存储数据

挂载成功后进入对应目录，如图 4-26 所示，使用 pwd 命令确认目录/mnt/mountsdb1，使用 ll（ls-l 的简写）命令查看目录内容，发现为空，表明此时硬盘 sdb 的第一个分区 sdb1 上暂无数据。使用 cp 命令复制网卡信息配置文件到该分区上并确认，如图 4-27 所示，分区 sdb1 已有网卡信息配置文件 ifcfg-ens33。

```
[root@client mountsdb1]# pwd
/mnt/mountsdb1
[root@client mountsdb1]# ll
总用量 0
```

图 4-26 使用分区

```
[root@client mountsdb1]# cp /etc/sysconfig/network-scripts/ifcfg-ens33 ./
[root@client mountsdb1]# ll
总用量 20
-rw-r--r--. 1 root root   335 5月  23 22:54 ifcfg-ens33
drwx------. 2 root root 16384 5月  23 22:27 lost+found
```

图 4-27 使用分区 sdb1 存储数据文件

课堂练习 4-5：请在/mnt 目录下为课堂练习 4-3 中的分区分别创建挂载点，并执行挂载，然后访问测试。

（4）卸载

卸载，就是不再使用相应设备，类似于在 Windows 下插拔移动硬盘时对移动硬盘执行“安全弹出”的操作。需要注意的是，卸载操作必须离开挂载点才可执行，否则有可能会造成数据丢失。如图 4-28 所示，当前工作目录原本为/mnt/mountsdb1，这是分区 sdb1 的挂载目录，必须先离开该目录再卸载，此处使用 cd ../返回父一级目录，使用 pwd 确认目前所在的工作目录不是挂载目录，再使用 umount 命令卸载/dev/sdb1，然后进入目录/mnt/mountsdb1，发现内容已删除。卸载命令格式如下。

```
umount <设备文件名> | <挂载点>
```

此处注意 umount 的参数要么是设备文件名，要么是挂载点，图 4-28 中卸载时用的是设备文件名。

课堂练习 4-6：请卸载除安装操作系统的硬盘外的其他所有硬盘分区。

（5）重新挂载

如图 4-29 所示，使用 mount 命令重新执行分区 sdb1 的挂载，然后查看该分区内容，结果显示存放在分区 sdb1 上的网卡信息配置文件 ifcfg-ens33 还在。

```
[root@client mountsdb1]# cd ../
[root@client mnt]# pwd
/mnt
[root@client mnt]# umount /dev/sdb1
[root@client mnt]# cd mountsdb1
[root@client mountsdb1]# ll
总用量 0
```

图 4-28　使用 umount 卸载分区/dev/sdb1

```
[root@client mnt]# mount /dev/sdb1 mountsdb1
[root@client mnt]# cd mountsdb1
[root@client mountsdb1]# ll
总用量 20
-rw-r--r--. 1 root root   335 5月  23 22:54 ifcfg-ens33
drwx------. 2 root root 16384 5月  23 22:27 lost+found
```

图 4-29　分区卸载后重新挂载

4.4.6　永久挂载

微课视频

永久挂载

前面涉及的挂载都是临时挂载，一旦计算机重新启动，挂载都会消失。在企业生产场景中，一般临时使用的 U 盘、光盘等可以使用 mount 命令临时挂载，如果是系统固定的磁盘，则希望它一直处在可用状态，不希望每次开机还要关注磁盘是否可用。所以，此时涉及的是在 Linux 中如何确保挂载永久有效。

（1）编辑/etc/fstab 文件

设置永久挂载主要涉及的是编辑/etc/fstab 文件，在编辑该文件之前，可以首先执行命令 blkid，查看设备的 UUID（见图 4-23），因为使用 UUID 比使用设备文件名更为准确。

使用文本编辑器在/etc/fstab 文件中增加一行，如图 4-30 所示，这是永久挂载分区/dev/sdb6 的操作，一行共有 6 列，其介绍如下。

① 第一列：UUID="e7ca37dc-d0ef-499b-94cf-8dd5234e8fb9"表示分区 sdb6 的 UUID，在格式化分区后会生成，挂载不同分区需要先通过 blkid 确认分区的 UUID。

② 第二列：/mnt/mountsdb6 表示分区挂载点即目录，该目录要事先存在。

③ 第三列：xfs 表示文件系统类型，此处分区 sdb6 的文件系统类型在上文已设置为 xfs。

④ 第四列：defaults 表示使用文件系统的默认挂载参数。

⑤ 第五列：0 表示不对文件系统进行备份。

⑥ 第六列：0 表示不被 fsck 命令检查。fsck（file system check，文件系统检查）命令通常用来处理可能损坏的文件系统，如系统无法启动、设备运行不正常或者文件有损坏等。

```
[root@client mnt]# cat /etc/fstab

#
# /etc/fstab
# Created by anaconda on Mon Apr 24 14:18:12 2023
#
# Accessible filesystems, by reference, are maintained under '/dev/disk'
# See man pages fstab(5), findfs(8), mount(8) and/or blkid(8) for more info
#
/dev/mapper/centos-root /                       xfs     defaults        0 0
UUID=ffa8339f-ac9c-4ce4-b817-5ba8bf2cf03e /boot                   xfs     defaults        0 0
/dev/mapper/centos-swap swap                    swap    defaults        0 0
UUID="e7ca37dc-d0ef-499b-94cf-8dd5234e8fb9"     /mnt/mountsdb6  xfs     defaults       0 0
```

图 4-30　设置永久挂载——编辑/etc/fstab 文件

fstab 文件的内容如图 4-30 所示，该文件中以"#"开头的行都是文件说明内容，其他行则是开机自动挂载的配置内容。每一行都是一个文件系统，每行包括 6 列，每列间用空格等分开，6 列分别是设备标识、挂载点、文件系统类型、挂载参数、是否备份以及自检顺序，具体说明如表 4-2 所示。

表 4-2　fstab 文件中内容的 6 列

列名	释义
fs_spec	设备标识，即设备名或者设备卷标名或者 UUID
fs_file	挂载点
fs_vfstype	文件系统类型
fs_mntops	挂载参数，可通过 man mount 查看
fs_freq	指明是否备份，默认值 0 表示不备份，1 表示备份，建议根据分区备份
fs_passno	指明自检顺序，默认值 0 表示不自检，1 或者 2 表示要自检

（2）执行 mount -a

编辑完/etc/fstab 文件后，务必确认刚写入的内容是否有语法错误，否则你的 Linux 很可能无法重新启动，因为操作系统在重启过程中会加载/etc/fstab 文件。如图 4-31 所示，其中 sdb1 和 sdb5 为临时挂载，sdb6 为 fstab 文件编辑的永久挂载。

```
[root@client mnt]# mount -a
[root@client mnt]# lsblk
NAME              MAJ:MIN RM  SIZE RO TYPE MOUNTPOINT
sda                 8:0    0   20G  0 disk
├─sda1              8:1    0    1G  0 part /boot
└─sda2              8:2    0   19G  0 part
  ├─centos-root   253:0    0   17G  0 lvm  /
  └─centos-swap   253:1    0    2G  0 lvm  [SWAP]
sdb                 8:16   0   40G  0 disk
├─sdb1              8:17   0    2G  0 part /mnt/mountsdb1
├─sdb2              8:18   0    1K  0 part
├─sdb5              8:21   0   10G  0 part /mnt/mountsdb5
└─sdb6              8:22   0    5G  0 part /mnt/mountsdb6
sdc                 8:32   0   30G  0 disk
sdd                 8:48   0   50G  0 disk
sr0                11:0    1  4.3G  0 rom  /run/media/root/CentOS 7 x86_64
```

图 4-31　查看文件系统挂载

挂载设置完成后重新启动计算机，查看挂载情况。如图 4-32 所示，此时仅/dev/sdb6 有挂载目录/mnt/mountsdb6，可以通过访问该目录访问 sdb6 分区。

```
[root@client ~]# lsblk
NAME              MAJ:MIN RM  SIZE RO TYPE MOUNTPOINT
sda                 8:0    0   20G  0 disk
├─sda1              8:1    0    1G  0 part /boot
└─sda2              8:2    0   19G  0 part
  ├─centos-root   253:0    0   17G  0 lvm  /
  └─centos-swap   253:1    0    2G  0 lvm  [SWAP]
sdb                 8:16   0   40G  0 disk
├─sdb1              8:17   0    2G  0 part
├─sdb2              8:18   0    1K  0 part
├─sdb5              8:21   0   10G  0 part
└─sdb6              8:22   0    5G  0 part /mnt/mountsdb6
sdc                 8:32   0   30G  0 disk
sdd                 8:48   0   50G  0 disk
sr0                11:0    1  4.3G  0 rom
```

图 4-32　重启计算机查看文件系统挂载

课堂练习 4-7：请为课堂练习 4-3 中的分区执行永久挂载。

4.4.7 复制光盘内容到硬盘

要复制光盘内容，必须确认源和目标内容。

（1）读取光盘内容

读取光盘内容时，要确认该光盘是否挂载并确认访问路径。观察图 4-31 和图 4-32，图 4-31 中设备 sr0 是有对应挂载目录的，目录名为/run/media/root/CentOS 7 x86_64。而图 4-32 中，也就是系统重启后，该挂载目录就消失了，所以此处需要先挂载光盘。图 4-33 所示为读取光盘内容的完整操作过程。

① 执行命令 mkdir /mnt/cdrom，创建挂载目录（可以用其他目录）。

② 执行命令 blkid 确认光盘文件系统类型。

③ 执行命令 mount /dev/sr0 /mnt/cdrom/挂载光盘。

④ 执行命令 cd /mnt/cdrom/和 ls 查看光盘内容。

```
[root@client ~]# mkdir /mnt/cdrom
[root@client ~]# blkid
/dev/mapper/centos-root: UUID="d1f720e9-cac6-4003-94c4-e8c443af27ee" TYPE="xfs"
/dev/sda2: UUID="YDFfoN-wC4D-QeQU-qpv3-09NC-L4he-9i1Rwm" TYPE="LVM2_member"
/dev/sda1: UUID="ffa8339f-ac9c-4ce4-b817-5ba8bf2cf03e" TYPE="xfs"
/dev/sdb1: UUID="a44d1157-4a45-4e66-bdb0-a5f372c2cff1" TYPE="ext4"
/dev/sdb5: UUID="92b1ebd8-6e90-4851-b411-e20aaa642fdc" TYPE="xfs"
/dev/sdb6: UUID="e7ca37dc-d0ef-499b-94cf-8dd5234e8fb9" TYPE="xfs"
/dev/sr0: UUID="2018-11-25-23-54-16-00" LABEL="CentOS 7 x86_64" TYPE="iso9660" PTTYPE="dos"
/dev/mapper/centos-swap: UUID="24c141fb-1251-4e49-9ae4-83bf5614ce1a" TYPE="swap"
[root@client ~]# mount /dev/sr0 /mnt/cdrom/
mount: /dev/sr0 写保护，将以只读方式挂载
[root@client ~]# cd /mnt/cdrom/
[root@client cdrom]# ls
CentOS_BuildTag  EULA  images    LiveOS    repodata              RPM-GPG-KEY-CentOS-Testing-7
EFI              GPL   isolinux  Packages  RPM-GPG-KEY-CentOS-7  TRANS.TBL
```

图 4-33　读取光盘内容

此处如果提示/dev/sr0 错误，有可能是光盘没有连接。如图 4-34 所示，可在“虚拟机设置”界面确认 CD/DVD 状态为“已连接”。

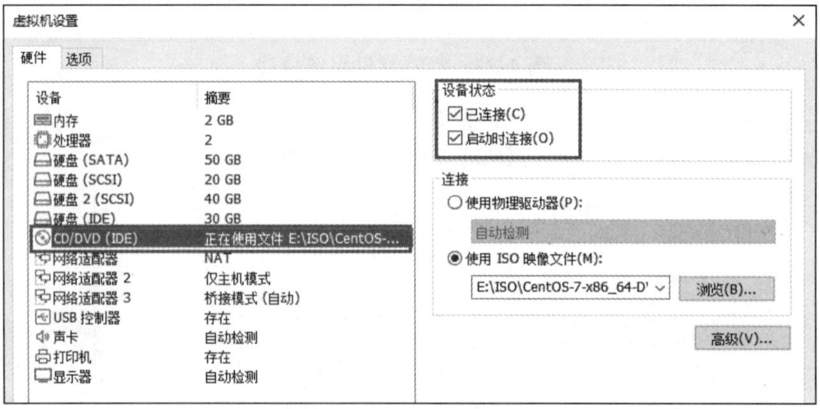

图 4-34　确认光盘已连接

（2）复制光盘内容

有效读取光盘内容后，可进行复制操作，如图 4-35 所示。

① 执行命令 cd ../mountsdb6，通过相对路径切换目录到目标路径。

② 执行命令 ls，确认目前目标硬盘分区 sdb6 上无内容。

③ 执行命令 cp -r ../cdrom/* ./，复制/mnt/cdrom 目录内容到当前目录。由于光盘内容较大（4 GB 左右），该命令的执行需要一定时间，大家在操作过程中务必注意自己的 ISO 映像文件大小及分区大小。

④ 执行命令 ls，确认目前目标硬盘分区 sdb6 上已复制了光盘的完整内容。

```
[root@client cdrom]# cd ../mountsdb6
[root@client mountsdb6]# ls
[root@client mountsdb6]# cp -r ../cdrom/* ./
[root@client mountsdb6]# ls
CentOS_BuildTag  GPL       LiveOS    RPM-GPG-KEY-CentOS-7
EFI              images    Packages  RPM-GPG-KEY-CentOS-Testing-7
EULA             isolinux  repodata  TRANS.TBL
```

图 4-35　复制光盘内容

课堂练习 4-8：请把你的光盘内容复制至新添加硬盘的任意一个分区（前提是分区能够存储光盘内容）。

微课视频

交换分区

4.4.8　管理交换分区

不知道大家有没有这样的经历，在使用计算机运行多个程序时，有时切换到一个很长时间没有理会的程序时，会听到硬盘“哔哔”直响。这是因为这个程序的内存被其他频繁运行的程序给“偷走”了，放到了交换（swap）分区中。一旦该程序被调回前端，它就会从交换分区取回自己的数据，将其放进内存，然后接着运行。所以交换分区又称为虚拟内存，系统总是在物理内存不够时进行 swap 交换。

free：查看系统内存（包括物理内存、虚拟内存和内核缓冲区内存）的使用情况。常用 free -h 查看系统内存的大小及使用情况，其中选项 h 表示以便于阅读理解的形式输出。

在系统安装时默认会创建一个虚拟内存。如图 4-36 所示，执行命令 free -h 后输出的结果是两条内存记录，分别为 1.8 GB 的 Mem（mem，物理）内存和 2 GB 的交换分区（虚拟内存），Swap 的 used 列下的值为 0 B，说明未使用。

```
[root@client ~]# free -h
              total        used        free      shared  buff/cache   available
Mem:           1.8G        393M         77M         18M        1.3G        1.2G
Swap:          2.0G          0B        2.0G
```

图 4-36　查看内存使用情况

其实 free 命令中的信息都来自/proc/meminfo 文件。/proc/meminfo 文件包含很多原始的信息，只是看起来不太直观，有兴趣的同学可以查看该文件。

swapon：查看和启用交换分区。除了可以使用 free 命令查看交换分区的情况，也可以使用 swapon 命令查看。如图 4-37 所示，常用 swapon -s 来查看交换分区的使用情况。输出结果显示为：文件名/dev/dm-1，就是在 blkid 命令结果中查到的设备/dev/mapper/centos-swap，也就是系统的虚拟内存（交换分区）。

```
[root@client ~]# swapon -s
文件名                          类型            大小    已用    权限
/dev/dm-1                       partition       2097148 0       -2
```

图 4-37　使用 swapon -s 查看交换分区

同样地，swapon -s 命令中的信息也来自/proc/swaps 文件。

对应启用交换分区的命令 swapon，可以使用命令 swapoff 关闭交换分区，关闭后可看到 free -f 的 swap 参数都为 0，如图 4-38 所示。

```
[root@client ~]# swapoff -a
[root@client ~]# free -h
              total        used        free      shared  buff/cache   available
Mem:           1.8G        394M         70M         18M        1.3G        1.2G
Swap:            0B          0B          0B
```

图 4-38 查看内存使用情况

这里简单介绍/proc 目录，操作系统运行时，进程信息及内核信息（比如 CPU 信息、硬盘分区信息、内存信息等）存放在该目录下。该目录是伪装的文件系统 proc 的挂载目录，proc 并不是真正的文件系统，它只存在于内存当中，而不占用外存空间。它通过文件系统为访问系统内核数据的操作提供接口。

通过前面的学习，已经知道在安装系统时，会在硬盘分区过程中为交换分区单独分出位置，那么当系统安装完成后，如何扩展交换分区呢？可以通过文件或者硬盘分区来创建或扩展交换分区。此处以创建单独的交换分区为例，主要步骤如下。

（1）在硬盘上创建单独的交换分区

使用 fdisk -l /dev/sdb，查看本任务中新增的硬盘 sdb 上已创建的主分区，选择分区 sdb1 作为交换分区，如图 4-39 所示，现在它的分区 Id 是 83。

```
[root@client ~]# fdisk -l /dev/sdb

磁盘 /dev/sdb：42.9 GB, 42949672960 字节，83886080 个扇区
Units = 扇区 of 1 * 512 = 512 bytes
扇区大小(逻辑/物理)：512 字节 / 512 字节
I/O 大小(最小/最佳)：512 字节 / 512 字节
磁盘标签类型：dos
磁盘标识符：0x1ae9a39d

   设备 Boot      Start         End      Blocks   Id  System
/dev/sdb1            2048     4196351     2097152   83  Linux
/dev/sdb2         4196352    83886079    39844864    5  Extended
/dev/sdb5         4198400    25169919    10485760   83  Linux
/dev/sdb6        25171968    35657727     5242880   83  Linux
```

图 4-39 确认分区/dev/sdb1

需要修改分区 Id 为 82，也就是修改分区类型为交换分区，使用命令 t 可以实施修改。如图 4-40 所示，执行命令 fdisk /dev/sdb 后，出现“命令(输入 m 获取帮助):”的输入提示。

① 在“命令(输入 m 获取帮助):”处输入 t，表示修改分区 Id。

② 在“分区号 (1,2,5,6，默认 6):”处输入 1，表示要修改分区 sdb1 的 Id。

③ 在“Hex 代码(输入 L 列出所有代码):”处输入 L，列出所有代码后，再输入 82，表示将分区 Id 修改为 82。提示：已将分区“Linux”的类型更改为“Linux swap / Solaris”。

④ 在“命令(输入 m 获取帮助):”处输入 w，表示保存修改。图 4-40 的提示“The partiotion tablehas been altered!”，表示已成功保存修改并退出。还可能出现警告（WARNING）提示“设备或资源忙，无法重读分区表，新的分区表在系统重启或执行 partprobe 命令或 kpartx 命令后生效”。此时，可以执行 partprobe 命令或 kpartx 命令使新的分区表立即生效。

（2）格式化交换分区

将分区 Id 修改为 82 后，需要格式化交换分区。格式化交换分区需要用到 mkswap 命令，命令格式如下。

```
mkswap [options] device [size]
```

该命令最简单的使用形式为 mkswap device，其他参数都为可选参数。本任务中执行命令如下：mkswap /dev/sdb1。输出结果如图 4-41 所示，表示已成功设置交换分区，版本为 1，大小约为 2 GB，没有标签、UUID 值等。

```
命令(输入 m 获取帮助): t
分区号 (1,2,5,6, 默认 6): 1
Hex 代码(输入 L 列出所有代码): L

 0  空               24  NEC DOS         81  Minix / 旧 Linu bf  Solaris
 1  FAT12            27  隐藏的 NTFS Win 82  Linux 交换 / So c1  DRDOS/sec (FAT-
 2  XENIX root       39  Plan 9          83  Linux           c4  DRDOS/sec (FAT-
 3  XENIX usr        3c  PartitionMagic  84  OS/2 隐藏的 C:  c6  DRDOS/sec (FAT-
 4  FAT16 <32M       40  Venix 80286     85  Linux 扩展      c7  Syrinx
 5  扩展             41  PPC PReP Boot   86  NTFS 卷集       da  非文件系统数据
 6  FAT16            42  SFS             87  NTFS 卷集       db  CP/M / CTOS / .
 7  HPFS/NTFS/exFAT  4d  QNX4.x          88  Linux 纯文本    de  Dell 工具
 8  AIX              4e  QNX4.x 第2部分  8e  Linux LVM       df  BootIt
 9  AIX 可启动       4f  QNX4.x 第3部分  93  Amoeba          e1  DOS 访问
 a  OS/2 启动管理器  50  OnTrack DM      94  Amoeba BBT      e3  DOS R/O
 b  W95 FAT32        51  OnTrack DM6 Aux 9f  BSD/OS          e4  SpeedStor
 c  W95 FAT32 (LBA)  52  CP/M            a0  IBM Thinkpad 休 eb  BeOS fs
 e  W95 FAT16 (LBA)  53  OnTrack DM6 Aux a5  FreeBSD         ee  GPT
 f  W95 扩展 (LBA)   54  OnTrackDM6      a6  OpenBSD         ef  [illegible]FI (FAT-12/16/
10  OPUS             55  EZ-Drive        a7  NeXTSTEP        f0  Linux/PA-RISC
11  隐藏的 FAT12     56  Golden Bow      a8  Darwin UFS      f1  SpeedStor
12  Compaq 诊断      5c  Priam Edisk     a9  NetBSD          f4  SpeedStor
14  隐藏的 FAT16 <3  61  SpeedStor       ab  Darwin 启动     f2  DOS 次要
16  隐藏的 FAT16     63  GNU HURD or Sys af  HFS / HFS+      fb  VMware VMFS
17  隐藏的 HPFS/NTF  64  Novell Netware  b7  BSDI fs         fc  VMware VMKCORE
18  AST 智能睡眠     65  Novell Netware  b8  BSDI swap       fd  Linux raid 自动
1b  隐藏的 W95 FAT3  70  DiskSecure 多启 bb  Boot Wizard 隐  fe  LANstep
1c  隐藏的 W95 FAT3  75  PC/IX           be  Solaris 启动    ff  BBT
1e  隐藏的 W95 FAT1  80  旧 Minix
Hex 代码(输入 L 列出所有代码): 82
已将分区" Linux" 的类型更改为" Linux swap / Solaris"

命令(输入 m 获取帮助): w
The partition table has been altered!
```

图 4-40　修改分区 Id

```
[root@client ~]# mkswap /dev/sdb1
mkswap: /dev/sdb1: warning: wiping old ext4 signature.
正在设置交换空间版本 1, 大小 = 2097148 KiB
无标签, UUID=fcce1307-72ad-4462-ac7a-2dceceaa7e50
```

图 4-41　格式化交换分区

格式化后用 swapon device 命令启用交换分区。本任务中使用 swapon /dev/sdb1 启用交换分区/dev/sdb1，接着使用 swapon -s 再次查看该分区状态，如图 4-42 所示。

```
[root@client ~]# swapon /dev/sdb1
[root@client ~]# swapon -s
文件名                          类型            大小    已用    权限
/dev/sdb1                               partition       2097148 0       -2
```

图 4-42　启用并查看新建的分区

（3）挂载交换分区

前述步骤中创建的/dev/sdb1 交换分区是临时的，一旦系统重启，开机时会读取/etc/fstab 文件，而在该文件中只有默认的/dev/mapper/centos-swap 的记录。要使刚创建的交换分区开机自动挂载，也需要编辑/etc/fstab 文件，请参考 4.4.6 小节完成交换分区的永久挂载。

课堂练习 4-9：请选择课堂练习 4-7 中的一个分区，将其设置为交换分区。

4.5 任务小结

通过本任务的学习和实践，读者可知道对安装有 Linux 的计算机使用新的硬盘时需要进行分区、格式化以及挂载。读者现在应该能够完成以下练习。

（1）使用 fdisk 工具进行硬盘分区。

（2）使用 mkfs 格式化硬盘分区。

（3）进行分区的挂载、卸载以及永久挂载。

（4）设置交换分区。

4.6 课后习题

1. 填空题

（1）在 VMware 中给虚拟机添加硬盘的操作要求在虚拟机________（开机/关机）的状态下完成。

（2）CentOS 7 的默认文件系统类型是________。

（3）修改新建分区的分区类型为 Linux Swap/Solaris，应指定分区 Id 为________。

（4）查询块存储设备的 UUID，使用命令________。

（5）若要实现文件系统的永久性挂载，需要将挂载信息写入________文件。

2. 判断题

（1）更换分区的挂载目录，分区内的数据是不受影响的。（　　）

（2）主引导记录，也被称为主引导扇区，是计算机开机以后访问硬盘时所必须要读取的第一个扇区。（　　）

（3）用于文件系统挂载的命令是 mount，用于文件系统卸载的命令是 umount。（　　）

（4）执行 lsblk、df 命令都会查看到 mountpoint 列，该列表明了块设备的挂载点信息。（　　）

（5）在 Linux 中，对磁盘分区按指定文件系统格式化之后，不需要挂载即可访问。（　　）

3. 选择题

（1）(　　）是计算机或服务器存储资源的设备，是一种计算机信息载体，可以反复被改写。

A. 光盘　　B. 硬盘　　C. 内存　　D. 主板

（2）硬盘接口一般有（　　）。（多选）

A. IDE　　B. SCSI　　C. SATA　　D. FC

E. SAS

（3）通过 fdisk 命令可以在 MBR 磁盘上创建（　　）分区。（多选）

A. 主分区　　B. 备用分区　　C. 扩展分区　　D. 逻辑分区

（4）将逻辑分区建立在（　　）分区上。

A. 从分区　　B. 扩展分区　　C. 主分区　　D. 第二分区

（5）格式化/dev/sdb1 分区文件系统类型为 xfs，使用命令（　　）。

A. mkfs -t ext2 /dev/sdb1　　B. mkfs -t ext3 /dev/sdb1

C. mkfs -t xfs /dev/sdb1　　D. mkfs -t fat32 /dev/sdb1

任务5 管理本地 Linux 用户和组

Linux 是多用户、多任务的分时操作系统，任何一个要使用系统资源的用户（包括部分计算机程序），都必须首先向系统管理员申请一个账号，然后以这个账号的身份进入系统。用户的账号一方面可以帮助系统管理员对使用系统的用户进行跟踪，并限制他们对系统资源的访问；另一方面可以帮助用户组织文件，并为用户提供安全保护。每个账号都拥有唯一的用户名及对应的密码。用户在登录时输入正确的用户名和密码后，就能够进入系统和自己的主目录。

5.1 学习目标

目前，添加用户的情况有大型企业雇用新员工、大学招收新生、慈善组织招募新的志愿者等。因此，你必须知道如何创建新用户。在介绍创建用户的机制之前，重要的是决定如何使用组，使用组是系统上组织用户的一种方式，组可以用于管理权限和访问控制。系统上的每个用户都是一个或多个组的成员，并且权限可以在组级别上设置，而不是在用户级别上设置。

（1）知识目标

- 了解组和用户的基本概念。
- 掌握强密码的基本概念。
- 掌握存储组和用户信息的 4 个相关文件/etc/passwd、/etc/shadow、/etc/group 以及/etc/gshadow。

（2）技能目标

- 能够规划并设计组的结构。
- 能够创建并维护组和用户。

（3）素养目标

通过 Linux 多用户、多任务的特征，培养学生的安全意识，尤其是网络安全，拒绝违法行为，树立良好的道德观念。

5.2 任务描述

在 CentOS 7 中，创建组和用户，包括以下 3 个主要步骤。

（1）创建和管理组。

（2）创建和管理用户。

（3）sudo 用户管理。

由此，建议学习本任务时遵循图 5-1 所示的路径。

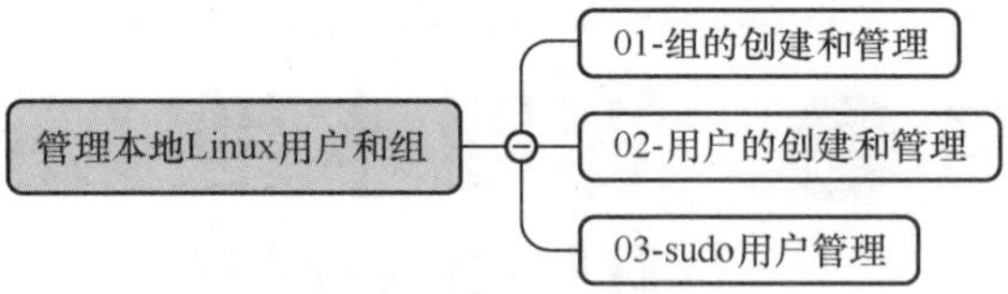

图 5-1　任务学习路径

5.3　相关知识

微课视频

用户和组的基本概念

依据任务学习路径，首先要了解组和用户的相关基础知识，包括 Linux 的多用户和多任务、Linux 的用户分类、Linux 的用户和组、Linux 用户和组的配置文件。

5.3.1　Linux 的多用户和多任务

Linux 是多用户、多任务的操作系统。多用户是指多个用户可以在同一时间使用计算机系统；多任务是指 Linux 可以同时执行多个任务，它可以在还未执行完一个任务时又执行另一个任务。在工业环境下，多个用户可以同时登录 Linux（注：多用户登录通过网络实现，一般借助第三方工具软件来具体实施），每个用户可以同时执行多个任务，用户与用户之间、任务与任务之间不会互相影响。

操作系统管理多个用户的请求和多个任务。大多数系统都只有一个 CPU 和一个主存，但一个系统可能有多个二级存储磁盘和多个输入输出设备。操作系统管理这些资源并在多个用户间共享资源，当用户提出一个请求时，给用户造成一种假象，仿佛系统只被该用户独自占用。而实际上操作系统监控着等待执行的任务队列，任务包括用户作业、操作系统任务、邮件和打印作业等。操作系统根据每个任务的优先级为每个任务分配合适的时间片，每个时间片大约都有零点几秒，虽然看起来很短，但实际上已经足够计算机执行成千上万的命令集。每个任务都会被系统运行一段时间，然后挂起，系统转而处理其他任务；过一段时间再回来处理这个任务，直到任务完成，从任务队列中去除。

5.3.2　Linux 的用户分类

用户在系统中是分角色的，Linux 系统中的用户包括超级用户、系统用户和普通用户 3 种。由于角色不同，权限和所完成的任务也不同；值得注意的是，用户的角色是通过用户标识（User Identification，UID）和组标识（Group Identification，GID）识别的，特别是 UID，在运维工作中，一个 UID 唯一标识一个用户的账号。

① 超级用户：默认是 root 用户，其 UID 和 GID 均为 0。它在每个 Linux 中都是唯一且真实存在的，通过它可以登录系统，可以操作系统中的任何文件和命令，拥有最高的管理权限。在生产环境中，一般禁止 root 用户远程登录 SSH 连接服务器，以加强系统安全。

② 系统用户：与真实用户区分开来，其 UID 范围是 1～999。这类用户的最大特点是安装系统后默认存在，且默认不能登录系统，它们是系统正常运行必不可少的，它们存在的作用主要是方便系统管理，满足任何一个进程操作都需要一个用户身份的要求。例如系统默认的 bin、adm、nobody、mail 用户等。由于服务器角色不同，有部分用不到的系统服务被禁止开机执行，因此，在做系统安全优化时，被禁止开机启动的服务对应的虚拟用户也可以删除或注释掉。

③ 普通用户：这类用户一般由具备系统管理员 root 权限的运维人员添加，其 UID 范围是 1000～60 000。

5.3.3　Linux 的用户和组

（1）用户

如果要使用系统资源，就必须向系统管理员申请一个账号，然后通过这个账号进入系统。账号通常也描述为用户（User）。通过建立不同属性的用户，一方面，可以合理地利用和控制系统资源，另一方面可以帮助用户组织文件，提供对用户文件的安全保护。

每一个用户都有唯一的用户名和密码，在登录系统后，只有输入正确的用户名和密码，才能登录系统和相应的目录。

在生产环境中，一般会为每一个有权限管理服务器的运维人员分配一个独立的普通用户账号及 8 位以上的密码（包含数字、字母及特殊字符）。

如 student 普通用户只能通过建立的这个账号登录到系统中进行维护，当需要超级用户权限时，可以通过“sudo 命令名”来使用仅有 root 用户才允许使用的权限。当然，sudo 权限要尽量小。还有，当运维人员人数不多时，也可以直接使用 su　root 命令切换到超级用户 root，再执行相应的维护工作。实际上，因为 root 权限非常大，如果不需要 root 权限，就不要切换 root 用户操作，以减少误操作对系统带来的损失，而且需要妥善保管和及时更新 root 用户的密码。

（2）组

简单地说，Linux 中的组（Group）就是具有相同特性的用户集合；有时需要让多个用户具有相同的权限，比如查看、修改某一个文件或目录的权限，如果不用组，这种需求在授权时就很难实现。如果使用组就方便多了，只需要把授权的用户都加入同一个组里，然后通过修改该文件或目录对应组的权限，让组具有满足需求的操作权限，这样组下的所有用户对该文件或目录就会具有相同的权限，这就是组的用途。

将用户分组是 Linux 对用户进行管理及控制访问权限的一种手段，通过定义组，可在很大程度上简化运维管理工作。

实际上，在工作和生活中对人类的分组也是无处不在的，大到国家，小到公司、家庭、学校、班级等都类似 Linux 中的组，而其中的成员类似 Linux 组中的用户。

（3）用户和组的对应关系

用户和组的对应关系有：一对一、一对多、多对一和多对多。

① 一对一：一个用户可以存在于一个组中，也可以是组中的唯一成员。比如 root 用户只存在于 root 组。

② 一对多：一个用户可以存在于多个组中，这个用户同时具有这些组的属性；其中一个组是用户的主要组，其余的组是用户的附属组。

③ 多对一：多个用户可以存在一个组中，这些用户可以拥有相同的权限，以便进行统一的权限管理。

④ 多对多：多个用户可以存在于多个组中，并且多个用户可以归属相同的组；其实多对多的关系是前面 3 种关系的扩展。

5.3.4　Linux 用户和组的配置文件

在 Linux 中，账户文件主要有/etc/passwd、/etc/shadow、/etc/group 和/etc/gshadow。

（1）文件/etc/passwd

该文件用于存放 Linux 的用户账户信息，新增的用户账户信息会被添加到文件的末尾。文件每一行记录一条用户账户信息，中间用“:”隔开。在虚拟机 client 上使用命令 tail -n 3 /etc/passwd 查看该文件的最后 3 行信息。如图 5-2 所示，其中前两行是系统用户信息，第三行是普通用户信息。

```
[root@client ~]# tail -n 3 /etc/passwd
ntp:x:38:38::/etc/ntp:/sbin/nologin
tcpdump:x:72:72::/:/sbin/nologin
student:x:1000:1000:student:/home/student:/bin/bash
```

图 5-2　/etc/passwd 文件部分内容

图 5-2 中每一行用户账户信息的格式为：

```
用户名:密码:UID:GID:用户备注:家目录:用户默认 bash
```

6 个冒号隔开 7 列内容，其中，为了保证用户密码安全性，密码字段用“x”代替，将实际密码加密后存放在文件/etc/shadow 中。UID 为 38 和 72 的用户是系统用户，如果用户默认 bash 为/sbin/nologin，则用户没有登录系统的权限，这样的用户一般是系统用户，是计算机程序创建后用来访问系统文件资源的；UID 为 1000 的用户是在安装系统后创建的第一个普通用户，后续可以根据需要创建不同的普通用户。

（2）文件/etc/shadow

该文件用于存放加密后的用户密码，需要具有 root 权限的用户才能查看，文件的每一行记录一个用户的密码信息，中间用“:”隔开。在虚拟机 client 上使用命令 head -n 3 /etc/shadow 查看该文件的前 3 行信息。如图 5-3 所示，第一行是系统管理员 root 的密码信息，另外两行分别是用户 bin 和 daemon 的密码信息。

```
[root@client ~]# head -n 3 /etc/shadow
root:$6$wuzw/D6nSJSgHCo1$NCTcWxQMCH51PGT3znxEyVbmdI2wjdsfAgmz0adp..RFqNFQeBPeAUsq.Vg1Z9laW4dg8j
IfJnYaUccIVWdyh/::0:99999:7:::
bin:*:17834:0:99999:7:::
daemon:*:17834:0:99999:7:::
```

图 5-3　/etc/shadow 文件部分内容

图 5-3 中每一行用户密码信息的格式为：

```
用户名:密码（已加密）:上次修改密码的时间:两次修改密码间隔最少的天数:两次修改密码间隔最多的天数:提前多少天警告用户密码将过期:在密码过期之后多少天禁用此用户:用户过期日期:保留字段
```

其中，日期均是指从 1970 年的 1 月 1 日开始的天数。8 个冒号隔开 9 列内容，第一行 root 用户的密码信息中，第一个冒号后的密码是真实密码加密后的字符串；第二个冒号和第三个冒号之间为空，表示未修改过密码；第三个冒号后的值为 0，表示可以随时修改密码；第四个冒号后的值为 99999，表示可以永久不修改密码；第五个冒号后的值为 7，表示密码过期前 7 天会有密码修改提示，此处结合前一列值 99999，无实际意义；后续冒号后内容都为空，根据前面值的影响，对于 root 用户来讲无具体含义。

（3）文件/etc/group

该文件用于存放 Linux 的用户组信息。其格式为：

```
用户组名:组密码（用“x”代替）:GID:组用户（可列多个）
```

（4）文件/etc/gshadow

该文件用于存放用户组的密码，需要具有 root 权限的用户才能查看，文件的每一行记录一个用户组密码信息（没有密码则用“!”表示），中间用“:”隔开，其格式为：

```
组名:组密码:组管理员:组中的附加用户
```

5.4　任务实施

任务实施主要内容如图 5-4 所示。

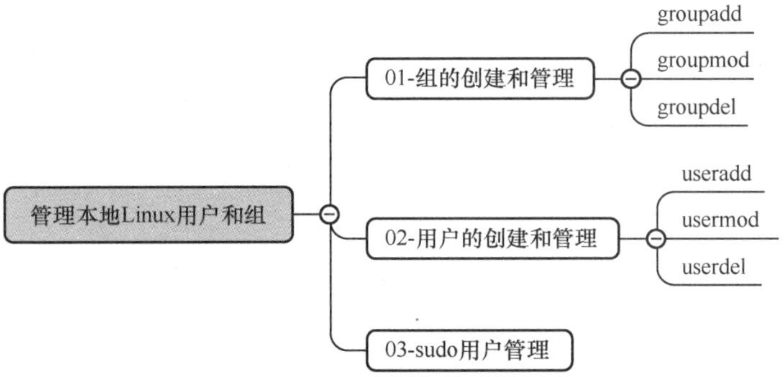

图 5-4　任务实施主要内容

需要注意的是，在一台还没有进行过用户权限配置的 Linux 的计算机上进行用户和组的管理时，必须拥有超级管理员 root 权限。

微课视频

组的创建和管理

5.4.1　组的创建和管理

组的创建和管理主要涉及以下命令。

（1）groupadd：创建组，命令格式如下。

```
groupadd　[选项]　组名
```

选项是可选的，命令用法及选项如图 5-5 所示。

```
[root@client ~]# groupadd --help
用法：groupadd [选项] 组

选项：
  -f, --force                如果组已经存在则成功退出
                             并且如果 GID 已经存在则取消 -g
  -g, --gid GID                      为新组使用 GID
  -h, --help                         显示帮助信息并退出
  -K, --key KEY=VALUE                不使用 /etc/login.defs 中的默认值
  -o, --non-unique                   允许创建有重复 GID 的组
  -p, --password PASSWORD            为新组使用加密过的密码
  -r, --system                       创建一个系统账户
  -R, --root CHROOT_DIR              chroot 到的目录
```

图 5-5　groupadd 命令用法及选项

根据选项作用，如图 5-6 所示，分别执行 3 条 groupadd 命令。其中，前两条没有指定任何选项，那么其创建的两个组 teacher-grp1 和 teacher-grp2 会使用默认设置；第三条命令在创建用户组 teacher-grp3 的同时指定该组的 GID 为 6666。

```
[root@client ~]# groupadd teacher-grp1
[root@client ~]# groupadd teacher-grp2
[root@client ~]# groupadd -g 6666 teacher-grp3
```

图 5-6　创建 3 个组

创建命令执行成功后，通过命令 tail -n 5 /etc/group 查看组创建结果。如图 5-7 所示，teacher-grp1 和 teacher-grp2 的 GID 由系统自动分配，一般情况是接着上一个组账号的 GID 分配，此处分别是 1001 和 1002，teacher-grp3 的 GID 由用户在创建的时候手动指定，为 6666。因为目前还没有向这 3 个组中添加用户，所以 3 个组最后的组附加用户列表都为空。

```
[root@client ~]# tail -n 5  /etc/group
stapdev:x:158:
student:x:1000:student
teacher-grp1:x:1001:
teacher-grp2:x:1002:
teacher-grp3:x:6666:
```

图 5-7　查看/etc/group 文件新建组信息

课堂练习 5-1：新建组 teacher-grp1、teacher-grp2 和 teacher-grp3，并指定其 GID 分别为 2222、3333、6666。

（2）groupmod：修改组信息，命令格式如下。

```
groupmod  [选项]  组名
```

选项是可选的，命令的用法及选项如图 5-8 所示。

```
[root@client ~]# groupmod --help
用法：groupmod [选项] 组

选项：
  -g, --gid GID                 将组 ID 改为 GID
  -h, --help                    显示帮助信息并退出
  -n, --new-name NEW_GROUP      改名为 NEW_GROUP
  -o, --non-unique              允许使用重复的 GID
  -p, --password PASSWORD       将密码更改为 (加密过的) PASSWORD
  -R, --root CHROOT_DIR         chroot 到的目录
```

图 5-8　groupmod 命令用法及选项

根据选项作用，如图 5-9 所示，分别执行两条命令，第 1 条命令 groupmod --gid 8888 teacher-grp3 表示修改组 teacher-grp3 的 GID 为 8888，第 2 条命令 groupmod --new-name teacher-test teacher-grp2 表示修改组 teacher-grp2 的名称为 teacher-test。

```
[root@client ~]# groupmod --gid 8888 teacher-grp3
[root@client ~]# groupmod --new-name teacher-test teacher-grp2
```

图 5-9　修改组的 GID 和组名

如图 5-10 所示，通过命令 tail -n 5 /etc/group 查看用户组的修改结果，输出结果显示组 teacher-grp3 的 GID 由 6666 改为了 8888，并且 GID 为 1002 的组 teacher-grp2 已改名为 teacher-test。

在实际使用中，如果用户组创建错误，可以通过该命令修改组的相关信息。

课堂练习 5-2：修改组 teacher-grp2 的名称并修改组 teacher-grp3 的 GID。

（3）groupdel：删除组，命令格式如下。

```
groupdel  [选项]  组名
```

选项是可选的，命令用法及选项如图 5-11 所示。

```
[root@client ~]# tail -n 5  /etc/group
stapdev:x:158:
student:x:1000:student
teacher-grp1:x:1001:
teacher-grp3:x:8888:
teacher-test:x:1002:
```

图 5-10　查看修改结果

```
[root@client ~]# groupdel --help
用法：groupdel [选项] 组

选项：
  -h, --help                    显示帮助信息并退出
  -R, --root CHROOT_DIR         chroot 到的目录
```

图 5-11　groupdel 命令用法及选项

删除组命令一般不加选项，如图 5-12 所示，执行命令 groupdel teacher-test 删除组 teacher-test。删除成功后，通过命令 tail -n 5　/etc/group 查看组的最新情况，输出结果显示只有组 teacher-grp1 和 teacher-grp3，组 teacher-test 已被成功删除。

```
[root@client ~]# groupdel teacher-test
[root@client ~]# tail -n 5  /etc/group
stapsys:x:157:
stapdev:x:158:
student:x:1000:student
teacher-grp1:x:1001:
teacher-grp3:x:8888:
```

图 5-12　删除组并查看/etc/group 文件

课堂练习 5-3：删除组 teacher-grp1。

5.4.2　用户的创建和管理

微课视频

用户的创建和管理

用户的创建和管理主要涉及以下命令。

（1）uesradd：新建用户，adduser 命令与 useradd 命令相同，不再赘述。命令格式如下。

```
useradd  [选项]  用户名
```

选项是可选的，如果不指定表示使用系统默认值。命令用法及选项如图 5-13 所示。这里对一些常用选项做重点介绍。

① -u：指定新用户的 UID，如果不指定，默认沿上一个用户的 UID 继续编号。

② -g：指定新用户的主组，若不指定，默认创建一个同名组作为主组，所谓主组是指用户创建时必定属于某一个组。

③ -G：指定新用户的附属组列表。一个新用户可以列入多个附属组，具有多重身份。

④ -d：创建新用户时，用 HOME_DIR 作为用户主目录。如果不指定，默认将用户名附加到/home 并将其用作主目录名。

⑤ -s：指定新用户登录系统时使用的 shell。

```
[root@client ~]# useradd --help
用法：useradd [选项] 登录
      useradd -D
      useradd -D [选项]

选项：
  -b, --base-dir BASE_DIR       新账户的主目录的基目录
  -c, --comment COMMENT         新账户的 GECOS 字段
  -d, --home-dir HOME_DIR       新账户的主目录
  -D, --defaults                显示或更改默认的 useradd 配置
  -e, --expiredate EXPIRE_DATE  新账户的过期日期
  -f, --inactive INACTIVE       新账户的密码不活动期
  -g, --gid GROUP               新账户主组的名称或 ID
  -G, --groups GROUPS   新账户的附加组列表
  -h, --help                    显示帮助信息并退出
  -k, --skel SKEL_DIR   使用目录作为骨架目录
  -K, --key KEY=VALUE           不使用 /etc/login.defs 中的默认值
  -l, --no-log-init     不将用户添加到最近登录和登录失败数据库
  -m, --create-home     创建用户的主目录
  -M, --no-create-home          不创建用户的主目录
  -N, --no-user-group   不创建同名的组
  -o, --non-unique              允许使用重复的 UID 创建用户
  -p, --password PASSWORD               加密后的新账户密码
  -r, --system                  创建一个系统账户
  -R, --root CHROOT_DIR         chroot 到的目录
  -s, --shell SHELL             新账户的登录 shell
  -u, --uid UID                 新账户的用户 ID
  -U, --user-group              创建与用户同名的组
  -Z, --selinux-user SEUSER             为 SELinux 用户映射使用指定 SEUSER
```

图 5-13　useradd 命令用法及选项

如图 5-14 所示，使用命令 useradd -G teacher-grp1 class1-tea01 创建新用户 class1-tea01，并指定其附属组为 teacher-grp1，使用命令 passwd class1-tea01 立即修改新用户 class1-tea01

的密码，修改时会提示两次输入密码信息，注意设置的密码建议符合强密码要求。所谓强密码是指不容易被猜到或破解的密码，其至少包含大写字母、小写字母、数字和特殊字符这 4 类中的 3 类，且长度大于等于 8。修改用户密码命令为“passwd 用户名”。密码修改成功后，会看到提示信息“所有的身份验证令牌已经成功更新”或“all authentication tokens updated successfully”，表示新密码设置成功。注意：创建普通用户账户时，需要同步设置用户密码，这样才能够使用用户账户登录系统。

```
[root@client ~]# useradd -G teacher-grp1 class1-tea01
[root@client ~]# passwd class1-tea01
更改用户 class1-tea01 的密码 。
新的 密码：
重新输入新的 密码：
passwd：所有的身份验证令牌已经成功更新。
```

图 5-14　创建用户 class1-tea01 并更新密码

注意：通过超级管理员 root 用户修改普通用户密码时，不需要输入旧密码，直接输入两次新密码即可，由此可见 root 权限之大。在工业生产环境中要特别注意 root 权限不可轻易被获取，否则可能会导致严重的系统安全风险。

如图 5-15 所示，通过命令 tail -n 3　/etc/passwd 查看/etc/passwd 文件的最后 3 行，最后一行表明新用户 class1-tea01 已经创建成功，且该用户的 UID=1001，GID=8889（从下一条命令 tail -n 5　/etc/group 的执行结果可以看到创建用户 class1-tea01 的同时创建了与它同名的组，因为没有指定 GID，所以继续使用了上一个组的 ID，GID=8889），该用户的主目录为/home/class1-tea01，登录 shell 为/bin/bash，表示可以登录 Linux。同时在查看组文件时，发现组 teacher-grp1 的最后一列中已有用户 class1-tea01。

```
[root@client ~]# tail -n 3  /etc/passwd
tcpdump:x:72:72::/:/sbin/nologin
student:x:1000:1000:student:/home/student:/bin/bash
class1-tea01:x:1001:8889::/home/class1-tea01:/bin/bash
[root@client ~]# tail -n 5  /etc/group
stapdev:x:158:
student:x:1000:student
teacher-grp1:x:1001:class1-tea01
teacher-grp3:x:8888:
class1-tea01:x:8889:
```

图 5-15　查看用户 class1-tea01 的创建结果

此时，新用户 class1-tea01 创建成功，可以通过命令 su - class1-tea01 切换用户 class1-tea01 登录系统。

课堂练习 5-4：创建新用户 class2-tea01，指定其附属组为 teacher-grp3，要求用户登录密码符合强密码设置要求。

（2）usermod：修改用户信息，命令格式如下。

```
usermod [选项] 用户名
```

选项是可选的，如果不指定表示使用系统默认值。命令用法及选项可通过命令 usermod -h 查看。这里对一些常用选项做重点介绍。

① -d：重新设置用户账户的主目录。

② -g：重新设置用户的主组。

③ -G：重新设置用户的附属组，只能指定一个附属组，如果需要指定多个附属组，需要用到-a 选项。

④ -a：新增用户的附属组（不删除原来设置的附属组）。

⑤ -l：修改用户名。

⑥ -L：锁定用户账户。

⑦ -U：解锁用户账户。

如图 5-16 所示，当前用户 class2-tea01 的附属组为 teacher-grp3，通过执行命令 usermod -G teacher-grp1 -a class2-tea01 再为其增加一个附属组 teacher-grp1，设置后意味着用户 class2-tea01 现在同时属于 3 个组：class2-tea01（主组）、teacher-grp1（附属组）和 teacher-grp3（附属组）。

```
[root@client ~]# tail -n 5  /etc/group
student:x:1000:student
teacher-grp1:x:1001:class1-tea01
teacher-grp3:x:8888:class2-tea01
class1-tea01:x:8889:
class2-tea01:x:1002:
[root@client ~]# usermod -G teacher-grp1 -a class2-tea01
[root@client ~]# tail -n 5  /etc/group
student:x:1000:student
teacher-grp1:x:1001:class1-tea01,class2-tea01
teacher-grp3:x:8888:class2-tea01
class1-tea01:x:8889:
class2-tea01:x:1002:
```

图 5-16　修改用户 class2-tea01 的多个附属组

课堂练习 5-5：请修改用户 class2-tea01 的 UID 为 1066。

（3）userdel：删除用户，命令格式如下。

```
userdel  [选项]  用户名
```

选项是可选的，如果不指定表示使用系统默认值。命令用法及选项如图 5-17 所示。这里对两个常用选项做重点介绍。

① -f：强制删除（用户已登录或用户文件正在使用）。

② -r：删除用户主目录和邮箱账号。

```
[root@client ~]# userdel -h
用法：userdel [选项] 登录

选项：
  -f, --force                   force some actions that would fail otherwise
                                e.g. removal of user still logged in
                                or files, even if not owned by the user
  -h, --help                    显示帮助信息并退出
  -r, --remove                  删除主目录和邮件池
  -R, --root CHROOT_DIR         chroot 到的目录
  -Z, --selinux-user            为用户删除所有的 SELinux 用户映射
```

图 5-17　userdel 命令用法及选项

如图 5-18 所示，删除用户 class2-tea01 及其主目录/home/class2-tea01，现对执行的 7 条命令进行如下解读。

① 第 1 条命令 cd /home/class2-tea01/，表示进入用户 class2-tea01 的主目录。

② 第 2 条命令 pwd，表示确认当前工作目录。

③ 第 3 条命令 userdel -fr class2-tea01，表示强制删除用户 class2-tea01 及其主目录和邮箱账号。因为此时在该用户的主目录下，所以必须使用-f 选项强制删除。

④ 第 4 条命令 pwd，表示确认当前工作目录。

⑤ 第 5 条命令 cd ../，表示进入当前一级目录的父级目录，也就是/home。

⑥ 第 6 条命令 ll，表示查看当前目录下的内容，确认已删除用户 class2-tea01 的主目录等。

⑦ 第 7 条命令 tail -n 3 /etc/passwd，表示查看用户文件，确认 class2-tea01 用户信息已被删除。目前普通用户只有 student 和 class1-tea01。

```
[root@client ~]# cd /home/class2-tea01/ ❶
[root@client class2-tea01]# pwd ❷
/home/class2-tea01
[root@client class2-tea01]# userdel -fr class2-tea01 ❸
[root@client class2-tea01]# pwd ❹
/home/class2-tea01
[root@client class2-tea01]# cd ../ ❺
[root@client home]# ll ❻
总用量 4
drwx------. 3 class1-tea01 class1-tea01   78 5月  25 21:07 class1-tea01
drwx------. 16 student     student      4096 5月  16 13:51 student
[root@client home]# tail -n 3 /etc/passwd ❼
tcpdump:x:72:72::/:/sbin/nologin
student:x:1000:1000:student:/home/student:/bin/bash
class1-tea01:x:1001:8889::/home/class1-tea01:/bin/bash
```

图 5-18　删除 class2-tea01 用户及其主目录

课堂练习 5-6：请删除用户 class2-tea01。

微课视频

sudo 用户管理

5.4.3　sudo 用户管理

实际上，因为超级管理员 root 用户权限过大，一般不会将该用户账号开放给大量系统运维人员使用。通常采用授权的方式，将某些命令的可执行权限授予某些用户使用，这样既可保证业务的正常运行，又可保证 root 账号的安全，这就是 sudo 用户管理。

sudo 用户管理通过编辑/etc/sudoers 文件来实现，该文件规定了哪些用户在哪些场合可以执行哪些本来需要 root 权限才能执行的命令。CentOS 作为用于工业、商业等生产环境的操作系统，对安全性和可靠性有较严格的要求。需要对特定用户配置 sudo 参数后，特定用户才可以通过 sudo 命令来提升自己的命令执行权限，以防止误操作。

接下来以 root 用户身份编辑/etc/sudoers 文件，赋予用户 class1-tea01 创建用户并设置用户密码的权限。切换用户 class1-tea01，以其身份创建用户 class1-stu01 并设置密码。

（1）通过 whereis 命令查看要赋权的系统命令 useradd 和 passwd 的文件绝对路径。执行命令就是执行该命令对应文件内的脚本代码。如图 5-19 所示，系统提示了两个与 useradd 有关的文件路径，其中第 2 个路径显示了一个压缩包，显然压缩包不可能是系统命令，因此 useradd 命令的绝对路径是第 1 个路径“/usr/sbin/useradd”。同理，passwd 命令的第 2 个路径是用户信息文件，第 3 个和第 4 个路径是压缩包，因此，该命令的绝对路径是第 1 个路径“/usr/bin/passwd”。

```
[root@client ~]# whereis useradd
useradd: /usr/sbin/useradd /usr/share/man/man8/useradd.8.gz
[root@client ~]# whereis passwd
passwd: /usr/bin/passwd /etc/passwd /usr/share/man/man1/passwd.1.gz
 /usr/share/man/man5/passwd.5.gz
```

图 5-19　查看 useradd 和 passwd 命令的文件路径

前文执行命令时都是直接在命令行窗口（一个命令行窗口就是一个 shell）中输入 useradd、passwd 等命令关键字，并没有使用其文件的绝对路径，这也是绝大部分人常用的方法。因为 shell 中默认的 PATH 值（图 5-20 用 echo $PATH 查看 shell 默认的 PATH 值，该值共有 5 个，分别用冒号隔开）包含了系统路径，所以在命令行窗口中执行 useradd 和执行 /usr/sbin/useradd 的结果是相同的。同理，在命令行窗口中执行 passwd 和执行/usr/bin/passwd 的结果也是相同的。但是后续在编辑/etc/sudoers 文件时再要用到相关命令，就必须使用该命令的文件绝对路径。

```
[root@client ~]# echo $PATH
/usr/local/sbin:/usr/local/bin:/usr/sbin:/usr/bin:/root/bin
```

图 5-20　查看 PATH 值

（2）编辑/etc/sudoers 文件。使用 visudo 命令打开 sudo 配置文件，会在 VI 编辑器的最底行显示编辑的文件的名称/etc/sudoers.tmp。如图 5-21 所示，找到“root　　ALL=(ALL)　　ALL”这一行，在下面添加新的内容“class1-tea01　ALL=(ALL)　　/usr/sbin/useradd”和“class1-tea01　ALL=(ALL)　　/usr/bin/passwd”，保存并退出该文件。新添加的内容表示，允许 class1-tea01 在任何场合（甚至可以以其他身份远程登录本机后再切换到 class1-tea01 账户）都可以运行 useradd 命令和 passwd 命令。

```
 99 ## Allow root to run any commands anywhere
100 root     ALL=(ALL)        ALL
101 class1-tea01     ALL=(ALL)        /usr/sbin/useradd
102 class1-tea01     ALL=(ALL)        /usr/bin/passwd
```

图 5-21　编辑/etc/sudoers 文件

（3）查看 class1-tea01 用户可以执行的命令。如图 5-22 所示，通过命令 su - class1-tea01 切换到 class1-tea01 用户，执行命令 sudo -l，输入 class1-tea01 用户密码查看该用户的 sudo 权限：可以执行 useradd 命令和 passwd 命令。

```
[root@client ~]# su - class1-tea01
[class1-tea01@client ~]$ sudo -l

我们信任您已经从系统管理员那里了解了日常注意事项。
总结起来无外乎这三点：

    #1) 尊重别人的隐私。
    #2) 输入前要先考虑(后果和风险)。
    #3) 权力越大，责任越大。

[sudo] class1-tea01 的密码：
匹配 %2$s 上 %1$s 的默认条目：
    !visiblepw, always_set_home, match_group_by_gid,
    always_query_group_plugin, env_reset, env_keep="COLORS DISPLAY
    HOSTNAME HISTSIZE KDEDIR LS_COLORS", env_keep+="MAIL PS1 PS2
    QTDIR USERNAME LANG LC_ADDRESS LC_CTYPE",
    env_keep+="LC_COLLATE LC_IDENTIFICATION LC_MEASUREMENT
    LC_MESSAGES", env_keep+="LC_MONETARY LC_NAME LC_NUMERIC
    LC_PAPER LC_TELEPHONE", env_keep+="LC_TIME LC_ALL LANGUAGE
    LINGUAS _XKB_CHARSET XAUTHORITY",
    secure_path=/sbin\:/bin\:/usr/sbin\:/usr/bin

用户 class1-tea01 可以在 client 上运行以下命令：
    (ALL) /usr/sbin/useradd
    (ALL) /usr/bin/passwd
```

图 5-22　查看 class1-tea01 用户的 sudo 权限

（4）使用 sudo 命令创建用户 class1-stu01，并通过命令 tail -n 5 /etc/passwd 查看/etc/passwd 文件的最后 5 行内容，如图 5-23 所示，class1-stu01 用户创建成功。

```
[class1-tea01@client ~]$ sudo useradd class1-stu01
[class1-tea01@client ~]$ tail -n 5 /etc/passwd
ntp:x:38:38::/etc/ntp:/sbin/nologin
tcpdump:x:72:72::/:/sbin/nologin
student:x:1000:1000:student:/home/student:/bin/bash
class1-tea01:x:1001:8889::/home/class1-tea01:/bin/bash
class1-stu01:x:1002:1002::/home/class1-stu01:/bin/bash
```

图 5-23　通过 sudo 操作创建新用户并查看创建结果

注意： 用户 class1-tea01 在使用命令 useradd 新建用户时，由于通过 sudo 管理提升了该命令的操作权限，所以在执行命令前必须加上 sudo。请用户自行使用 sudo 命令设置 class1-stu01 用户密码。

课堂练习 5-7： 新建用户 class2-tea01，赋予该用户新建组、创建用户以及设置用户密码的操作权限。

5.5　任务小结

通过本任务的学习和实践，读者可知道 Linux 是多用户、多任务的操作系统，那么现在应该能够完成以下练习。

（1）根据组织结构规划组和用户架构，并进行创建、修改以及删除等操作。

（2）编辑 sudoers 文件设置普通用户的特定权限。

5.6　课后习题

1. 填空题

（1）修改用户信息的命令是________________________。

（2）存储用户信息的文件是________________________。

（3）超级管理员 root 的 UID 为________________________。

（4）修改用户密码的命令是________________________。

（5）删除用户时，选项________用于指示系统在删除用户时连同用户的主目录和邮箱账号一并删除。

2. 判断题

（1）一个用户必须而且只能属于一个组。（　　）

（2）root 用户可以强制删除正在登录系统或用户文件正在使用的用户。（　　）

（3）Linux 是多用户系统，但是多个用户不能同时登录 Linux。（　　）

（4）命令“groupmod -g 1818 -n testgroup　studentgroup”用于将 studentgroup 的 GID 修改为 1818，名称修改为 testgroup。（　　）

（5）组是具有相同特性的用户的集合，所以一个组至少必须包含 2 个用户。（　　）

3. 选择题

（1）以下不属于 Linux 用户特点的是（　　）。

A. 不是真实用户　　B. 不能登录系统

C. UID 范围是 1～999　　D. 系统用户基本没什么用处

（2）新建用户，可以使用命令（　　）。（多选）

A. useradd B. passwd C. groupadd D. adduser

（3）以下属于 Linux 用户的是（ ）。（多选）

A. 超级用户 B. 系统用户 C. 普通用户 D. 一般用户

（4）以下关于用户组的说法中，不正确的是（ ）。

A. 新建用户组时，可以指定用户组的 GID

B. 可以删除无用的用户组

C. 可以修改用户组的名称

D. 用户组的 GID 不能修改

（5）下列文件中（ ）是用户密码文件。

A. /etc/passwd B. /etc/shadow C. /etc/group D. /etc/gshadow

任务 6 控制 Linux 文件系统权限

作为多用户、多任务操作系统，Linux 提供了一些工具来帮助用户保护文件的安全。为了防止不必要的访问（无论是意外还是故意），用户通常都不希望其他用户阅读自己的个人文件，甚至删除工作文件。Linux 通过访问文件的用户（Ownership）和文件的权限（Permission）这两个属性保障文件的安全。

6.1 学习目标

Linux 中的所有文件都有一组标准的访问权限，该组权限用来控制谁可以访问，它们分别为：读、写和执行。通过本任务的学习，可以达成以下学习目标。

（1）知识目标

- 掌握文件的基本权限。
- 掌握访问文件的用户身份类型。
- 熟悉文件权限掩码。
- 了解文件的特殊权限。

（2）能力目标

- 能够合理规划并设计不同文件的权限规则。
- 能够按要求设置文件权限。

（3）素养目标

通过不同角色、不同权限的特征，培养学生遵纪守法的意识，提高学生“有所为，有所不为”的思想觉悟，引导学生自觉遵守规章制度。

6.2 任务描述

Linux 最大的优点之一在于它的多用户、多任务环境。为了让各个用户具有较保密的文件数据，文件的权限管理就变得很重要。本任务主要介绍根据不同的组和用户设置不同的文件权限，开启文件保护，步骤如下。

（1）规划并创建组和用户，如表 6-1 所示。同一行“用户”列的用户需加入“组”列，如用户 class1-tea01、class1-tea02、class1-tea03 加入组 teachers-grp1，其余行以此类推。注意表 6-1 中的组指的是用户的附属组，表示用户同时加入了两个组。关于附属组的概念可以参考 5.4.2 小节中 useradd 命令的选项-G，表示新建用户时不仅加入默认组（主组），还加入附属组。

表 6-1 组和用户

组	用户
teachers-grp1	class1-tea01、class1-tea02、class1-tea03……
students-grp1	class1-stu01、class1-stu02、class1-stu03……
teachers-grp2	class2-tea01、class2-tea02、class2-tea03……
students-grp2	class2-stu01、class2-stu02、class2-stu03……
—	class1-manager、class2-manager
—	class1-monitor、class2-monitor

（2）在/tmp 目录内创建目录和文件，并设置访问用户及权限，对应关系如表 6-2 和表 6-3 所示。在/tmp 目录内新建目录 dir-class1 和 dir-class2，对目录 dir-class1 的访问用户及权限要求如下。

- 目录 dir-class1 的所有者是 class1-manager，class1-manager 对目录 dir-class1 的权限是 rwx（可读、可写和可执行）。
- 目录 dir-class1 的所属组是 students-grp1，students-grp1 对目录 dir-class1 的权限是 r-x（可读和可执行，对应权限为“-”表示无相应权限）。
- 特殊用户 class1-monitor 访问目录 dir-class1 的权限为 rwx（可读、可写和可执行）。
- 特殊组 teachers-grp1 访问目录 dir-class1 的权限为 rwx（可读、可写和可执行）。
- 其他人（除上述用户 class1-manager、class1-monitor 和组 students-grp1、teachers-grp1 外）访问目录 dir-class1 的权限为 rwt（可读、可写和可执行，t 表示用户对目录的可写权限有一定限制）。

表 6-2 访问目录的用户及权限

目录	访问用户及权限	子目录	访问用户及权限
/tmp/dir-class1	所有者：class1-manager（rwx）。 所属组：students-grp1（r-x）。 特殊用户：class1-monitor（rwx）。 特殊组：teachers-grp1（rwx）。 其他人：（rwt）	days-manage、grades	继承父目录
/tmp/dir-class2	自主设置	days-manage、grades	自主设置

表 6-3 访问文件的用户及权限

子目录	文件	访问用户及权限
days-manage	kaoqindan.xls、lixiaodan.xls	所有者：class1-manager（rw-）。 所属组：students-grp1（r--）。 特殊用户：class1-monitor（rw-）。 特殊组：teachers-grp1（rw-）。 其他人：（r--）
grades	english.doc、maths.doc、chinese.doc	自主设置

在目录 dir-class1 内新建子目录 days-manage 和 grades，新建子目录的访问用户及相应权限如表 6-2 最后一列所示："继承父目录"。

目录 dir-class2 的访问用户及权限请读者自主设置，并在该目录内新建子目录 days-manage 和 grades，新建子目录的访问用户及相应权限请读者自主设置。

由此，建议遵循图 6-1 所示的任务学习路径。

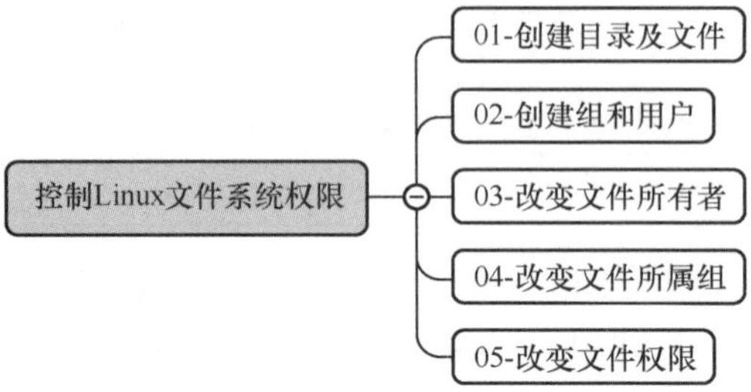

图 6-1　任务学习路径

6.3　相关知识

依据任务学习路径，首先要了解一些相关的基本概念，包括访问文件的用户、文件属性、文件属性的修改、文件的权限、目录的权限、权限的数字表示法、权限掩码 umask、细分文件权限 setfacl 以及文件的特殊权限 SUID、SGID 和 SBIT。

微课视频

文件的身份

6.3.1　访问文件的用户

Linux 一般将文件可访问的身份分为 3 种：所有者（user owner，简写为 u）、所属组（group owner，简写为 g）以及其他人（other，简写为 o）。

6.3.2　文件属性

在了解 Linux 文件属性前，首先需要掌握一个命令：ls。这是一个用于查看文件属性的命令，在任务 2 已有简单介绍。在以 root 用户身份登录 Linux 后，执行命令 ls -lh，查看文件属性。如图 6-2 所示，该目录内一共包含 10 个文件，现分析其 7 个属性如下。

```
[root@client ~]# ls -lh
总用量 8.0K
-rw-------. 1 root root 1.7K 4月  24 14:26 anaconda-ks.cfg
-rw-r--r--. 1 root root 1.7K 4月  24 14:53 initial-setup-ks.cfg
drwxr-xr-x. 2 root root    6 5月   2 14:09 公共
drwxr-xr-x. 2 root root    6 5月   2 14:09 模板
drwxr-xr-x. 2 root root    6 5月   2 14:09 视频
drwxr-xr-x. 2 root root    6 5月   2 14:09 图片
drwxr-xr-x. 2 root root    6 5月   2 14:09 文档
drwxr-xr-x. 2 root root    6 5月   2 14:09 下载
drwxr-xr-x. 2 root root    6 5月   2 14:09 音乐
drwxr-xr-x. 2 root root    6 5月   2 14:09 桌面
[root@client ~]#
```

图 6-2　文件属性

① 第一列：表示文件的类型与权限，共包含 11 位，第 1 位表示文件类型，如图 6-2 所示，所列文件类型包括"-"和"d"，分别表示普通文件和目录文件，还有一些其他文件

类型，如“l”表示链接文件（linkfile），类似 Windows 中的快捷方式；“b”表示可供存储的接口设备文件，“c”表示串行端口设备文件（如键盘、鼠标），这两类文件最常在/dev 目录中看到；“s”表示套接字文件，通常用于网络数据连接，最常在/var/run 目录中看到这种文件。接下来的 9 位，3 位为一组，且均为“rwx”的组合。第一组表示所有者的权限，第二组表示所属组的权限，第三组表示其他人的权限。此处权限位置不变，如无相应权限，则以“-”表示。最后 1 位，默认是“.”，当使用命令 setfacl 设置了 ACL 后，最后 1 位的位置会显示“+”。

② 第二列：连接值，表示有多少文件连接到此节点。

③ 第三列：所有者。

④ 第四列：所属组。

⑤ 第五列：文件容量，表示文件的大小，默认单位为 B。

⑥ 第六列：文件的修改日期，表示文件的创建日期或最近修改的日期，这一列的内容包括日期（月/日）和时间。如果这个文件被修改的时间距离现在太久，那么时间部分仅会显示年份。

⑦ 第七列：文件名，比较特殊的是如果文件名前有“.”，说明该文件是隐藏文件。大家可以使用 ls -al 和 ls -l 这两个命令查看结果有何不同。

课堂练习 6-1：请查看并说出文件/etc/passwd 的 7 个属性。

微课视频

修改文件的所有者和所属组

微课视频

修改文件权限

6.3.3 文件属性的修改

文件的属性和权限有很多，此处介绍常用于改变所有者、所属组、文件权限的命令，主要包括以下内容。

（1）改变所有者：chown。这个命令其实就是 change owner。需要注意的是修改的用户必须是系统中已经存在的用户，也就是在/etc/passwd 文件中有记录的用户才可以修改。

（2）改变所属组：chgrp。这个命令其实就是 change group。同样需要注意的是，被改变的组必须在/etc/group 文件内存在。

（3）改变文件权限：chmod。这个命令的常用格式为“chmod [选项]... [模式,模式]... 文件...”，用于对访问文件的所有者、所属组和其他人进行权限可读、可写和可执行的设置。

6.3.4 文件的权限

文件是指一组相关数据的有序集合，包括一般文件、数据库内容文件、二进制可执行文件等。文件的权限如下。

（1）可读权限（read，简写为 r）：可以读取该文件的实际内容，如读取文本文件的文字内容等。

（2）可写权限（write，简写为 w）：可以编辑、新增以及修改文件的内容，但不可以删除文件。因为文件的权限（可读、可写和可执行）主要针对文件的内容，与文件本身没有关系，所以即使有可写权限，也无法删除文件。如果要删除文件，需要关注文件所在目录的权限。

（3）可执行权限（execute，简写为 x）：文件具有可以被系统执行的权限。因为在 Windows 中，文件是否具有执行权限是通过扩展名来判断的，例如.exe 等，但是在 Linux 中，文件是否能被执行则由可执行权限来决定，跟文件名是没有绝对关系的。

课堂练习 6-2：请查看并说出文件/etc/shadow 的 r、w、x 权限是什么，与文件/etc/passwd 的 r、w、x 权限有何不同。

6.3.5 目录的权限

文件是实际数据所在，目录主要的内容是文件名列表，文件名与目录有关联，下面是对目录权限的阐述。

（1）r：表示具有读取目录列表结构的权限，可以查询目录下的文件名数据。

（2）w：这个权限对目录来说是很强大的，表示可以更改该目录结构列表，包括新建目录、删除已经存在的目录（不论目录的权限是什么）、重命名已存在的目录、更改目录内的文件、目录位置等。总之，目录的 w 权限与目录下面的文件名变动有密切关系。

（3）x：目录只用于记录文件名，不可以被执行，目录的 x 权限表示用户是否可以切换进入目录。切换目录的命令是 cd，如果目录没有 x 权限，那么表示对应用户无法通过执行 cd 命令进入目录。

课堂练习 6-3：请查看并说出目录/root 和/tmp 的 r、w、x 权限是什么，它们有何不同。

6.3.6 权限的数字表示法

文件的权限除了可以使用上述字母表示外，还可以使用数字表示，分别使用数字 4、2 和 1 表示 r、w 和 x，数字 0 表示没有任何权限。

表 6-4 所示为文件权限数字表示与字母表示的对应关系。

表 6-4 文件权限数字表示与字母表示的对应关系

权限数字表示	描述	权限字母表示
762	7 or（4+2+1）：表示文件所有者可读、可写和可执行。 6 or（4+2+0）：表示文件所属组可读和可写。 2 or（0+2+0）：表示其他人有可写权限	rwxrw--w-
431	4 or（4+0+0）：表示文件所有者仅有可读权限。 3 or（0+2+1）：表示文件所属组有可写和可执行权限。 1 or（0+0+1）：表示其他人有可执行权限	r---wx--x

6.3.7 权限掩码 umask

微课视频

文件权限掩码

当新建文件或目录时，会获取一些默认权限，这些默认权限的值是由权限掩码 umask 决定的。也就是说用户不用进行任何设置，当用命令 touch 或 mkdir 新建文件或目录时，都会有默认的权限属性，如图 6-3 所示。接下来通过一系列命令说明 umask 的意义。

（1）执行命令 umask，查看当前用户 root 的默认 umask 值为 0022，该数值第 1 位为保留位，第 2～4 位决定了创建文件和目录时的权限值。

（2）执行命令 touch test，新建文件 test。

（3）执行命令 ls -lh test，查看 test 文件的默认属性，输出显示-rw-r--r--.，对应权限用数字表示为 644，和 umask 的值对应位相加正好为 666。

（4）执行命令 su – student，切换普通用户登录 shell。

（5）执行命令 umask，查看当前用户 student 的默认 umask 值，为 0002。

（6）执行命令 touch test，新建文件 test。

（7）执行命令 ls -lh test，查看 test 文件的默认属性，输出显示-rw-rw-r--.，对应权限用数字表示为 664，和 umask 的值对应位相加正好为 666。

（8）执行命令 mkdir dirtest，新建目录 dirtest。

（9）执行命令 ls -ldh dirtest/，查看新建目录的默认属性，输出显示 drwxrwxr-x.，对应权限用数字表示为 775，和 umask 的值对应位相加正好为 777。

```
[root@client ~]# umask
0022
[root@client ~]# touch test
[root@client ~]# ls -lh test
-rw-r--r--. 1 root root 0 5月  29 13:36 test
[root@client ~]# su - student
上一次登录：二 5月 16 13:51:18 CST 2023:0 上
最后一次失败的登录：二 5月 23 18:43:34 CST 2023从 :0:0 上
最有一次成功登录后有 5 次失败的登录尝试。
[student@client ~]$ umask
0002
[student@client ~]$ touch test
[student@client ~]$ ls -lh test
-rw-rw-r--. 1 student student 0 5月  29 13:37 test
[student@client ~]$
[student@client ~]$ mkdir dirtest
[student@client ~]$ ls -ldh dirtest/
drwxrwxr-x. 2 student student 6 5月  29 13:49 dirtest/
```

图 6-3 使用命令查看 umask 值

从上述操作和显示结果可以知道以下内容。

（1）umask 值对用户是有意义的，不同用户可以设置不同的 umask 值，通常该值在/etc/profile、/etc/bashrc、$[HOME]/.bash_profile、$[HOME]/.profile 或$[HOME]/.bashrc 中设置。

（2）可以形象地理解 umask 是从权限中“拿走”相应的位。一般来讲文件的最大权限是 666，目录的最大权限是 777（因为文件创建时不能直接赋予 x 权限，需要后期通过 chmod 命令增加 x 权限）。所以如果 umask=022，那么新建文件时默认权限为 644，新建目录时默认权限为 755，其他权限组合以此类推。

课堂练习 6-4：请分别查看管理员用户 root 和普通用户 student 的 umask 值。

6.3.8 细分文件权限 setfacl

setfacl 的全称是 set file access control list，中文意思为设置文件访问控制列表。使用 chmod 命令设置文件权限时，将访问用户仅分为所有者、所属组和其他人，而 setfacl 可以对每一个文件或目录设置更为精确的文件权限。让某个用户对某一个文件具有具体的某种权限，这种具体权限设置被称为访问控制列表（Access Control List，ACL），比如所有者是 root 的文件可以对用户 student 设置特定的权限。

6.3.9 文件的特殊权限 SUID、SGID 和 SBIT

文件的 r、w 和 x 权限称为文件基本权限，除了基本权限，文件还有一些特殊权限。

Linux 中文件的特殊权限有 3 种，分别是 SUID、SGID 和 SBIT。图 6-4 具体描述了文件特殊权限位的位置，它们分别占据所有者，所属组和其他人的执行权限位，也意味着这 3 个特殊权限位只对可执行文件或目录有意义。本小节将简要介绍这 3 种特殊权限。

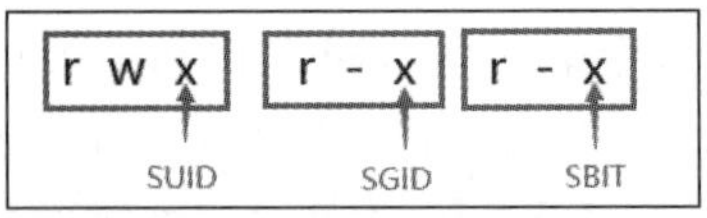

图 6-4　文件特殊权限的位置

（1）SUID

SUID，全称为 Set User ID，即设置所有者的 ID，该权限只对可执行的二进制文件有效。设置这个权限的作用是，使所属组的用户和其他用户都可以以文件所有者的身份执行这个文件。系统中最典型的具有 SUID 的文件是/usr/bin/passwd，下面通过图 6-5 所示的具体实例说明该权限的作用。

① 执行命令 ls -lh /etc/passwd，其中/etc/passwd 是用户信息文件，输出-rw-r--r--.，表示只有 root 用户有 w 权限。

② 执行命令 ls -lh /etc/shadow，其中/etc/shadow 是密码信息存储文件，输出----------.，表示所有用户对该文件都无任何权限，但是由于 root 用户是系统超级管理员，不受这些权限控制，所以只有 root 用户执行完 passwd 命令后，才可以把密码信息更新至该文件内。

③ 执行命令 ll -lh /usr/bin/passwd，其中/usr/bin/passwd 是命令 passwd 的二进制可执行文件，输出显示该文件的 SUID 已被设置。也就是说无论哪个用户执行 passwd 命令，都会以 root 用户身份执行，所以执行 passwd 命令后，就可以修改只有 root 用户才有 w 权限的用户信息文件/etc/passwd 和密码信息存储文件/etc/shadow。

```
[root@client ~]# ls -lh /etc/passwd
-rw-r--r--. 1 root root 3.1K 5月  29 13:02 /etc/passwd
[root@client ~]# ls -lh /etc/shadow
----------. 1 root root 2.0K 5月  29 13:02 /etc/shadow
[root@client ~]# ll -lh /usr/bin/passwd
-rwsr-xr-x. 1 root root 28K 6月  10 2014 /usr/bin/passwd
```

图 6-5　SUID

如果需要设置 SUID，可以通过命令 chmod u+s <文件名>或者 chmod 4xxx <文件名>（其中 xxx 为文件原有基本权限值）设置。

需要注意的是，如果文件对所有者可执行且设置了 SUID，那么所有者的执行位会显示小写字母 s；如果文件对所有者不可执行但设置了 SUID，那么所有者的执行位会显示大写字母 S。文件的所有者执行位显示为大写字母 S 是没有意义的，可以忽略。

课堂练习 6-5：请找出系统中设置了 SUID 的文件和目录。

（2）SGID

SGID，全称为 Set Group ID，即设置所属组的 ID，该权限只对可执行的二进制文件和目录有效，并且其意义也是不同的。对于二进制可执行文件来讲，如果设置 SGID，则无论用户是谁，在执行该文件时，都将以该文件设置的所属组身份运行。对于目录来讲，如果设置 SGID，任何用户在该目录下创建的文件的所属组都会继承该目录的所属组。系统中最典型的具有 SGID 权限的文件为/usr/bin/locate，下面通过图 6-6 所示的具体实例说明该权限位的作用。

① 执行命令 ls -lh /usr/bin/locate，其中/usr/bin/locate 是命令 locate 的二进制文件，用于查找文件，执行命令 locate 实际上就是搜索/var/lib/mlocate/mlocate.db 数据库中的数据返回

结果。这里查看命令 locate 的二进制文件权限为-rwx--s--x，表示该文件具有 SGID 权限，意味着，当普通用户执行命令 locate 时，该用户的所属组会直接变为命令 locate 的所属组，也就是 slocate。

② 执行命令 ls -lh /var/lib/mlocate/mlocate.db，输出显示仅有所有者 root 和所属组 slocate 具有读（r）权限，其他人无读权限，所以普通用户没有读权限，无法执行命令 locate。

③ 执行命令 su - student，切换为普通用户 student。

④ 执行命令 locate /etc/passwd，显示查找文件成功，也就是 student 用户成功执行了 locate 命令。因为命令 locate 的二进制文件有 SGID 权限，所以执行命令 locate 时会得到其所属组 slocate 的权限，相当于 student 这个用户被临时加入了组 slocate，所以对 mlocate.db 这个文件就有了读权限，就可以搜索 /var/lib/mlocate/mlocate.db 数据库中的数据，也就查找成功了。

```
[root@client ~]# ls -lh /usr/bin/locate
-rwx--s--x. 1 root slocate 40K 4月  11 2018 /usr/bin/locate
[root@client ~]# ls -lh /var/lib/mlocate/mlocate.db
-rw-r-----. 1 root slocate 2.8M 12月  9 03:33 /var/lib/mlocate/mlocate.db
[root@client ~]# su - student
上一次登录：六 12月  9 15:25:35 CST 2023pts/0 上
[student@client ~]$ locate /etc/passwd
/etc/passwd
```

图 6-6 SGID

如果需要设置 SGID，可以通过命令 chmod g+s <文件名>或者 chmod 2xxx <文件名>（其中 xxx 为文件原有基本属性值）设置。

需要注意的是，如果文件对所属组可执行且设置了 SGID，那么所属组的执行位会显示小写字母 s；如果文件对所属组不可执行但设置了 SGID，那么所属组的执行位会显示大写字母 S。文件的所属组执行位显示为大写字母 S 是没有意义的，可以忽略。

课堂练习 6-6：请找出 Linux 中设置了 SGID 的文件和目录。

（3）SBIT

SBIT，全称为 Sticky Bit，也称为粘贴位、粘滞位。该权限位仅对目录起作用，下面通过图 6-7 所示的具体实例说明该权限的作用。

① 执行命令 ls -l /tmp，查看当前/tmp 目录下已创建的目录 dirtest，该目录的所有者和所属组均为 root，对所有人都支持 r、w、x 权限。

② 执行命令 ls -l /tmp/dirtest/，查看当前 dirtest 目录下已创建的文件 filetest，该文件的所有者和所属组均为 root，权限为- rw-r--r--。

③ 执行命令 su – student，切换用户为 student。

④ 执行命令 touch /tmp/dirtest/filetest，输出“touch: 无法创建"/tmp/dirtest/filetest": 权限不够”，也就是对于文件 filetest，student 用户可以访问，其他用户的访问权限为 r--，没有 w 权限，所以无法进行文件更新操作，所以你可能认为，这个文件是安全的。

但是，当执行命令 rm /tmp/dirtest/filetest，作为 student 用户想删除 root 用户的文件时，会出现交互式提示信息：“rm：是否删除有写保护的普通文件 "/tmp/dirtest/filetest"？”。此时，输入 y 并按 Enter 键，表示确认要删除该文件。命令居然执行成功了，再次查看/tmp/dirtest 目录，发现该目录已为空。这是非常不安全的，意味着非文件所有者可以删除文件。其实这是因为对于删除文件来讲，只需要对文件所在目录具有 w 权限就可以成功删除。因为/tmp/dirtest 目录对所有人都支持 r、w、x 权限，所以 student 用户成功地删除了 root 用户的文件。

```
[root@client ~]# ls -l /tmp
总用量 0
drwxr-xr-x. 4 class1-manager students-grp1 39 5月  29 12:01 dir-class1
drwxr-xr-x. 4 class2-manager students-grp2 39 5月  29 12:03 dir-class2
drwxrwxrwx. 2 root           root          22 5月  29 15:43 dirtest
[root@client ~]# ls -l /tmp/dirtest/
总用量 4
-rw-r--r--. 1 root root 3164 5月  29 15:43 filetest
[root@client ~]# su - student
上一次登录：一 5月 29 13:37:13 CST 2023pts/0 上
[student@client ~]$ touch /tmp/dirtest/filetest
touch: 无法创建"/tmp/dirtest/filetest": 权限不够
[student@client ~]$ rm /tmp/dirtest/filetest
rm：是否删除有写保护的普通文件 "/tmp/dirtest/filetest"? y
[student@client ~]$ ls -l /tmp/dirtest/
总用量 0
```

图 6-7　SBIT 的作用

那么怎么做才能避免这种不安全的行为呢？这是用 SBIT 可以做到的，对于设置了 SBIT 的目录，其中的任何文件都只有所有者和 root 用户能够删除和重命名，其他用户可以在目录下新建文件，但是无法删除和重命名文件。如图 6-8 所示，在/tmp 目录下执行命令 chmod o+t dirtest/，可以设置 dirtest 的 SBIT，也可以通过命令 chmod 1777 dirtest/设置 SBIT。设置后请读者自行验证 student 用户在该目录下可以新建文件，但无法删除文件。

```
[root@client ~]# cd /tmp
[root@client tmp]# ll
总用量 0
drwxr-xr-x. 4 class1-manager students-grp1 39 5月  29 12:01 dir-class1
drwxr-xr-x. 4 class2-manager students-grp2 39 5月  29 12:03 dir-class2
drwxrwxrwx. 2 root           root          39 5月  29 16:55 dirtest
[root@client tmp]# chmod o+t dirtest/
[root@client tmp]# ll
总用量 0
drwxr-xr-x. 4 class1-manager students-grp1 39 5月  29 12:01 dir-class1
drwxr-xr-x. 4 class2-manager students-grp2 39 5月  29 12:03 dir-class2
drwxrwxrwt. 2 root           root          39 5月  29 16:55 dirtest
```

图 6-8　设置 SBIT

注意：如果目录对其他用户可执行且设置了 SBIT，那么目录的其他用户执行位会显示小写字母 t；如果目录对其他用户不可执行但设置了 SBIT，那么目录的其他用户执行位会显示大写字母 T。目录的其他用户执行位显示为大写字母 T 是没有意义的，可以忽略。

课堂练习 6-7：请找出 Linux 中设置了 SBIT 的文件和目录。

6.4　任务实施

任务实施主要内容如图 6-9 所示。

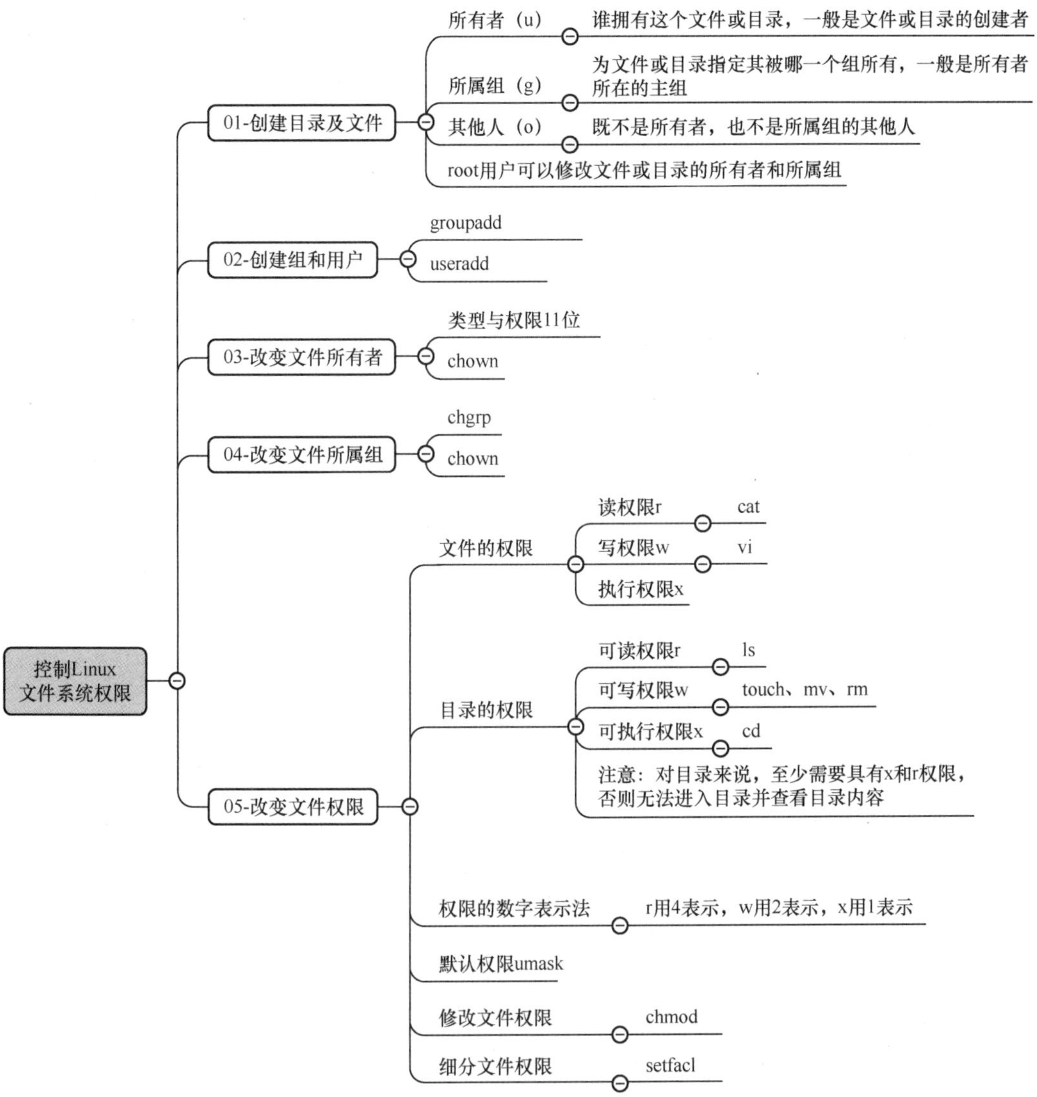

图 6-9　任务实施主要内容

6.4.1　创建目录及文件

根据表 6-1 和表 6-2 创建目录和文件，如图 6-10 所示，这里仅查看、确认了 dir-class1 目录及其子目录对应内容，dir-class2 目录及其子目录对应内容请读者按此自行创建。

```
[root@client ~]# ls -lh /tmp/dir-class1
总用量 0
drwxr-xr-x. 2 root root 48 5月  29 12:02 days-manage
drwxr-xr-x. 2 root root 61 5月  29 12:02 grades
[root@client ~]# ls -lh /tmp/dir-class1/days-manage/
总用量 0
-rw-r--r--. 1 root root 0 5月  29 12:02 kaoqindan.xls
-rw-r--r--. 1 root root 0 5月  29 12:02 lixiaodan.xls
[root@client ~]# ls -lh /tmp/dir-class1/grades/
总用量 0
-rw-r--r--. 1 root root 0 5月  29 12:02 chinese.xls
-rw-r--r--. 1 root root 0 5月  29 12:02 english.xls
-rw-r--r--. 1 root root 0 5月  29 12:02 maths.xls
```

图 6-10　dir-class1 目录及其子目录

分析图 6-10 所示的文件属性如下。

（1）执行命令 ls -lh /tmp/dir-class1，查看/tmp/dir-class1 目录内容的详细信息，输出（仅以第一行说明）：drwxr-xr-x. 2 root root 48 5 月　29 12:02 days-manage。

第一列 drwxr-xr-x.，共 11 个字符，第 1 个字符“d”表示这是一个目录，中间 9 个字符“rwxr-xr-x”分为 3 组，解释如下。

① 第一组：rwx，表示所有者，此处为 root（结合文件属性的第三列值），该所有者对目录 days-manage 有 r、w、x 的权限。由于 days-manage 是目录，所以 root 用户的 r 权限表示可以使用 ls 命令查看目录 days-manage 的内容。root 用户的 w 权限表示可以对目录的内容进行新建、删除、重命名或移动。root 用户的 x 权限表示可以使用 cd 命令切换进入目录，以便对目录内容进行查看访问。

② 第二组：r-x，表示所属组，此处为 root（结合文件属性的第四列值），root 组默认只有一个用户 root，该组对目录 days-manage 有 r 和 x 的权限，w 的位置是“-”，表示没有 w 权限。所以 root 组的用户对 days-manage 目录可以查看（r），可以进入（x），但是不可以在目录内新建、删除、重命名或移动内容（w）。

③ 第三组：r-x，表示除了所有者、所属组以外的其他用户对目录 days-manage 的权限。此处，其他人对目录 days-manage 的权限和 root 组一致，同样是，可以查看（r），可以进入（x），但是不可以在目录内新建、删除、重命名或移动内容（w）。

（2）执行命令 ls -lh /tmp/dir-class1/grades/，查看/tmp/dir-class1 目录下子目录 grades 内容的详细信息，输出：-rw-r--r--. 1 root root 0 5 月　29 12:02 chinese.xls。

chinese.xls 权限列显示-rw-r--r--.，共 11 个字符，第 1 个字符“-”表示这是一个文件，中间 9 个字符“rw-r--r--”分为 3 组，解释如下。

① 第一组：rw-，表示所有者，此处为 root，是该文件的所有者，对该文件有读、和写的权限，但这不是一个可执行文件。

② 第二组：r--，表示所属组，此处为组 root，该组默认只有一个用户 root，对该文件只有 r 权限，没有 w 权限，也就无法修改和编辑该文件，且这不是一个可执行文件。

③ 第三组：r--，表示除了所有者、所属组以外的其他用户对该文件的权限。此处，其他人对该文件的权限是只有 r 权限，没有 w 权限，也就无法修改和编辑该文件，且这不是一个可执行文件。

其余文件和目录属性如上述分析理解。

6.4.2 创建组和用户

根据表 6-1 使用命令 groupadd 和 useradd 创建 4 个组和 16 个用户，执行命令 tail -n 4 /etc/group 查看组和用户，如图 6-11 所示，执行结果显示已创建 4 个组和 12 个用户。其中组 teachers-grp1，包含用户 class1-tea01、class1-tea02、class1-tea03；组 teachers-grp2，包含用户 class2-tea01、class2-tea02、class2-tea03；组 students-grp1，包含用户 class1-stu01、class1- stu02、class1- stu03；组 students-grp2，包含用户 class2- stu01、class2- stu02、class2- stu03。另外 4 个用户 class1-manager、class2-manager、class1-monitor 和 class2- monitor 请读者自行查看/etc/passwd 文件。

```
[root@client ~]# tail -n 4 /etc/group
teachers-grp1:x:1100:class1-tea01,class1-tea02,class1-tea03
teachers-grp2:x:1200:class2-tea01,class2-tea02,class2-tea03
students-grp1:x:1110:class1-stu02,class1-stu03,class1-stu01
students-grp2:x:1210:class2-stu01,class2-stu02,class2-stu03
```

图 6-11　组和用户

6.4.3 改变文件所有者

所有文件都有所有者和所属组。在图 6-10 中，查看文件属性时，结果显示所有者是 root，所属组是 root，这是因为这些文件都是 root 用户创建的，所以所有者和所属组默认就是创建者。有时为了管理方便或提高文件安全性，需要为文件指定特定所有者和所属组。改变文件所有者的命令是 chown，命令格式如下。

```
chown [选项] ... [所有者][:[组]] 文件...
```

这里不再具体介绍选项含义，可以使用 chown --help 查看命令的具体用法及含义，需要注意的是方括号部分的选项及参数不是必选项。根据表 6-2 将目录 dir-class1 及其子目录的所有者设置为 class1-manager。如图 6-12 所示，在/tmp 目录下执行命令 chown -R class1-manager/dir-class1，表示仅将目录 dir-class1 及其子目录和文件的所有者修改为 class1-manager，不修改组。接着执行命令 ll -lh，执行结果显示 dir-class1 的所有者已修改为 class1-manager，dir-class2 的所有者仍为 root。注意此处的-R 选项表示递归更改属性。

```
[root@client ~]# cd /tmp
[root@client tmp]# chown -R class1-manager/dir-class1
[root@client tmp]# ll -lh
总用量 2.2M
drwxr-xr-x. 4 class1-manager root    39 5月  29 12:01 dir-class1
drwxr-xr-x. 4 root           root    39 5月  29 12:03 dir-class2
```

图 6-12 改变文件所有者

由于使用了-R 选项，所以同时对该目录的子目录及文件的对应属性进行了设置，如图 6-13 所示，目录 dir-class1 的子目录 days-manage 和 grades 的所有者以及其文件 kaoqindan.xls 和 lixiaodan.xls 的所有者都设置为了用户 class1-manager。

```
[root@client tmp]# ll -lh ./dir-class1
总用量 0
drwxr-xr-x. 2 class1-manager root 48 5月  29 12:02 days-manage
drwxr-xr-x. 2 class1-manager root 61 5月  29 12:02 grades
[root@client tmp]# ll -lh ./dir-class1/days-manage/
总用量 0
-rw-r--r--. 1 class1-manager root 0 5月  29 12:02 kaoqindan.xls
-rw-r--r--. 1 class1-manager root 0 5月  29 12:02 lixiaodan.xls
```

图 6-13 查看文件所有者

6.4.4 改变文件所属组

6.4.3 小节使用命令 chown 改变了所有者，现在分别介绍使用命令 chgrp 和命令 chown 改变所属组。使用 chgrp 改变所属组的命令格式如下。

```
chgrp [选项] ... 组 文件...
```

根据表 6-2，将目录 dir-class1 及其子目录的所属组设置为 students-grp1。如图 6-14 所示，在/tmp 目录下执行命令 chgrp -R students-grp1 dir-class1，将目录 dir-class1 及其子目录和文件的所属组修改为 students-grp1。接着执行命令 ll，执行结果显示 dir-class1 的所属组已修改为 students-grp1，dir-class2 的所属组仍为 root。

```
[root@client tmp]# chgrp -R students-grp1 dir-class1
[root@client tmp]# ll
总用量 0
drwxr-xr-x. 4 class1-manager students-grp1 39 5月  29 12:01 dir-class1
drwxr-xr-x. 4 root           root          39 5月  29 12:03 dir-class2
```

图 6-14 改变文件所属组

由于使用了-R 选项，所以该目录的子目录及文件的对应属性也将同步更新，请读者自行查看。

除了可以使用 chgrp 命令修改文件所属组，还可以使用命令 chown 修改。如图 6-15 所示，执行命令 chown class2-manager:students-grp2 dir-class2，同时设置目录 dir-class2 的所有者和所属组分别为 class2-manager 和 students-grp2，但此处未使用选项-R，那么其子目录及文件属性都不会改变，请读者自行查看。如果仅需设置文件所属组，而不改变文件所有者，则此处可以省略 class2-manager 这个参数，但其后的冒号不能丢。

```
[root@client tmp]# chown class2-manager:students-grp2 dir-class2
[root@client tmp]# ll
总用量 0
drwxr-xr-x. 4 class1-manager students-grp1 39 5月  29 12:01 dir-class1
drwxr-xr-x. 4 class2-manager students-grp2 39 5月  29 12:03 dir-class2
```

图 6-15　chown 同时改变文件所有者和所属组

6.4.5　改变文件权限

改变所有者和所属组后，常常需要重新设置文件权限。改变文件权限的命令是 chmod，命令格式如下。

```
chmod [选项]... 模式[,模式]... 文件...
```

或

```
chmod [选项]... 八进制模式 文件...
```

Linux 文件的基本权限有 9 个，可以用英文字母或者数字来表示。根据前面知识点学习知道，各权限的字母和数字对照如下：r→4，w→2，x→1。每种身份（u、g、o）各自的 3 个权限（r、w、x）数字是要累加的。例如，当一个文件的权限为-rwxr-x---时，数字则是：

- u=rwx=4+2+1=7；
- g=r-x=4+0+1=5；
- o=---=0+0+0=0。

根据表 6-2 设置目录 dir-class1 的访问权限。因为涉及细分权限，所以首先使用命令 getfacl 确认目录现有权限，如图 6-16 所示，输出结果分析如下。

① # file: dir-class1 表示该目录的文件名为 dir- class1。

② # owner: class1-manager 表示目录所有者是 class1-manager。

③ # group: students-grp1 表示目录所属组是 students-grp1。

④ user::rwx 表示目录所有者是 class1-manager，且对该目录有 rwx 权限。

⑤ group::r-x 表示目录所属组是 students-grp1，且对该目录有 r-x 权限。

⑥ other::r-x 表示其他人对该目录有 r-x 权限。

```
[root@client tmp]# getfacl dir-class1
# file: dir-class1
# owner: class1-manager
# group: students-grp1
user::rwx
group::r-x
other::r-x
```

图 6-16　确认目录现有权限

为达成任务要求，可使用的权限设置的操作命令如表 6-5 所示。

表 6-5 权限设置的操作命令

目录	访问用户及权限	权限设置的操作命令
dir-class1	所有者：class1-manager（rwx）	与现有默认值一致，不用设置
dir-class1	所属组：students-grp1（r-x）	与现有默认值一致，不用设置
dir-class1	其他人：（rwt）	chmod -R o+w,o+t dir-class1
dir-class1	特殊用户：class1-monitor（rwx）	setfacl -R -m u:class1-monitor:rwx dir-class1
dir-class1	特殊组：teachers-grp1（rwx）	setfacl -R -m g:teachers-grp1:rwx dir-class1

在/tmp 目录下，按表 6-5 所示的操作命令完成设置后进行权限确认，如图 6-17 所示，具体分析如下。

```
[root@client tmp]# ll
总用量 0
drwxrwxrwt+ 4 class1-manager students-grp1 39 5月  30 00:34 dir-class1
drwxr-xr-x. 4 class2-manager students-grp2 39 5月  29 12:03 dir-class2
[root@client tmp]# getfacl dir-class1
# file: dir-class1
# owner: class1-manager
# group: students-grp1
# flags: --t
user::rwx
user:class1-monitor:rwx
group::r-x
group:teachers-grp1:rwx
mask::rwx
other::rwx

[root@client tmp]# getfacl dir-class1/days-manage/
# file: dir-class1/days-manage/
# owner: class1-manager
# group: students-grp1
# flags: --t
user::rwx
user:class1-monitor:rwx
group::r-x
group:teachers-grp1:rwx
mask::rwx
other::rwx
```

图 6-17 确认设置后的目录权限

执行命令 ll 的输出结果为 drwxrwxrwt+ 4 class1-manager students-grp1 39 5 月 30 00:34 dir-class1，其中 rwt+表示其他人已具备 rwt 权限，后面的+表示该目录设置了 ACL 权限，需要用 getfacl 命令进一步查看 ACL 权限。

执行命令 getfacl dir-class1 的输出结果 user:class1-monitor:rwx 表示已为用户 class1-monitor 设置了 rwx 权限；输出结果 group:teachers-grp1:rwx 表示已为组 teachers-grp1 设置了 rwx 权限。其余输出结果请读者自主进行类似分析。

前面按要求对目录进行了相关设置，并且在设置过程中使用了-R 选项，意味着该目录下的子目录及其文件都进行了相同设置。这和表 6-2 有不一致的地方，所以需要首先确认文件目前已有的权限，然后按要求进行设置。文件目前已有权限如图 6-18 所示。

为达成任务要求，可使用的权限设置的操作命令如表 6-6 所示。

```
[root@client tmp]# cd dir-class1
[root@client dir-class1]# cd days-manage/
[root@client days-manage]# ll
总用量 0
-rw-rwxrwT+ 1 class1-manager students-grp1 0 5月  30 00:34 kaoqindan.xls
-rw-rwxrwT+ 1 class1-manager students-grp1 0 5月  30 00:34 lixiaodan.xls
[root@client days-manage]# getfacl kaoqindan.xls
# file: kaoqindan.xls
# owner: class1-manager
# group: students-grp1
# flags: --t
user::rw-
user:class1-monitor:rwx
group::r--
group:teachers-grp1:rwx
mask::rwx
other::rw-
```

图 6-18　文件目前已有权限

表 6-6　权限设置的操作命令

文件	访问用户及权限	权限设置的操作命令
kaoqindan.xls	所有者：class1-manager（rw-）	与现有默认值一致，不用设置
kaoqindan.xls	所属组：students-grp1（r--）	与现有默认值一致，不用设置
kaoqindan.xls	其他人：other（r--）	chmod　0644 kaoqindan.xls 或 chmod　g-w,g-x,o-w,o-t kaoqindan.xls
kaoqindan.xls	特殊用户：class1-monitor（rw-）	setfacl　-m u:class1-monitor:rw- kaoqindan.xls
kaoqindan.xls	特殊组：teachers-grp1（rw-）	setfacl　-m g:teachers-grp1:rw- kaoqindan.xls

在/tmp/dir-class1/days-manage 目录下按表 6-6 所示的操作命令完成设置后进行权限确认，如图 6-19 所示。

```
[root@client days-manage]# getfacl kaoqindan.xls
# file: kaoqindan.xls
# owner: class1-manager
# group: students-grp1
user::rw-
user:class1-monitor:rw-
group::r--
group:teachers-grp1:rw-
mask::rw-
other::r--
```

图 6-19　确认设置后的文件权限

需要注意的是，在使用 chmod 进行权限设置时，既可以用数字表示法设置需要达到的权限值，也可以用字母表示法依据现有权限进行+、−或=的设置。

课堂练习 6-8：按任务描述创建组和用户，并设置相应权限，切换不同用户进行权限的测试、确认。

6.5　任务小结

通过本任务的学习和实践，读者可了解文件的属性，重点理解对于文件来讲，其访问者可以分为 3 类，包括所有者、所属组及其他人。每一个访问者对文件又拥有 3 种权限，包括 r、w、x。读者现在应该能够完成以下练习。

（1）利用权限掩码 umask 设置文件的默认权限。

（2）使用 chown 修改文件的所有者。

（3）使用 chown、chgrp 修改文件的所属组。

（4）使用 chmod 修改文件的权限。

（5）使用 setfacl 为特定组和用户设置文件权限。

6.6 课后习题

1. 填空题

（1）Linux 中文件的可读权限，可以用字母________表示，也可以用数字________表示。

（2）文件类型与权限值-rw-r-----。表示对于该文件，所有者有________权限，所属组有________权限，其他人________权限。

（3）在用命令 chmod 设置所有者时，使用字母________代表所有者。

（4）仅用于修改所属组的命令是________。

（5）某一目录的文件类型与权限值为 drwxrwxrwt+，其中最后的加号表明该目录除了设置了基本权限外，还设置了 ACL 权限。设置 ACL 权限的命令是________，查看 ACL 权限的命令是________。

2. 判断题

（1）Linux 中文件或目录在创建时会默认分配一定的权限，这个默认分配的权限和 umask 有关。（　　）

（2）chown -R testuser testdir 表示修改 testdir 目录及其子目录下的所有文件的所有者为 testuser。（　　）

（3）chown 和 chgrp 都需要超级管理员用户 root 才能执行。（　　）

（4）要删除一个文件，则该文件所在目录至少有 w 权限。（　　）

（5）chown 需要超级管理员用户 root 的权限才能执行此命令；chgrp 允许普通用户改变文件所属组，只要该用户是该组的一员。（　　）

3. 选择题

（1）Linux 文件类型与权限字段一共 11 位，中间 9 位每 3 位为 1 组，共分为 3 组，分别表示文件访问者的权限，请问第 3 组表示的是（　　）。

A. 特定用户的权限　　B. 所有者的权限
C. 所属组的权限　　D. 其他人的权限

（2）Linux 可以使用 chmod 命令为文件或目录赋予权限，文件的用户身份可分为（　　）。（多选）

A. 文件管理者　　B. 所有者　　C. 所属组　　D. 其他人

（3）执行命令 umask，查看到系统为用户设置的默认权限掩码为 0002，则用户新建目录时的默认权限是（　　）。

A. 644　　B. 755　　C. 664　　D. 775

（4）要同时改变文件的所有者和所属组，可以使用的命令是（　　）。

A. chmod　　B. umask　　C. chown　　D. chgrp

（5）文件 test 的访问权限为 rw-r-----，现要增加所属组的 w 权限，可使用的命令是（　　）。

A. chmod g+w test　　B. chmod u+w test
C. chmod o+w test　　D. chmod g+x test

任务 7 管理 Linux 中的进程和服务

大家平时在计算机中可能会安装各种软件，使用软件的不同功能。软件是程序和数据的集合，至少包含一个可运行的程序。进程是程序关于某数据集合的一次运行活动。一个运行的程序，可以有多个进程。例如，在 Linux 中，Apache 服务器（Web 服务器）通过安装相应的软件为用户提供 Web 服务。当有多个用户同时请求 Web 服务时，Apache 服务器就会创建多个 Web 进程，响应不同用户的 Web 应用请求。进程是操作系统资源分配的最小单位，每一个进程都有自己独立的地址空间和执行状态，因此，对进程进行管理是系统管理员非常重要的工作。

服务（Service），是常驻内存中的程序，通常负责提供系统功能以及执行用户的各项任务。系统的服务非常多，大致可分为系统服务和网络服务。常见的系统服务有 atd、crond 等；常见的网络服务有 Apache、Postfix 等，网络服务通常会启动一个负责监听的端口。服务可能包括多个进程，若干个进程也可能对应同一个服务。

7.1 学习目标

在熟练掌握 Linux 的基本操作后，对于系统和服务管理人员来说，学会使用 yum 命令安装及卸载软件，查看、监控和终止进程，同时对系统服务进行管理成了迫不及待之事。通过本任务的学习，可以达成以下学习目标。

（1）知识目标

- 掌握软件包管理器以及软件仓库的基本概念。
- 掌握进程和服务的基本概念。

（2）能力目标

- 能够使用 yum 命令进行软件的安装及卸载等操作。
- 能够查看、动态监控和终止进程。
- 能够使用 systemctl 工具启动、查看和停止服务。

（3）素养目标

通过合理规划并使用服务器资源，使 Linux 具有最优服务性能，促使学生养成良好的学习与工作习惯。

7.2 任务描述

当你使用 Linux 中的命令时，你有没有碰到过“command not found”这样的提示信息呢？这可能是因为你一不小心输错命令关键字了，还有可能是命令相关的软件包没有安装。本任务主要介绍使用 yum 命令在线安装软件包、管理进程和服务，步骤如下。

（1）使用 yum 安装、查询、卸载和更新软件。

（2）查看进程状态、动态监控进程和终止进程。

（3）启动、查看和停止服务。

由此，建议遵循图 7-1 所示的任务学习路径。

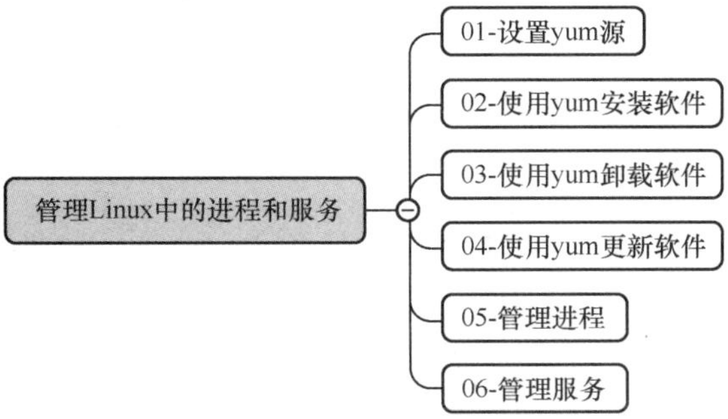

图 7-1　任务学习路径

7.3　相关知识

依据任务学习路径，首先要了解一些相关的基本知识，包括软件的安装方式、包管理器、软件仓库、进程、服务。

微课视频

yum 简介

7.3.1　软件的安装方式

在 Linux 中，主要有 3 种安装软件的方式。

（1）使用源代码安装，需要先对源代码进行编译，得到可执行的二进制文件，并且修改相关配置文件才能完成安装，复杂度较高。

（2）使用已经编译好的软件包进行安装，如 rpm 包，但是软件包之间存在依赖关系问题，有时安装一个软件需要同时安装其他很多相关软件才能保证该软件可正常使用。

（3）使用 yum 工具安装，既不需要了解源代码，也不需要考虑软件包的依赖关系，只需确认安装源即可，这是目前最常用的方式。

7.3.2　包管理器

近年来，虽然在 Linux 上安装程序变得越来越简单，但不同 Linux 发行版中软件的打包、安装以及管理等操作各不相同。为了更好地安装并管理软件，首先需要了解什么是包管理器。

包管理器可以帮助用户管理系统中的软件包，不需要手动处理依赖，以方便使用。各种 Linux 发行版分类的时候采用打包方式有明显的特征，如基于 Debian 的 Linux 发行版，常用的就是基于 dpkg（全称为 Debian Packager）的 apt（全称为 Advanced Packaging Tool）包管理器。其中，dpkg 是 Debian 家族的基础包管理工具；apt 是高级打包工具，也是 dkpg 包管理的前端工具。本书使用的是基于 Red Hat 的 CentOS 7，常用的是基于 rpm（全称为 RedHat Package Manager）的 yum（全称为 Yellow dog Updater Modifed）包管理器。其中，rpm 是 Red Hat 创建的标准打包格式和基础包管理系统；yum 是基于 rpm 包的 shell 前端软件包管理器，常称为 yum 工具，它能够从指定的软件仓库自动下载并安装 rpm 包，解决软件包之间的依赖关系，使用简单方便。如图 7-2 所示，mountsdb6 目录中存储的是 ISO 映像文件，其中 Packages 目录下有 4022 个 rpm 包，当使用本地软件仓库安装软件时将使用该目录下的部分 rpm 包。

```
[root@client mountsdb6]# ls
CentOS_BuildTag  EULA  images    LiveOS    repodata              RPM-GPG-KEY-CentOS-Testing-7
EFI              GPL   isolinux  Packages  RPM-GPG-KEY-CentOS-7  TRANS.TBL
[root@client mountsdb6]# ls -l ./Packages/ | grep "^-" | wc -l
4022
[root@client mountsdb6]# ls -l ./Packages/yum*
-rw-r--r--. 1 root root 1296152 5月  24 09:10 ./Packages/yum-3.4.3-161.el7.centos.noarch.rpm
-rw-r--r--. 1 root root   31312 5月  24 09:10 ./Packages/yum-langpacks-0.4.2-7.el7.noarch.rpm
-rw-r--r--. 1 root root   28348 5月  24 09:10 ./Packages/yum-metadata-parser-1.1.4-10.el7.x86_64.rpm
-rw-r--r--. 1 root root   31500 5月  24 09:10 ./Packages/yum-plugin-aliases-1.1.31-50.el7.noarch.rpm
-rw-r--r--. 1 root root   34984 5月  24 09:10 ./Packages/yum-plugin-changelog-1.1.31-50.el7.noarch.rpm
-rw-r--r--. 1 root root   34500 5月  24 09:10 ./Packages/yum-plugin-fastestmirror-1.1.31-50.el7.noarch.rpm
-rw-r--r--. 1 root root   31556 5月  24 09:10 ./Packages/yum-plugin-tmprepo-1.1.31-50.el7.noarch.rpm
-rw-r--r--. 1 root root   36476 5月  24 09:10 ./Packages/yum-plugin-verify-1.1.31-50.el7.noarch.rpm
-rw-r--r--. 1 root root   36584 5月  24 09:10 ./Packages/yum-plugin-versionlock-1.1.31-50.el7.noarch.rpm
-rw-r--r--. 1 root root  124108 5月  24 09:10 ./Packages/yum-utils-1.1.31-50.el7.noarch.rpm
```

图 7-2　Packages 目录中的 rpm 包

7.3.3　软件仓库

在使用 yum 工具安装或更新软件时，必须要了解 yum 源，即仓库。yum 可解决软件之间存在的依赖关系问题，其关键就在于 yum 源。yum 源是软件安装来源，用来存放软件列表信息和软件包。安装有依赖关系的软件时，yum 工具会根据 yum 源中定义好的路径查找依赖软件，并将依赖软件全部安装好。

在使用 yum 工具前必须先设置好软件仓库，也就是要让 yum 工具知道从哪里取得安装源进行安装。在操作系统安装时就会自动生成/etc/yum.repos.d/目录，并创建 7 个扩展名为.repo 的文件，虽然这些文件可以自由编辑且扩展名没有特定含义，但是扩展名必须是.repo，否则文件无法生效。每一个 repo 文件均定义了一个或者多个软件仓库的细节内容，比如从哪里下载需要安装或者升级的软件包。repo 文件中设置的内容会被 yum 工具读取和应用。如图 7-3 所示，在 CentOS 中，默认 CentOS-Base.repo 文件生效。

```
[root@client mountsdb6]# cd /etc/yum.repos.d/
[root@client yum.repos.d]# ls -lh
总用量 32K
-rw-r--r--. 1 root root 1.7K 11月 23 2018 CentOS-Base.repo
-rw-r--r--. 1 root root 1.3K 11月 23 2018 CentOS-CR.repo
-rw-r--r--. 1 root root  649 11月 23 2018 CentOS-Debuginfo.repo
-rw-r--r--. 1 root root  314 11月 23 2018 CentOS-fasttrack.repo
-rw-r--r--. 1 root root  630 11月 23 2018 CentOS-Media.repo
-rw-r--r--. 1 root root 1.3K 11月 23 2018 CentOS-Sources.repo
-rw-r--r--. 1 root root 5.6K 11月 23 2018 CentOS-Vault.repo
```

图 7-3　repo 文件

7.3.4　进程

微课视频

进程和服务的基本概念

进程是应用程序的可执行实例，也就是运行起来的程序。程序是包含可执行代码的静态文件，而进程是由程序运行产生的，且动态运行着并占用系统资源。Linux 是多任务、多用户的操作系统，允许多个用户在同一时间发出多条命令，每运行一条命令，就会至少产生一个进程。

Linux 是多进程操作系统，每一个进程都是独立的，都使用相应的权限调用系统的 CPU、内存等资源以完成自己的任务。因此，在 Linux 中，每一个进程都有唯一的进程标识符（Process Identification，PID），也称为进程号。PID 是一个 1～32768 中的正整数，其中，PID=1 的进程是系统启动的第一个进程，该进程为 systemd，是唯一由系统内核直接运行的进程。新进程可以由系统调用产生，也可以从已经存在的进程中产生，新进程为子进程，原进程为父进程。进程在 Linux 中呈树状结构，初始进程为根，其他进程均有父进程。

操作系统启动后，初始进程 systemd 会创建 login 进程等待用户登录系统，login 进程是 systemd 进程的子进程。在用户登录系统后，login 进程就会启动 shell 进程，shell 进程是 login 进程的子进程，之后用户运行的进程都是由 shell 进程衍生出来的。如图 7-4 所示，通过命令 pstree -p 可以查看进程关系。目前，系统中的进程有很多，注意到父进程 systemd，PID 为 1，该进程号固定不变；子进程 login，PID=1796，该进程号是可变化的；子进程 login 还有下一级子进程 bash，也就是由 login 进程启动的 shell 进程，CentOS 7 默认的 shell 是 bash，其 PID 为 1829，该进程号也是可变化的。

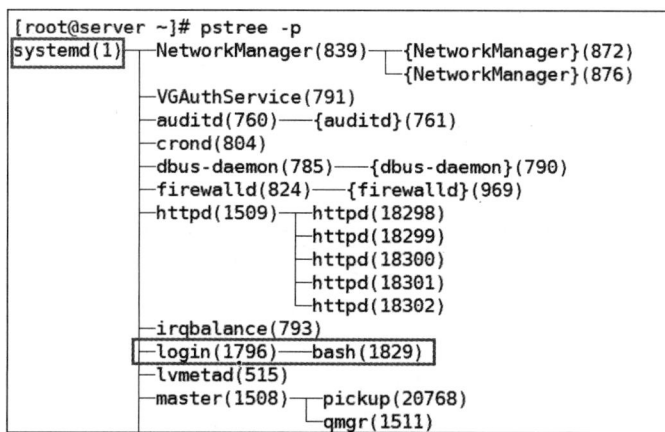

```
[root@server ~]# pstree -p
systemd(1)─┬─NetworkManager(839)─┬─{NetworkManager}(872)
           │                     └─{NetworkManager}(876)
           ├─VGAuthService(791)
           ├─auditd(760)───{auditd}(761)
           ├─crond(804)
           ├─dbus-daemon(785)───{dbus-daemon}(790)
           ├─firewalld(824)───{firewalld}(969)
           ├─httpd(1509)─┬─httpd(18298)
           │             ├─httpd(18299)
           │             ├─httpd(18300)
           │             ├─httpd(18301)
           │             └─httpd(18302)
           ├─irqbalance(793)
           ├─login(1796)───bash(1829)
           ├─lvmetad(515)
           ├─master(1508)─┬─pickup(20768)
           │              └─qmgr(1511)
```

图 7-4　查看进程关系

进程一般可分为 3 种类型：交互进程、批处理进程和守护进程。交互进程，是由 shell 启动的进程，可以在前台运行，也可以在后台运行；批处理进程，与终端无关，是一个进程序列；守护进程，也称为监控进程，是系统启动时运行的进程，该进程常驻后台，没有控制终端，也可称为服务，如 httpd 就是 Apache 服务器的守护进程。

进程可分 3 种状态：运行状态、就绪状态和阻塞状态。运行状态，是指实际占用 CPU 等资源的状态；就绪状态，是指除 CPU 以外所有资源都已准备就绪的状态；阻塞状态，是指在运行过程中由于需要请求外部资源而无法继续执行，等待所需资源的状态。

7.3.5　服务

在网络服务器软件安装配置后，通常由运行在后台的守护进程执行，守护进程也称为服务，它不与用户交互，通常以 d 结尾。系统通常在启动时开启守护进程以响应网络请求、硬件活动等。守护进程在后台时刻监听客户端的服务请求，一旦客户端发出服务请求，守护进程就为其提供相应的服务。

CentOS 7 使用 systemd 作为初始进程，负责在系统启动或运行时，激活系统资源和其他进程。systemd 最重要的命令行工具是 systemctl，主要负责控制 systemd 系统和服务管理器。

7.4　任务实施

任务实施主要内容如图 7-5 所示。

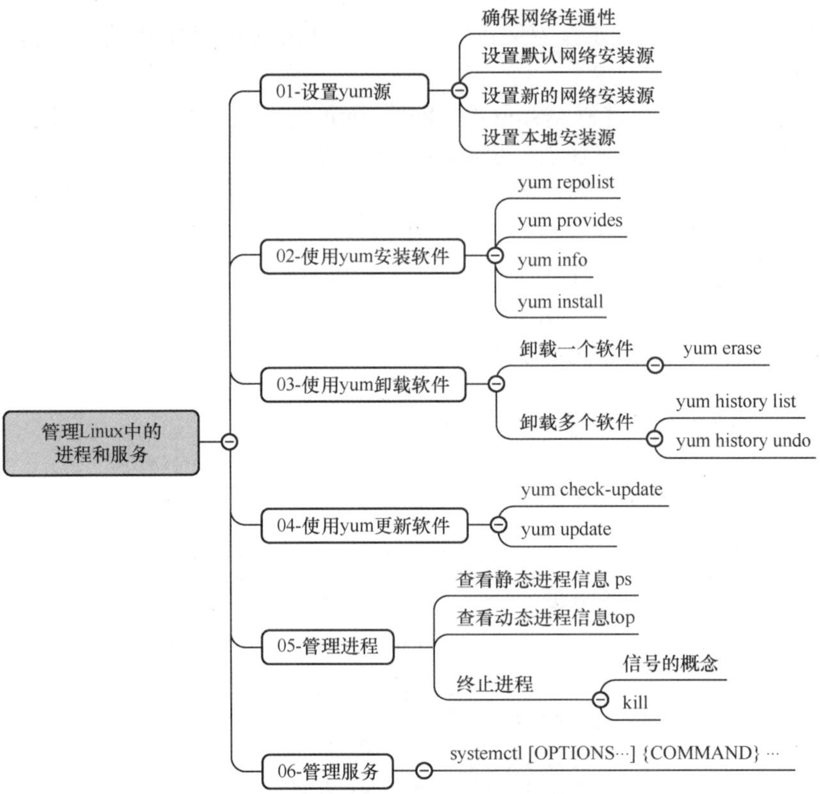

图 7-5　任务实施主要内容

7.4.1　设置 yum 源

微课视频

设置 yum 本地源

微课视频

设置 yum 网络源

想必大家都在 Windows 系统中安装过软件，比如安装办公软件 WPS、安装网络聊天工具 QQ 等，一般通过网络管理维护人员获取到安装包，或者从互联网找到安装包，进行下载安装或者直接在线安装。同样地，在 Linux 中安装软件的前提是获取到安装包。

本小节主要介绍安装包的两种获取方式，分别是通过本地安装源获取和通过网络安装源获取。本地安装源可通过 CentOS-Media.repo 文件进行设置；网络安装源可通过 CentOS-Base.repo 文件进行设置，或者从互联网下载相应的 repo 文件使用。

下面从 4 个步骤说明如何通过设置安装源获取安装包。

1．确保网络连通性

使用 yum 工具安装软件之前，需要确认安装源是本地安装源还是网络安装源。如果是网络安装源，必须确保计算机正常连接网络，因此，需要测试网络的连通性。使用 ifconfig 命令查看计算机的网络连接信息，同时使用 ping 命令测试是否与网络相连。执行命令 ping -n 5 www.baidu.com，当看到输出为“5 packets transmitted, 5 received, 0% packet loss”，表示该计算机和网络正常连接，否则，需要根据任务 3 排除故障。

2．设置默认网络安装源

使用 cat 命令查看默认的网络安装源文件/etc/yum.repos.d/CentOS-Base.repo，该文件内容中以#开头的前 11 行都是文件的注释说明内容。接下来是以[base]、[updates]、[extras]以及[centosplus]开头的几部分内容，每一部分都代表一个仓库。如图 7-6 所示，以[centosplus]仓库为例，对参数进行说明。

① [ ]：仓库的名字，任意两个仓库名字不可相同，此处仓库名字为 centosplus。

② name：仓库的描述。

③ mirrorlist：yum 工具默认使用的映像服务器地址列表，默认值是 CentOS 官网地址。

④ baseurl：指定的基地址，源的映像服务器地址，前面加#表示注释说明。

⑤ gpgcheck：对下载的 rpm 是否进行 gpg 校验。

⑥ enabled：指定该仓库配置是否生效，默认为 1 表示启用，0 表示不启用。

⑦ gpgkey：用于 gpg 校验的密钥。

```
#additional packages that extend functionality of existing packages
[centosplus]
name=CentOS-$releasever - Plus
mirrorlist=http://mirrorlist.centos.org/?release=$releasever&arch=$basearch&repo=centosplus&infra=$infra
#baseurl=http://mirror.centos.org/centos/$releasever/centosplus/$basearch/
gpgcheck=1
enabled=0
gpgkey=file:///etc/pki/rpm-gpg/RPM-GPG-KEY-CentOS-7
```

图 7-6　[centosplus]仓库设置

enabled 参数对仓库文件的设置起到了关键作用，所以特别需要关注。在 CentOS-Base.repo 文件中除了 centosplus 仓库设置了 enabled=0，表示禁用该仓库，其余几个仓库都没有设置该参数，也就是默认为 1，表示 base、updates 和 extras 仓库是启用的。

由于 CentOS 官网地址不在国内，所以在企业生产环境中通常会修改 baseurl 地址为国内常用映像服务器地址。如图 7-7 所示，注释了 mirrorlist 地址，而把仓库的 baseurl 地址设置为了国内常用的 aliyun 映像服务器地址。

```
#mirrorlist=http://mirrorlist.centos.org/?release=$releasever&arch=$basearch&r
epo=os&infra=$infra
baseurl=http://mirror.aliyun.com/centos/$releasever/os/$basearch/
```

图 7-7　修改仓库的 baseurl 地址

需要注意以下内容。

① 修改完 repo 文件后，需要执行命令 yum clean all 清除缓存，然后用命令 yum makecache 重建 yum 缓存，从而以便后续使用 yum 安装软件时加快安装速度。

② 第一次修改 CentOS-Base.repo 文件时，建议先备份该文件再修改，以免无法恢复该文件导致 yum 安装源设置失效。

课堂练习 7-1：请备份默认的网络安装源文件，并确认其存储位置。

3. 设置新的网络安装源

在实际生产环境中，虽然安装完 CentOS 操作系统后，yum 源就已经默认配置好，但大部分人还是习惯使用安全性及可靠性更高的国内映像源，现在开始设置新的网络安装源。

① 如图 7-8 所示，在/etc/yum.repos.d 目录下，使用命令 mkdir backup 创建备份目录 backup。

```
[root@client yum.repos.d]# mkdir backup
[root@client yum.repos.d]# mv C* ./backup/
[root@client yum.repos.d]# ll
总用量 0
drwxr-xr-x. 2 root root 187 5月  31 09:08 backup
```

图 7-8　备份 repo 文件

② 使用命令 mvC* ./backup/把所有 repo 文件移动过去，此时该目录下无可用的 repo 文件。

③ 从网络直接下载新的 repo 文件。图 7-9 所示为网易开源映像站（其他国内常用的有清华大学、中科大、阿里云等开源映像站），找到对应的发行版操作系统，使用帮助文件，此处打开“centos 使用帮助”查看文件说明，如图 7-10 所示。首先使用命令 mv 完成原 repo 文件的备份，然后用鼠标右键单击对应的 CentOS 版本，在弹出的快捷菜单中选择“复制链接地址”，注意下载地址并不是一成不变的，每次使用前都需要确认。

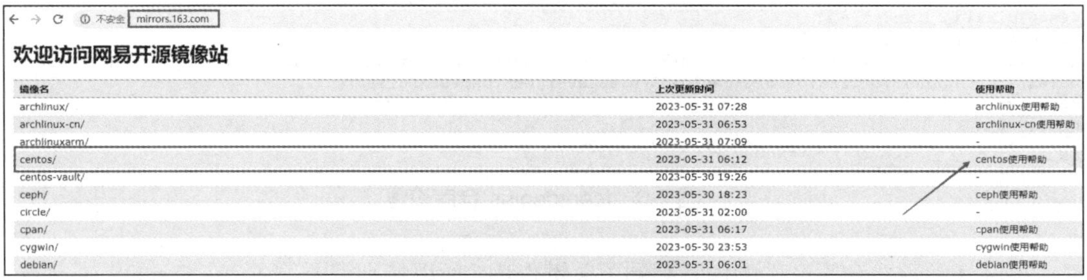

图 7-9　访问网易开源映像站

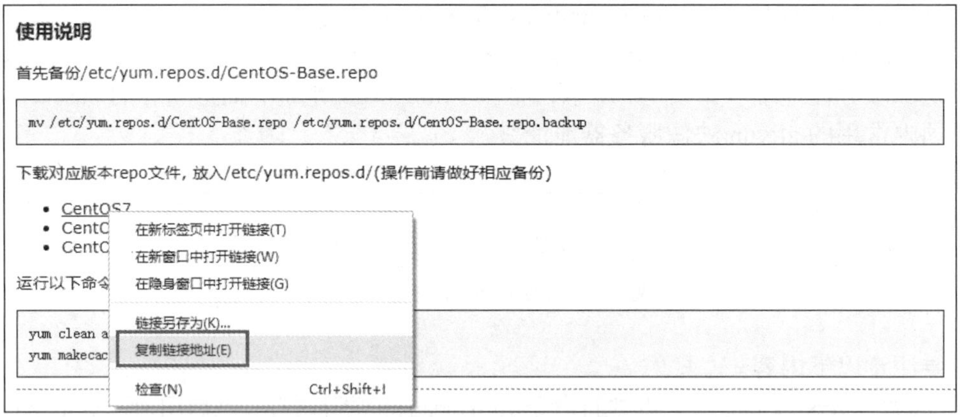

图 7-10　确认 repo 文件的链接地址

④ 回到 Linux 命令行窗口，如图 7-11 所示，使用命令 wget 下载 repo 文件。根据提示下载完成后，使用命令 ls -l 确认文件已下载，默认文件名为 CentOS7-Base-163.repo。该文件可以重命名，但一定以.repo 结尾。

⑤ 使用命令 cat 查看文件内容，图 7-12 所示的是 repo 文件中定义的[base]仓库的相关信息，从 baseurl 值可以看到现在设置的 yum 源使用的是网易映像地址。

⑥ 使用命令 yum clear all 清除缓存，然后使用命令 yum makecache 新建缓存。新建缓存过程中因网络原因或者本身服务器源的问题，有可能会出现部分映像加载失败的情况，这属于正常现象。后续安装软件时如果失败再考虑使用别的安装源，否则可以忽略该情况。

```
[root@client yum.repos.d]# wget http://mirrors.163.com/.help/CentOS7-Base-163.repo
--2023-05-31 09:39:10--  http://mirrors.163.com/.help/CentOS7-Base-163.repo
正在解析主机 mirrors.163.com (mirrors.163.com)... 60.191.80.11
正在连接 mirrors.163.com (mirrors.163.com)|60.191.80.11|:80... 已连接。
已发出 HTTP 请求，正在等待回应... 200 OK
长度：1572 (1.5K) [application/octet-stream]
正在保存至: " CentOS7-Base-163.repo"

100%[=========================================================>] 1,572       --.-K/s 用时 0s

2023-05-31 09:39:16 (73.2 MB/s) - 已保存 " CentOS7-Base-163.repo" [1572/1572])

[root@client yum.repos.d]# ls -l
总用量 4
drwxr-xr-x. 2 root root  187 5月  31 09:08 backup
-rw-r--r--. 1 root root 1572 12月  1 2016 CentOS7-Base-163.repo
```

图 7-11 下载网易开源映像站中 CentOS 7 的 repo 文件

```
[base]
name=CentOS-$releasever - Base - 163.com
#mirrorlist=http://mirrorlist.centos.org/?release=$releasever&arch=$basearch&repo=os
baseurl=http://mirrors.163.com/centos/$releasever/os/$basearch/
gpgcheck=1
gpgkey=http://mirrors.163.com/centos/RPM-GPG-KEY-CentOS-7
```

图 7-12 网易 yum 源

课堂练习 7-2： 请为虚拟机 server 下载网易映像源作为新的网络安装源。

4. 设置本地安装源

在网络正常的情况下，通常使用网络安装源，方便快捷，易于更新，如果没有网络或者在网络不正常的情况下可以使用本地安装源。使用本地安装源时，通常通过编辑 CentOS-Media.repo 设置本地仓库。如图 7-13 所示，修改文件中 baseurl 的值为本地存放 rpm 包的地址，修改 enabled 的值为 1。

```
[c7-media]
name=CentOS-$releasever - Media
baseurl=file:///mnt/mountsdb6/
gpgcheck=1
enabled=1
gpgkey=file:///etc/pki/rpm-gpg/RPM-GPG-KEY-CentOS-7
```

图 7-13 编辑 CentOS-Media.repo 文件

编辑完该文件后保存并退出，然后执行命令 yum clean all 清除原有的 yum 元数据缓存，最后执行 yum makecache 新建缓存，结果如图 7-14 所示，可以看到新的 yum 元数据缓存已建立。

```
[root@client yum.repos.d]# yum makecache
已加载插件：fastestmirror, langpacks
Determining fastest mirrors
c7-media                              | 3.6 kB     00:00
(1/4): c7-media/group_gz                | 166 kB     00:00
(2/4): c7-media/primary_db              | 3.1 MB     00:02
(3/4): c7-media/filelists_db            | 3.2 MB     00:03
(4/4): c7-media/other_db                | 1.3 MB     00:00
元数据缓存已建立
```

图 7-14 yum makecache 建立元数据缓存

课堂练习 7-3：请使用任务 4 中复制到新添加硬盘的分区中的光盘内容作为本地源。

微课视频

yum 查询与缓存

微课视频

yum 安装与卸载

7.4.2　使用 yum 安装软件

设置好 yum 源后，就可以使用 yum 安装软件。yum 的命令格式如下。

```
yum [options] COMMAND
```

读者可在命令行窗口使用命令 yum help 查看命令具体的 options 和 COMMAND，options 最常用的一个选项是“-y, --assumeyes”，表示回答全部问题为是。表 7-1 列出了部分常用的 COMMAND。

表 7-1　部分常用的 COMMAND

COMMAND	描述
check-update	检查是否有可用的软件包更新
clean	删除缓存数据
erase	从系统中移除一个或多个软件包
history	显示或使用事务历史
info	显示关于软件包或组的详细信息
install	向系统中安装一个或多个软件包
list	列出一个或一组软件包
makecache	创建元数据缓存
provides	查找提供指定内容的软件包
repolist	显示已配置的源
search	在软件包详细信息中搜索指定字符串
update	更新系统中的一个或多个软件包

如图 7-15 所示，在虚拟机 server 中使用命令 wget 下载 repo 文件，出现提示“wget: command not found”，表示在该虚拟机上还未安装 wget 相关的软件，接下来进行该软件的查询与安装。

```
[root@server ~]# wget http://mirrors.163.com/.help/CentOS7-Base-163.repo
-bash: wget: command not found
```

图 7-15　执行 wget 命令

（1）查询已配置的源

如图 7-16 所示，执行命令 yum repolist，显示已配置的 3 个仓库分别为 base、extras 和 updates。它们是中科大开源映像站、华为云开源映像站和北京外国语大学开源映像站。请读者根据链接地址访问查看。

（2）查找提供指定内容的软件包

如图 7-17 所示，执行命令 yum provides wget，在现在的软件仓库中，查找到提供的 wget 软件包为 wget-1.14-18.el7_6.1.x86_64，是由 base 仓库提供的。

```
[root@server ~]# yum repolist
Loaded plugins: fastestmirror
Repodata is over 2 weeks old. Install yum-cron? Or run: yum makecache fast
Determining fastest mirrors
 * base: mirrors.ustc.edu.cn
 * extras: mirrors.huaweicloud.com
 * updates: mirrors.bfsu.edu.cn
repo id                          repo name                          status
!base/7/x86_64                   CentOS-7 - Base                    10,072
!extras/7/x86_64                 CentOS-7 - Extras                     515
!updates/7/x86_64                CentOS-7 - Updates                  4,300
repolist: 14,887
```

图 7-16　确认已配置的 yum 源

```
[root@server ~]# yum provides wget
Loaded plugins: fastestmirror
Repodata is over 2 weeks old. Install yum-cron? Or run: yum makecache fast
Loading mirror speeds from cached hostfile
 * base: mirrors.ustc.edu.cn
 * extras: mirrors.huaweicloud.com
 * updates: mirrors.bfsu.edu.cn
wget-1.14-18.el7_6.1.x86_64 : A utility for retrieving files using the HTTP or FTP
                            : protocols
Repo        : base
```

图 7-17　查找提供 wget 的软件包

（3）显示关于软件包或组的详细信息

如图 7-18 所示，执行命令 yum info wget，显示 wget 软件包的一系列相关信息。其中 Available Packages 表示这是可用的但还未安装的软件包；Installed Packages 表示这是已安装的软件包。Name、Arch、Version、Release、Size、Repo 等描述了 wget 软件包的名称、适用架构、版本号、发行版、软件大小、仓库名称等信息。

```
[root@server ~]# yum info wget
Loaded plugins: fastestmirror
Repodata is over 2 weeks old. Install yum-cron? Or run: yum makecache fast
Loading mirror speeds from cached hostfile
 * base: mirrors.ustc.edu.cn
 * extras: mirrors.huaweicloud.com
 * updates: mirrors.bfsu.edu.cn
Available Packages
Name        : wget
Arch        : x86_64
Version     : 1.14
Release     : 18.el7_6.1
Size        : 547 k
Repo        : base/7/x86_64
Summary     : A utility for retrieving files using the HTTP or FTP protocols
URL         : http://www.gnu.org/software/wget/
License     : GPLv3+
```

图 7-18　软件包 wget 的详细信息

（4）安装软件

执行命令 yum -y install wget，其中选项-y 表示不询问直接安装软件，如果不用该选项，安装过程中会有交互确认。如图 7-19 所示，使用 yum 命令安装该软件时会进行一个依赖包的查询确认过程，当前 Dependencies Resolved 的输出为空，表示不需要安装依赖包，因此，Installing 处安装仅显示了 wget。在接下来的 Transaction Summary（已处理信息）的提示中确认共安装了一个软件，Complete!表示安装完成。

如图 7-20 所示，已可以正常使用 wget 下载 repo 文件，确认该软件安装成功。

```
[root@server ~]# yum -y install wget
Loaded plugins: fastestmirror
Loading mirror speeds from cached hostfile
 * base: mirrors.ustc.edu.cn
 * extras: mirrors.huaweicloud.com
 * updates: mirrors.bfsu.edu.cn
base                                                    | 3.6 kB  00:00:00
extras                                                  | 2.9 kB  00:00:00
updates                                                 | 2.9 kB  00:00:00
updates/7/x86_64/primary_db                             |  21 MB  00:00:09
Resolving Dependencies
--> Running transaction check
---> Package wget.x86_64 0:1.14-18.el7_6.1 will be installed
--> Finished Dependency Resolution

Dependencies Resolved

=====================================================================================
 Package          Arch            Version                   Repository          Size
=====================================================================================
Installing:
 wget             x86_64          1.14-18.el7_6.1           base               547 k

Transaction Summary
=====================================================================================
Install  1 Package

Total download size: 547 k
Installed size: 2.0 M
Downloading packages:
wget-1.14-18.el7_6.1.x86_64.rpm                         | 547 kB  00:00:00
Running transaction check
Running transaction test
Transaction test succeeded
Running transaction
  Installing : wget-1.14-18.el7_6.1.x86_64                                       1/1
  Verifying  : wget-1.14-18.el7_6.1.x86_64                                       1/1

Installed:
  wget.x86_64 0:1.14-18.el7_6.1

Complete!
```

图 7-19　安装 wget

```
[root@server ~]# wget http://mirrors.163.com/.help/CentOS7-Base-163.repo
--2023-06-02 10:58:00--  http://mirrors.163.com/.help/CentOS7-Base-163.repo
Resolving mirrors.163.com (mirrors.163.com)... 60.191.80.11
Connecting to mirrors.163.com (mirrors.163.com)|60.191.80.11|:80... connected.
HTTP request sent, awaiting response... 200 OK
Length: 1572 (1.5K) [application/octet-stream]
Saving to: ' CentOS7-Base-163.repo'

100%[=============================================================>] 1,572

2023-06-02 10:58:00 (192 MB/s) - ' CentOS7-Base-163.repo' saved [1572/1572]
```

图 7-20　执行 wget 命令

课堂练习 7-4：请安装软件 bash-completion。

7.4.3　使用 yum 卸载软件

在虚拟机 server 中使用命令 yum list installed 查询已安装软件，因为系统中已安装软件较多，这里不具体列出。如图 7-21 所示，执行命令 yum list installed | grep net*，查询系统中已安装的名字中包含 net 的软件，发现在虚拟机 server 中安装了网络工具软件 net-tools.x86_64，如果读者的虚拟机中没有该软件，可以先按 7.4.2 小节的方式安装。接下来卸载该软件。

```
[root@server ~]# yum list installed | grep net*
dracut-network.x86_64          033-535.el7                    @anaconda
kernel.x86_64                  3.10.0-862.el7                 @anaconda
kernel-tools.x86_64            3.10.0-862.el7                 @anaconda
kernel-tools-libs.x86_64       3.10.0-862.el7                 @anaconda
libdnet.x86_64                 1.12-13.1.el7                  @anaconda
libnetfilter_conntrack.x86_64  1.0.6-1.el7_3                  @anaconda
libnfnetlink.x86_64            1.0.1-4.el7                    @anaconda
libpipeline.x86_64             1.2.3-3.el7                    @anaconda
net-tools.x86_64               2.0-0.25.20131004git.el7       @base
newt.x86_64                    0.52.15-4.el7                  @anaconda
newt-python.x86_64             0.52.15-4.el7                  @anaconda
perl-Test-Harness.noarch       3.28-3.el7                     @base
pinentry.x86_64                0.8.1-17.el7                   @anaconda
readline.x86_64                6.2-10.el7                     @anaconda
tuned.noarch                   2.9.0-1.el7                    @anaconda
```

图 7-21 查询已安装的指定软件

（1）从系统中卸载一个软件

如果安装软件包时，没有同时安装依赖包，那么此时只需要执行命令 yum erase 即可卸载该软件。执行命令 yum erase net-tools 卸载网络工具软件，此时使用 ifconfig、netstat 以及 route 等命令，都会提示 command not found 或者 No such file or directory。

（2）从系统中卸载多个软件

如图 7-22 所示，执行命令 yum install -y httpd，安装 httpd 软件，发现除了安装了 httpd 软件包以外，还安装了 4 个依赖包，分别是 apr、apr-util、httpd-tools 和 mailcap。

```
Installed:
  httpd.x86_64 0:2.4.6-99.el7.centos.1

Dependency Installed:
  apr.x86_64 0:1.4.8-7.el7                              apr-util.x86_64 0:1.5.2-6.el7_9.1
  httpd-tools.x86_64 0:2.4.6-99.el7.centos.1            mailcap.noarch 0:2.1.41-2.el7

Complete!
```

图 7-22 安装 httpd 及其依赖包

这种情况下如果仅用命令 yum erase httpd，卸载的仅是 httpd 软件包，而其余 4 个依赖包仍将保留在系统中，因此需要使用命令 yum erase 一个一个地卸载，这对实际生产场景中的软件卸载工作非常不友好。如果希望使用一条命令完成相关依赖包的一次性卸载，那么可以使用 yum history。如图 7-23 所示，使用命令 yum history list 查看 yum 事务历史，发现刚执行的 yum install -y httpd 是 ID=11 的一个事务，并且该事务对软件包的变更数（Altered）为 5，也就是 Action(s)提示的安装（Install）了 5 个软件。

```
[root@server ~]# yum history list
Loaded plugins: fastestmirror
ID     | Login user               | Date and time    | Action(s)      | Altered
-------------------------------------------------------------------------------
    11 | root <root>              | 2023-06-02 11:54 | Install        |    5
```

图 7-23 查看 yum 事务历史

注意：这里可以用 yum history，输入空格后按 Tab 键两次，查看该命令可以使用的关键字及参数。如果按 Tab 键后没有输出，可以先执行命令 yum install -y bash-competion，表示安装 bash 中的命令补全工具，该工具安装后需要用户退出系统重新登录使 bash 配置生效。接着如图 7-24 所示，执行命令 yum history undo 11，可以删除 httpd 及其依赖包。

课堂练习 7-5：根据学习过程中的需要，可以先安装一个你想用的软件，如 wget，然后卸载该软件。

```
Removed:
  apr.x86_64 0:1.4.8-7.el7                          apr-util.x86_64 0:1.5.2-6.el7_9.1
  httpd.x86_64 0:2.4.6-99.el7.centos.1              httpd-tools.x86_64 0:2.4.6-99.el7.centos.1
  mailcap.noarch 0:2.1.41-2.el7

Complete!
```

图 7-24　卸载 httpd 及其依赖包

7.4.4　使用 yum 更新软件

大家使用手机或者计算机的过程中，经常会有操作系统的更新提示。软件的更新可能更加频繁，软件的每一次更新都是为了提高性能。如何把系统中旧版本的软件更新为新版本呢？在 CentOS 中，可以使用 yum update 进行软件的更新操作。

（1）查看可更新的软件

执行命令 yum check-update，输出结果列出了系统中所有可更新的软件，如图 7-25 所示。由于可更新软件包众多，这里仅展示两个，其中 NetworkManager 大家应该比较熟悉，是在任务 3 中用来管理网络连接配置的一个工具，接下来对该软件进行更新。

```
[root@server ~]# yum check-update
Loaded plugins: fastestmirror
Loading mirror speeds from cached hostfile
 * base: mirrors.ustc.edu.cn
 * extras: mirrors.huaweicloud.com
 * updates: mirrors.bfsu.edu.cn

GeoIP.x86_64                                        1.5.0-14.el7
NetworkManager.x86_64                               1:1.18.8-2.el7_9
```

图 7-25　查询系统中所有可用的软件更新

（2）更新指定软件

如图 7-26 所示，执行命令 yum info NetworkManager，查看系统中 NetworkManager 的相关信息，输出结果显示该软件已安装版本（Installed Packages）为 1.10.2，可更新版本（Available Packages）为 1.18.8。

```
[root@server ~]# yum info NetworkManager
Loaded plugins: fastestmirror
Loading mirror speeds from cached hostfile
 * base: mirrors.ustc.edu.cn
 * extras: mirrors.huaweicloud.com
 * updates: mirrors.bfsu.edu.cn
Installed Packages
Name        : NetworkManager
Arch        : x86_64
Epoch       : 1
Version     : 1.10.2
Release     : 13.el7
Size        : 5.0 M
Repo        : installed
From repo   : anaconda
Summary     : Network connection manager and user applications
URL         : http://www.gn***.org/projects/NetworkManager/
License     : GPLv2+
Description : NetworkManager is a system service that manages network interfaces and
            : connections based on user or automatic configuration. It supports
            : Ethernet, Bridge, Bond, VLAN, Team, InfiniBand, Wi-Fi, mobile broadband
            : (WWAN), PPPoE and other devices, and supports a variety of different VPN
            : services.

Available Packages
Name        : NetworkManager
Arch        : x86_64
Epoch       : 1
Version     : 1.18.8
```

图 7-26　查询系统中指定软件信息

如图 7-27 所示，执行命令 yum update NetworkManager，用 1.18.8 版替换 1.10.2 版，输出显示不仅更新了 NetworkManager，还同步更新了 4 个相关依赖包。更新后执行命令 yum info NetworkManager，输出结果显示该软件已安装版本为 1.18.8，没有可更新版本。

注意：命令 yum update 用于更新所有可更新的软件，一定要慎用，因为执行这条命令可能连同操作系统也一起更新了，所以通常使用 yum update 软件包名称命令更新指定的软件。

```
[root@server ~]# yum update NetworkManager
Updated:
  NetworkManager.x86_64 1:1.18.8-2.el7_9

Dependency Updated:
  NetworkManager-libnm.x86_64 1:1.18.8-2.el7_9
  NetworkManager-team.x86_64 1:1.18.8-2.el7_9
  NetworkManager-tui.x86_64 1:1.18.8-2.el7_9
  glib2.x86_64 0:2.56.1-9.el7_9

Complete!
[root@server ~]# yum info NetworkManager
Loaded plugins: fastestmirror
Loading mirror speeds from cached hostfile
 * base: mirrors.ustc.edu.cn
 * extras: mirrors.huaweicloud.com
 * updates: mirrors.bfsu.edu.cn
Installed Packages
Name        : NetworkManager
Arch        : x86_64
Epoch       : 1
Version     : 1.18.8
```

图 7-27 更新并确认指定软件

课堂练习 7-6：查询虚拟机 server 中可更新的软件有哪些，并选择一个常用的软件对其进行更新。

微课视频

管理进程

7.4.5 管理进程

在 Linux 运行过程中，系统维护人员经常需要查看进程，以了解系统是否处于健康状态。因此，查看进程、终止非正常进程都是系统维护人员必须要掌握的技能。表 7-2 所示是常用进程操作命令。

表 7-2 常用进程操作命令

命令	作用
ps	查看进程（查看命令使用帮助：ps --help all）
pstree	以树状结构显示各进程之间的父子关系
top	监视进程和 Linux 整体性能，主要监视动态进程
kill	通过进程 PID 终止进程，通常和 ps 命令配合使用
pkill	直接通过进程名字终止所有进程，和 killall 一致

1. 查看静态进程信息

在 CentOS 7 中可以通过 ps 命令查看系统静态进程，命令格式如下。

```
ps [options]
```

options 包括基本选项以及可选选项，且有些选项之前需要加“-”，有些选项直接使用小写字母，这些都可以在命令使用帮助说明中进一步了解。表 7-3 给出了 ps 命令的常用选项。

表 7-3 ps 命令的常用选项

选项	说明
-A、-e	显示全部进程
-f	以完整格式显示进程
a	显示所有终端的进程，包括其他用户的进程
u	以用户名为主显示进程
x	显示不受终端控制的进程

常用的选项组合为 ps aux 和 ps -ef，如图 7-28 所示，它们都是显示系统进程的命令，两者没有太大的差别，只是输出风格不同。使用选项 aux 显示的是早期 UNIX 系统中的 BSD 风格，使用选项-ef 显示的是标准格式。

```
[root@server ~]# ps aux
USER       PID %CPU %MEM    VSZ   RSS TTY      STAT START   TIME COMMAND
root         1  0.0  0.1 127952  6604 ?        Ss   Jun02   0:04 /usr/lib/systemd/systemd --switched-root --system --deserialize 22
```

```
[root@server ~]# ps -ef
UID        PID  PPID  C STIME TTY          TIME CMD
root         1     0  0 Jun02 ?        00:00:04 /usr/lib/systemd/systemd --switched-root --system --deserialize 22
```

图 7-28　输出内容及格式

关注输出结果中的 3 个参数值，分别是 TTY、STAT 和 COMMAND（CMD），它们的含义如下。

（1）TTY 表示进程的控制终端，如果显示“？”，则表示该进程与控制终端无关，否则会显示具体的控制终端。

（2）STAT 表示进程的运行状态，主要有以下几种。

① D：不可中断的休眠状态。

② R：执行中。

③ S：静止状态。

④ T：暂停执行。

⑤ Z：僵尸状态。

⑥ W：没有足够的内存可分配。

⑦ <：高优先级进程。

⑧ N：低优先级进程。

（3）COMMAND 表示执行的命令。

如图 7-28 所示，由于执行命令 ps aux 和 ps -ef 后输出结果较多，这里都只显示 PID=1 的进程，即系统进程 systemd，该进程也是所有其他进程的父进程。输出结果中 USER 列和 UID 列表示的是启动进程的用户名或 ID 号，值“root”表示启动系统进程 systemd 的用户为 root；TTY 列值为“？”表示该进程与控制终端无关，自开机时就始终运行；COMMAND 列和 CMD 列值为“/usr/lib/systemd/systemd”，后面还有一些参数和选项，表示进程运行的命令。

当系统中运行的进程较多时，可使用管道操作符和 less（或者 more）命令结合使用查看，如“ps aux|less”。当然，也可使用 grep 命令查找特定进程。若要查看进程之间的继承关系，可使用 pstree 命令。这两部分内容，请读者自主练习。

注意，经常直接使用命令 ps 查看进程信息，不带任何选项，则输出结果只显示当前用户登录的会话中打开的进程。

课堂练习 7-7：查看并理解虚拟机 server 中的所有静态进程信息。

2. 查看动态进程信息

ps 是用来查看系统中当前运行的进程信息的，其执行结果既不是动态的也不是连续的。如果想对进程进行实时的连续监测，可以通过 top 命令查看。top 是 Linux 中常用的查看系统信息的命令，能实时显示系统中各个进程的资源占用情况，类似 Windows 中的任务管理器。通过 top 命令能够监视动态进程实时状态，通过按键来不断刷新当前状态，如果在前台执行，就会独占前台，直到该命令终止，命令格式如下。

```
top [options]
```

top 命令的常用选项如表 7-4 所示。

表 7-4 top 命令的常用选项

选项	说明
-d	指定刷新时间间隔，默认为 5 s
-c	显示整个命令行，而不是命令名
-s	在安全模式下运行，不能使用交互命令

如图 7-29 所示，执行命令 top，输出结果中，前 5 行是系统整体的统计信息，说明如下。

① 第一行：任务队列信息，分别为当前时间、系统运行时间、当前登录用户数、系统负载（1 min、5 min、15 min 前到现在的平均值）。

② 第二行：进程统计信息，分别为进程总数、正在运行的进程数、睡眠的进程数、停止的进程数、僵尸进程数。

③ 第三行：CPU 状态信息。

④ 第四行：内存状态信息。

⑤ 第五行：交换分区信息。

```
top - 18:30:09 up 2 days,  8:37,  2 users,  load average: 0.00, 0.02, 0.05
Tasks: 112 total,   3 running, 109 sleeping,   0 stopped,   0 zombie
%Cpu(s):  0.2 us,  0.2 sy,  0.0 ni, 99.7 id,  0.0 wa,  0.0 hi,  0.0 si,  0.0 st
KiB Mem :  4028432 total,  3468696 free,   120384 used,   439352 buff/cache
KiB Swap:  4063228 total,  4063228 free,        0 used.  3623836 avail Mem

  PID USER      PR  NI    VIRT    RES    SHR S  %CPU %MEM     TIME+ COMMAND
 3823 root      20   0  161964   2220   1544 R   0.7  0.1   0:00.12 top
    1 root      20   0  127952   6604   4124 S   0.0  0.2   0:04.23 systemd
    2 root      20   0       0      0      0 S   0.0  0.0   0:00.07 kthreadd
    3 root      20   0       0      0      0 S   0.0  0.0   0:00.89 ksoftirqd/0
    5 root       0 -20       0      0      0 S   0.0  0.0   0:00.00 kworker/0:0H
    7 root      rt   0       0      0      0 S   0.0  0.0   0:00.04 migration/0
    8 root      20   0       0      0      0 S   0.0  0.0   0:00.00 rcu_bh
    9 root      20   0       0      0      0 R   0.0  0.0   0:06.94 rcu_sched
   10 root       0 -20       0      0      0 S   0.0  0.0   0:00.00 lru-add-drain
```

图 7-29 动态进程查询

这 5 行与系统相关的统计信息之后显示的是各进程的状态监控，部分参数与 ps 命令相同。PID 表示进程号；USER 表示启动进程的用户；PR 表示进程优先级；NI 表示 nice 值，负值表示高优先级，正值表示低优先级；VIRT 表示进程使用的虚拟内存总量；RES 表示进程使用的、未被换出的物理内存大小；SHR 表示共享内存大小；S 表示进程状态，与 ps 命令的 STAT 相同；%CPU 表示进程占用的 CPU 百分比；%MEM 表示进程占用的内存百分比；TIME+表示进程使用的 CPU 时间总计；COMMAND 表示进程运行的命令。

在 top 命令中，可以使用交互命令查询相关信息，如按空格键可立即刷新显示，按大写 P 键可使进程按占用 CPU 大小排序，按大写 M 键可使进程按占用内存大小排序，按小写 q 键可退出。

课堂练习 7-8：使用 top 命令，查看并理解虚拟机 server 中的动态进程信息。

3. 终止进程

在系统运行时，如果进程占用了过多的 CPU，或者进程挂死，甚至出现不安全的进程，可以将相应的进程终止。在前台，可以按 Ctrl+C 快捷键来终止进程，但是对于后台或其他终端的进程，就需要使用 kill 命令来终止。

kill 命令是通过向进程发送指定的信号来结束进程的，如图 7-30 所示，可使用 kill -l 命令查看可用进程信号。常用的进程信号如下。

① SIGINT：表示程序终止信号，用于终止前台进程，作用相当于 Ctrl+C 快捷键。

② SIGKILL：表示强行终止进程，该信号不能被阻塞、处理和忽略。

③ SIGTERM：表示正常终止进程（默认），该信号可以被阻塞和处理。

```
[root@server ~]# kill -l
 1) SIGHUP       2) SIGINT       3) SIGQUIT      4) SIGILL       5) SIGTRAP
 6) SIGABRT      7) SIGBUS       8) SIGFPE       9) SIGKILL     10) SIGUSR1
11) SIGSEGV     12) SIGUSR2     13) SIGPIPE     14) SIGALRM     15) SIGTERM
16) SIGSTKFLT   17) SIGCHLD     18) SIGCONT     19) SIGSTOP     20) SIGTSTP
21) SIGTTIN     22) SIGTTOU     23) SIGURG      24) SIGXCPU     25) SIGXFSZ
26) SIGVTALRM   27) SIGPROF     28) SIGWINCH    29) SIGIO       30) SIGPWR
31) SIGSYS      34) SIGRTMIN    35) SIGRTMIN+1  36) SIGRTMIN+2  37) SIGRTMIN+3
38) SIGRTMIN+4  39) SIGRTMIN+5  40) SIGRTMIN+6  41) SIGRTMIN+7  42) SIGRTMIN+8
43) SIGRTMIN+9  44) SIGRTMIN+10 45) SIGRTMIN+11 46) SIGRTMIN+12 47) SIGRTMIN+13
48) SIGRTMIN+14 49) SIGRTMIN+15 50) SIGRTMAX-14 51) SIGRTMAX-13 52) SIGRTMAX-12
53) SIGRTMAX-11 54) SIGRTMAX-10 55) SIGRTMAX-9  56) SIGRTMAX-8  57) SIGRTMAX-7
58) SIGRTMAX-6  59) SIGRTMAX-5  60) SIGRTMAX-4  61) SIGRTMAX-3  62) SIGRTMAX-2
63) SIGRTMAX-1  64) SIGRTMAX
```

图 7-30　进程信号查询

如果查看当前进程状态时发现某个进程异常，想要将其终止，可使用 kill PID，如果该命令没有结束相应进程，可尝试使用 kill -9 PID。现在有这样一个场景：在虚拟机 client 中，用户 class1-tea01 登录系统打开了 Firefox 浏览器，突然发现无法使用，想要将相关进程关闭，就可以按照以下步骤终止 Firefox 浏览器进程，如图 7-31 所示。

① 执行命令 ps -ef | grep firefox 查看、确认 Firefox 浏览器的进程号为 110267。

② 执行命令 pstree 110267，查看该进程相关信息。

③ 执行命令 kill 110267，终止进程，再执行命令 pstree 110267 发现已无相关进程。

```
[root@client ~]# ps -ef | grep firefox
class1-+ 110267  89048 17 18:50 ?        00:00:27 /usr/lib64/firefox/firefox

[root@client ~]# pstree 110267
firefox─┬─Web Content───22*[{Web Content}]
        ├─Web Content───18*[{Web Content}]
        ├─Web Content───16*[{Web Content}]
        └─58*[{firefox}]
[root@client ~]# kill 110267
[root@client ~]# pstree 110267
[root@client ~]#
```

图 7-31　终止 Firefox 浏览器进程

此时发现用户 class1-tea01 打开的 Web 页面已被关闭。

在 kill 命令的使用过程中，kill 命令后面必须加上 PID，该命令需要结合 ps 或 top 命令使用。因此 Linux 提供了 pkill 命令，直接使用进程名而非 PID，如 pkill httpd 用于终止 httpd 进程，同时 pkill 命令还可通过模式匹配终止指定的进程，如 pkill -u student 用于终止用户 student 的所有进程。

课堂练习 7-9：终止虚拟机 server 中不必要的进程。

7.4.6　管理服务

微课视频

管理服务

CentOS 7 的 systemd 是进程服务集合的总称，它包含许多进程，负责控制并管理系统资源，如图 7-32 所示。其中 systemd-journal 进程主要负责处理各种日志信息；systemd-logind 进程负责用户登录相关信息的创建、修改与删除；systemd-udevd 进程则主要负责监听内核发出的设备事件。

```
[root@server ~]# pstree -p | grep systemd
systemd(1)-+-NetworkManager(693)-+-{NetworkManager}(707)
           |-systemd-journal(481)
           |-systemd-logind(681)
           |-systemd-udevd(510)
```

图 7-32　systemd 集合

systemd 可以用来管理启动的服务、调整运行级别、管理日志等，其中最重要的命令行工具为 systemctl，主要负责控制 systemd 系统和服务管理器。

systemd 命令格式如下。

```
systemctl [OPTIONS...] {COMMAND} ...
```

其中，COMMAND 常用值及说明如表 7-5 所示。

表 7-5　COMMAND 常用值及说明

COMMAND 常用值	说明
start	激活服务单元
stop	停止服务单元
restart	重启服务单元
status	查看服务单元信息
enable	设置开机时自启动服务单元
disable	设置开机时禁用服务单元
reload	重新加载服务单元的配置

如图 7-33 所示，执行命令 systemctl status sshd，可以看到 sshd.service 的状态为 active (running)。

```
[root@server ~]# systemctl status sshd
● sshd.service - OpenSSH server daemon
   Loaded: loaded (/usr/lib/systemd/system/sshd.service; enabled; vendor preset: enabled)
   Active: active (running) since Fri 2022-10-21 00:18:53 CST; 7 months 13 days ago
     Docs: man:sshd(8)
           man:sshd_config(5)
 Main PID: 908 (sshd)
   CGroup: /system.slice/sshd.service
           └─908 /usr/sbin/sshd -D
```

图 7-33　sshd 运行状态

课堂练习 7-10：查看虚拟机 server 中 sshd 服务的状态，停止该服务并设置开机时禁用。

7.5　任务小结

通过本任务的学习和实践，读者可了解软件的安装源，也就是软件仓库，除了有本地形式，更常用的是网络实时更新形式。系统中进程是指应用程序的可执行实例，也就是运行起来的程序；服务是进程的一种，称为守护进程，在后台时刻监听客户端的服务请求，一旦客户端发出服务请求，守护进程就为其提供相应的服务。读者现在应该能够完成以下任务。

（1）根据企业生产场景规划并设置合适的软件安装源。

（2）使用 yum 进行软件安装、更新以及卸载。

（3）使用 ps、top、kill、systemctl 等命令查看并管理各种进程及服务。

7.6 课后习题

1. 填空题

（1）CentOS 7 使用的包管理器为________。

（2）安装软件包的过程中出现提示时，可以使用安装命令的________选项将其默认选择为“yes”。

（3）yum 源的仓库配置文件中参数________用来启用软件仓库。

（4）yum 源的仓库配置文件的路径为________。

（5）可使用 ps 命令查看系统进程信息，若要同时查看进程之间的继承关系，可使用________命令。

2. 判断题

（1）使用 yum 安装时必须手动解决软件包之间的依赖关系。（　　）

（2）"wget -O /etc/yum.repos.d/CentOS-Base.repo http://mirrors.163.com/.help/CentOS7-Base-163.repo"命令用于下载网易官网的 yum 源配置文件，将该文件保存到指定目录并重新命名。（　　）

（3）服务是运行在后台的守护进程。（　　）

（4）除非人为中止或者程序异常中止，否则服务将一直运行直至系统关闭。（　　）

（5）使用“killall httpd”命令可以终止所有 httpd 进程。（　　）

3. 选择题

（1）yum 源文件必须以（　　）为扩展名。

A. .conf　　B. .yum.d　　C. .repo　　D. .yum.repo

（2）PID 为（　　）的进程是系统启动的第一个进程 systemd。

A. 0　　B. 1　　C. 2　　D. −1

（3）查询仓库中可更新的 rpm 包的命令为（　　）。

A. yum list　　B. yum list installed　　C. yum list extras　　D. yum list updates

（4）进程的状态可以是（　　）。（多选）

A. 运行状态　　B. 就绪状态　　C. 阻塞状态　　D. 启动状态

（5）Linu 操作系统中可以通过（　　）安装软件。（多选）

A. 源代码方式　　B. rpm 方式　　C. exe 方式　　D. yum 方式

（6）设置开机时自启动某单元文件的命令为（　　）。

A. systemctl disable [单元文件名]　　B. systemctl status [单元文件名]

C. systemctl enable [单元文件名]　　D. systemctl start [单元文件名]

任务 8　配置并管理SSH服务

有些同学可能使用过 QQ 的一个功能——远程桌面。只要一方同意，另一方就可以对其计算机进行访问和操作。远程服务，就是使用自己的计算机对目标计算机或服务器进行访问并取得控制权的一种服务。现实生活和工作中，远程服务是十分有用的工具，可以让运维人员和服务器管理员更好地管理维护服务器，以及进行远程协助。对使用者来说，远程操作与直接在服务器上操作并无差异。因此，Linux 中的安全外壳（Secure Shell，SSH）协议远程服务是服务器配置非常重要的基础。

8.1　学习目标

在掌握了管理 Linux 中进程和服务的知识后，下面学习 Linux 中的第一个服务——SSH。首先了解 SSH 服务的基本原理，然后掌握该服务的使用方法，最后能够灵活管理并配置该服务。

（1）知识目标

- 了解 SSH 的基本概念。
- 掌握 SSH 服务的工作原理。

（2）能力目标

- 能够安装并启用 SSH 服务。
- 能够使用 SSH 工具完成远程登录、文件的上传下载以及免密登录等。
- 能够对 SSH 服务进行配置以更安全地实现远程登录。

（3）素养目标

通过对 Linux 的远程管理，培养学生合理利用网络资源、依法规范自己行为的意识和习惯。

8.2　任务描述

本任务主要部署并测试 SSH 相关的各项服务，实训环境如图 8-1 所示：在虚拟机 server 上部署 SSH 服务，模拟实现 SSH 服务的服务端；虚拟机 client 上部署 SSH 客户端软件，模拟实现 SSH 服务的客户端；物理机 Windows 10 上有第三方连接工具 Xshell，模拟实现 SSH 服务的客户端。主要包括以下步骤。

① 在服务端虚拟机 server 中安装并确认 SSH 服务。

② 使用 scp 命令完成客户端与服务端之间文件的上传与下载。

③ 在客户端虚拟机 client 中实现 SSH 的免密登录至服务端虚拟机 server。

④ 设置服务端 SSH 的安全端口、限制 root 用户通过 SSH 登录。

由此，建议遵循图 8-2 所示的任务学习路径。

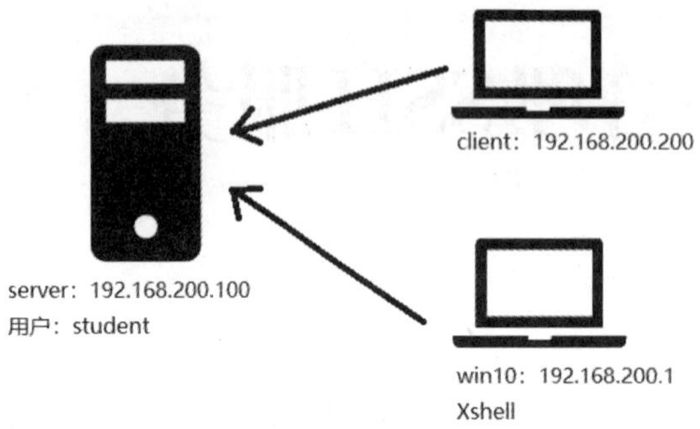

图 8-1　实训环境

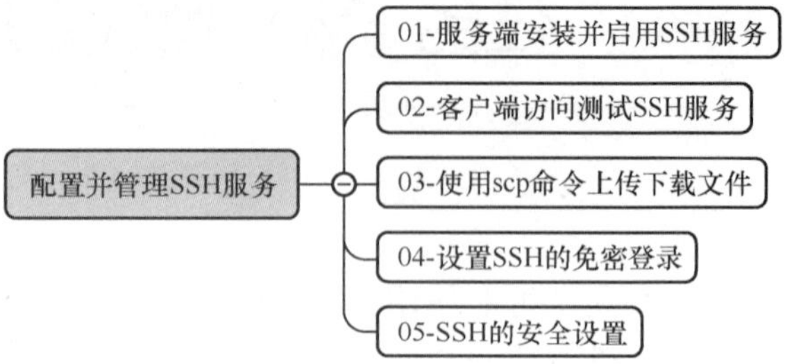

图 8-2　任务学习路径

8.3　相关知识

微课视频

SSH 简介

依据任务学习路径，需要先了解 SSH 服务相关知识，包括 SSH 基本概念和 SSH 服务工作原理。

8.3.1　SSH 基本概念

SSH 是建立在应用层和传输层基础上的安全通信协议，是目前较可靠、专为远程登录会话和其他网络服务提供安全的协议，SSH 可以有效防止远程管理过程中的信息泄露。

SSH 基于成熟的公钥加密体系，对传输的数据加密后发送到网络中，保证数据不被恶意破坏、泄露和篡改。同时，SSH 还使用多种加密认证方式，解决身份认证的问题，能有效防止网络嗅探和 IP 地址欺骗等攻击。SSH 有 SSH1 和 SSH2 两个版本，它们采用不同的算法，因而互不兼容，SSH2 能够更有效地保护传输的安全性，目前被广泛使用。

为了理解 SSH，需要了解两个重要加密算法：对称加密算法和非对称加密算法。对称加密中，客户端和服务端使用同一个密钥对数据进行加密和解密，这种算法加密强度高，很难破解，但是密钥本身容易被泄漏，因此，如何保存密钥成了关键问题。于是引出了第二种加密算法——非对称加密。非对称加密中有两个密钥，公钥和私钥。这两个密钥配对产生和使用。用公钥加密的数据，必须用与其对应的私钥才能解开，而私钥无法通过公钥获取。因此，公钥是可以被公开的，而私钥则必须被安全存放。

8.3.2　SSH 服务工作原理

SSH 服务由服务端和客户端的软件构成，服务端软件运行后会启动守护进程 sshd，它在后台运行并响应来自客户端的连接请求。

SSH 服务基于 SSH，非对称加密被用来在会话初始化阶段为通信双方进行会话密钥的协商。由于非对称加密的计算量开销比较大，因此一旦双方的会话密钥协商完成，后续的加密都将采用对称加密来进行。SSH 会话建立的过程如下。

① 服务端启动后，自动产生公钥和私钥。

② 客户端发起传输控制协议（Transmission Control Protocol，TCP）连接请求，默认连接服务端的 22 号端口。

③ 服务端收到连接请求后，将服务端的公钥发送给客户端。如果客户端是第一次连接到服务端，客户端在收到这个公钥后将其保存；如果不是第一次连接到服务端，会将公钥与之前已有的公钥进行比对，看是否有差异，若接受公钥数据，则开始计算自己的公钥和

私钥。

④ 客户端将自己的公钥发送给服务端，服务端对客户端的合法性进行验证，并保存客户端的公钥，如果不是第一次连接，就会用新接收到的公钥与已经保存的公钥进行对比。

通信双方完成了加密信道的建立，就可以开始正常的通信了。

OpenSSH 是一款免费的 SSH 软件，分为服务端软件和客户端软件。在 Linux 中广泛使用 OpenSSH 来实现 SSH 功能，几乎所有的 Linux 发行版都已捆绑 OpenSSH。默认情况下，CentOS 7 也已经安装 OpenSSH 软件包。如图 8-3 所示，使用命令 rpm 结合 grep 可以查询虚拟机中已安装的和 SSH 相关的软件包 openssh-server-7.4p1-16.el7.x86_64 等，其中软件包 openssh-server 表示安装了 OpenSSH 服务端，openssh-clients 表示安装了 OpenSSH 客户端。

```
[root@server ~]# rpm -qa | grep ssh
openssh-server-7.4p1-16.el7.x86_64
openssh-clients-7.4p1-16.el7.x86_64
libssh2-1.4.3-10.el7_2.1.x86_64
openssh-7.4p1-16.el7.x86_64
```

图 8-3 确认 SSH 服务端软件包已安装

8.4 任务实施

任务实施主要内容如图 8-4 所示。

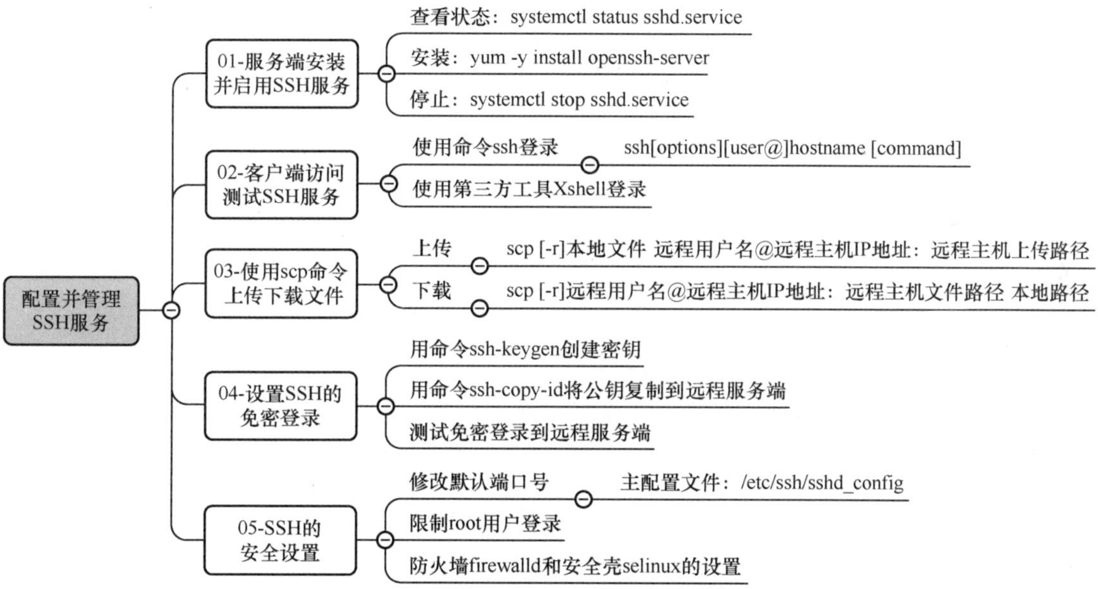

图 8-4 任务实施主要内容

8.4.1 服务端安装并启用 SSH 服务

在使用 SSH 服务之前，需要先确认服务端虚拟机 server 中是否已安装并开启相应的 SSH 服务。

SSH 服务在系统中的守护进程为 SSHD，所以需要查看 SSHD 状态。如图 8-5 所示，使用命令 systemctl status sshd 查看 SSHD 状态，输出显示 active (running)，表示该服务单元 sshd.service - OpenSSH server daemon 目前状态是 running，即正在运行，SSH 服务已在本虚拟机中运行。这里输出显示除了 active (running)，还有其他一些值，如表 8-1 所示。如果输出提示 Unit sshd.service could not be found 则说明没有安装该服务，可以使用命令 yum -y install openssh-server 安装 OpenSSH 的服务端软件包，或者直接使用 yum -y install openssh 安装 OpenSSH 相关的一系列软件包。

```
[root@server ~]# systemctl status sshd
● sshd.service - OpenSSH server daemon
   Loaded: loaded (/usr/lib/systemd/system/sshd.service; enabled; vendor preset: enabled)
   Active: active (running) since Fri 2022-10-21 00:18:53 CST; 7 months 14 days ago
     Docs: man:sshd(8)
           man:sshd_config(5)
 Main PID: 908 (sshd)
   CGroup: /system.slice/sshd.service
           └─908 /usr/sbin/sshd -D
```

图 8-5 查看服务状态

表 8-1 Active 状态值

状态	含义
active(running)	表示服务正在运行
active(exited)	表示执行一次就正常退出的服务
active(waiting)	正在执行中且处于阻塞状态，需要等待其他程序执行完
inactive(dead)	服务未启动状态

图 8-5 所示的输出 Loaded: loaded(/usr/lib/systemd/system/sshd.service; enabled; vendor preset: enabled)，表明从/usr/lib/systemd/system/sshd.service 加载 SSH 服务，并且它的开机状态是 enabled（表示开机自启动），vendor preset: enabled 表示服务默认的启动状态。

通过命令 systemctl stop sshd 停止 SSHD，在停止该服务后，查看到的服务状态为 inactive(dead)。

课堂练习 8-1：查看服务端虚拟机 server 中 SSH 服务的状态并确保已启动。

8.4.2 客户端访问测试 SSH 服务

微课视频

远程登录 Linux

1. 使用命令 ssh 登录

OpenSSH 客户端软件包（openssh-clients-7.4p1-16.el7.x86_64）提供了丰富的命令行工具，表 8-2 给出了常用的 OpenSSH 客户端命令。

表 8-2 OpenSSH 客户端命令

命令	含义
ssh	SSH 客户端程序，用于登录远程主机并在远程主机上执行命令
scp	远程文件复制程序，用于本地主机与远程主机之间安全地复制文件
sftp	与 FTP 功能相似的文件传输程序
ssh-keygen	用于生成、管理和转换 SSH 认证密钥

登录远程主机的 ssh 命令格式如下。

```
ssh [options] [user@]hostname [command]
```

如图 8-6 所示，在客户端虚拟机 client 的命令行窗口中执行命令 ssh -p 22 student@192.168.200.100，其中-p 22 表示连接服务端的 22 号端口，这是 SSH 服务的默认端口，可以不使用该选项；student 表示服务端虚拟机 server 上的用户；192.168.200.100 表示服务端虚拟机 server 的 IP 地址。

```
[root@client ~]# ssh -p 22 student@192.168.200.100
The authenticity of host '192.168.200.100 (192.168.200.100)' can't be established.
ECDSA key fingerprint is SHA256:loWd6rb8FUU7H02v7DgxPo0Qzgro7pNxAtzgopsm6lw.
ECDSA key fingerprint is MD5:61:b9:21:4f:4f:3c:f1:d2:e8:9c:3b:67:44:f2:8e:7f.
Are you sure you want to continue connecting (yes/no)? yes
Warning: Permanently added '192.168.200.100' (ECDSA) to the list of known hosts.
student@192.168.200.100's password:
Last failed login: Mon Jun  5 16:29:14 CST 2023 from 192.168.200.200 on ssh:notty
There were 4 failed login attempts since the last successful login.
[student@server ~]$
```

图 8-6 登录服务端

如果是第一次登录服务端，则会出现图 8-6 所示的提示信息，提醒登录的服务端不在本客户端的已知主机列表中，询问是否继续连接。此时提示“(yes/no)”，需要手动输入，如果输入 yes 并按 Enter 键，表示需要和服务端建立连接，那么会出现一个警告信息“Warning: Permanently added '192.168.200.100' (ECDSA) to the list of known hosts”，表示将把服务端 192.168.200.100 永久添加到本客户端信任主机列表中，然后输入服务端用户 student 的密码并登录，密码正确就可成功登录服务端虚拟机 server。出现的命令提示符也由[root@client ~]#变为[student@server ~]$，此时表明已经可以在客户端虚拟机 client 中对服务端虚拟机 server 进行管理与维护。

登录服务端虚拟机 server 后，如果想回到客户端虚拟机 client，可以使用命令 exit。

SSH 客户端程序在第一次连接服务端时，由于没有将服务端的公钥缓存，系统会出现警告信息并显示服务端的指纹信息，输入 yes 并按 Enter 键确认后，系统会将服务端公钥缓存在当前用户主目录的子目录.ssh 的 know_hosts 文件中，下次连接就不会再提示了。如图 8-7 所示，在客户端虚拟机 client 中，由于 root 用户执行了 ssh 操作，所以可在其根目录（/root）下的隐藏子目录.ssh 中查看到 know_hosts 文件内容已有服务端虚拟机 server 的公钥信息。

```
[root@client .ssh]# pwd
/root/.ssh
[root@client .ssh]# cat known_hosts
10.24.20.8 ecdsa-sha2-nistp256 AAAAE2VjZHNhLXNoYTItbmlzdHAyNTYAAAAIbmlzd
HAyNTYAAABBBG26Rw8Hd4DdKqhYWr0XjkNz3YYsykLtx79FQCSkG/M5dRVt5hck4ycLQUp1h
enotwLPH0dzUexZXCjJjqJnGUU=
192.168.200.100 ecdsa-sha2-nistp256 AAAAE2VjZHNhLXNoYTItbmlzdHAyNTYAAAAI
bmlzdHAyNTYAAABBBG26Rw8Hd4DdKqhYWr0XjkNz3YYsykLtx79FQCSkG/M5dRVt5hck4ycL
QUp1henotwLPH0dzUexZXCjJjqJnGUU=
```

图 8-7 在客户端查看已下载的服务端的公钥信息

课堂练习 8-2：停止服务端虚拟机 server 中的 SSH 服务，在客户端虚拟机 client 上测试是否还能正常登录到服务端虚拟机 server。

2. 使用第三方工具 Xshell 登录

除了可以在 Linux 中使用 ssh 命令远程登录服务端，也可以在 Windows 系统中通过使用支持 SSH 的远程工具登录 Linux 服务端，常用的工具有 Xshell、PuTTY 和 SecureCRT 等。工具的使用方法大致相同，接下来以 Xshell 为例进行介绍。

打开 Xshell 软件，单击菜单栏中的“文件”，选择“新建”，如图 8-8 所示，打开“新建会话属性”对话框。

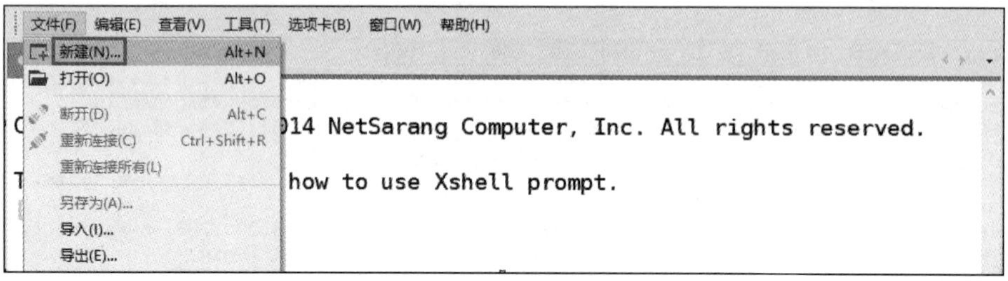

图 8-8　新建会话

如图 8-9 所示，在“新建会话属性”对话框的“连接”界面，可以根据喜好自定义“名称”；“协议”要选择“SSH”，表示客户端和服务端将使用 SSH 进行数据传输；“主机”使用远程主机（服务端）的 IP 地址或主机名（如果有 DNS 支持）；“端口号”使用默认值 22，如果远程主机 SSH 服务的端口有更改，则使用更改后的端口。如图 8-10 所示，在“新建会话属性”对话框的“用户身份验证”界面，“方法”选择“Password”密码认证，“用户名”和“密码”使用服务端的用户账户信息。设置完以上参数后单击“确定”按钮，根据提示进入“会话”对话框，选择刚创建的新会话，单击“连接”按钮。

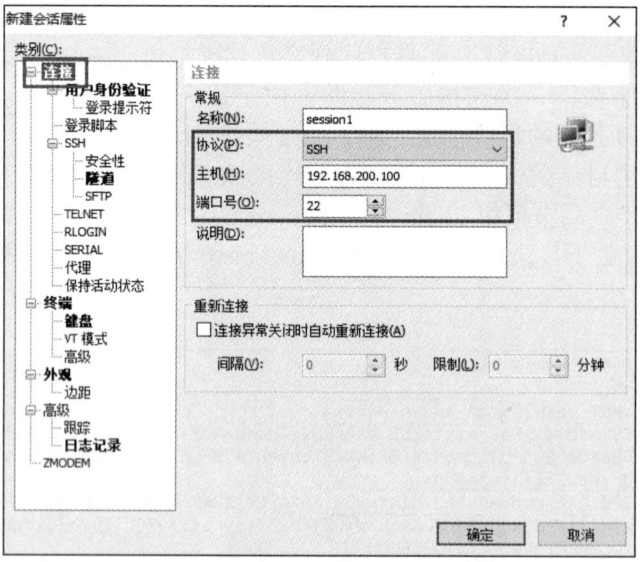

图 8-9　新建会话属性—连接设置

这里如果是第一次登录服务端，会出现“新建主机密钥”的信息提示窗口，选择“接受并保存”即可。登录后，如图 8-11 所示，会出现成功登录服务器的提示信息[student@server ~]$，表示 student 用户已成功登录远程主机 server，可以对该服务端进行管理与维护。当然，目前登录用户的身份是普通用户，大部分管理与维护操作受限，除非已由管理员 root 用户授予该用户相应权限。

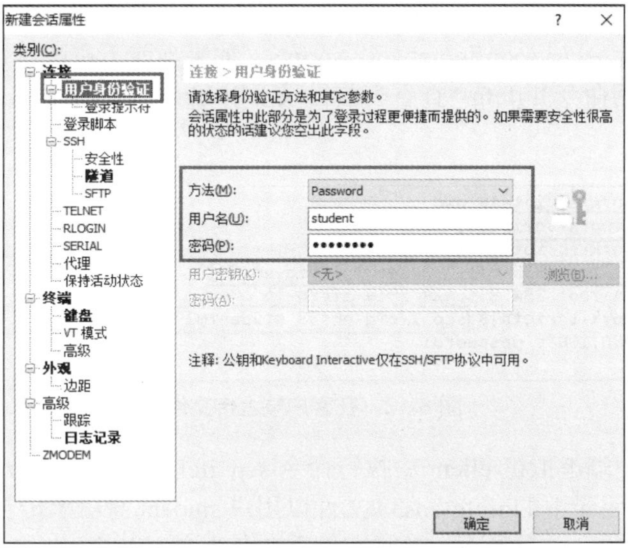

图 8-10　新建会话属性—用户身份验证设置

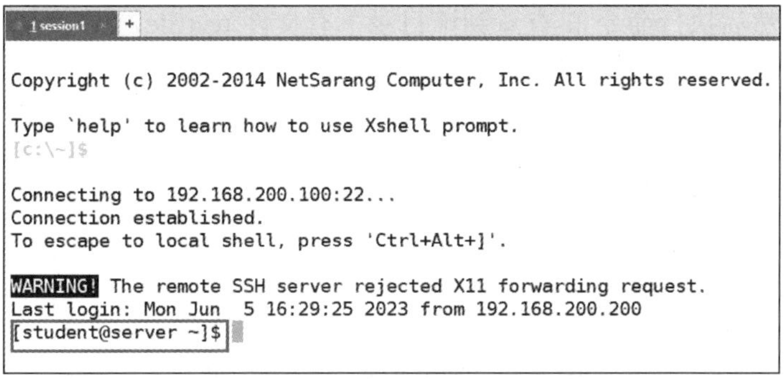

图 8-11　远程登录成功

这样，就可以通过远程工具，在 Windows 系统中方便地使用和管理 Linux 服务端。

课堂练习 8-3：请在物理机上通过第三方软件登录到服务端虚拟机 server（使用不同账号登录测试）。

8.4.3　使用 scp 命令上传下载文件

微课视频

文件上传与下载

现将客户端虚拟机 client 上的网卡信息配置文件上传至服务端虚拟机 server 的/tmp 目录，并将该文件重命名为 testfile；同时从服务端虚拟机 server 上下载用户信息配置文件到客户端虚拟机 client 上，并将该文件重命名为 userfile。要完成该任务，如果不借助第三方工具软件，则可以使用 scp 命令，命令格式如下。

```
上传: scp [-r] 本地文件        远程用户名@远程主机 IP 地址:远程主机上传路径
下载: scp [-r] 远程用户名@远程主机 IP 地址:远程主机文件路径        本地路径
```

其中，常用选项-r 在上传下载目录时使用，表示递归复制。对文件的操作不需要使用该选项。

（1）上传要求：将客户端虚拟机 client 上的网卡信息配置文件上传至服务端虚拟机 server 的/tmp 目录下，并将该文件重命名为 testfile。

第一步：在客户端虚拟机 client 中确认网卡信息配置文件，如图 8-12 所示，执行命令 pwd 确认当前目录为/etc/sysconfig/network-scripts。如果当前不在该目录下，可以使用命令 cd 切换工作目录。用命令 ll ifcfg-*查看当前目录下以 ifcfg 开头的文件，确认需要上传的文件 ifcfg-ens33。

```
[root@client network-scripts]# pwd
/etc/sysconfig/network-scripts
[root@client network-scripts]# ll ifcfg-*
-rw-r--r--. 1 root root 335 5月   2 14:31 ifcfg-ens33
-rw-r--r--. 1 root root 254 8月  24 2018 ifcfg-lo
[root@client network-scripts]# scp ifcfg-ens33 student@192.168.200.100:/tmp/testfile
student@192.168.200.100's password:
ifcfg-ens33                                           100%  335    16.9KB/s   00:00
```

图 8-12　在客户端上传文件

第二步：在客户端虚拟机 client 中执行命令 scp ifcfg-ens33 student@192.168.200.100:/tmp/testfile，把当前目录下的 ifcfg-ens33 文件以用户 student 身份上传至 IP 地址为 192.168.200.100 的远程主机的/tmp 目录下，并将文件重命名为 testfile。

第三步：到服务端虚拟机 server 中确认上传文件，如图 8-13 所示，执行命令 cd /tmp 进入 tmp 目录，然后执行命令 ll 查看到该目录下有文件 testfile，同时执行命令 cat testfile 查看该文件的具体内容，以确保传输准确性。

```
[student@server ~]$ cd /tmp
[student@server tmp]$ ll
total 4
-rw-r--r--. 1 student student 335 Jun  6 08:07 testfile
[student@server tmp]$ cat testfile
TYPE=Ethernet
PROXY_METHOD=none
BROWSER_ONLY=no
BOOTPROTO=none
```

图 8-13　在服务端确认上传文件

（2）下载要求：从服务端虚拟机 server 下载用户信息配置文件到客户端虚拟机 client 上并重命名为 userfile。

第一步：在服务端虚拟机 server 中确认用户信息配置文件，如图 8-14 所示，执行命令 tail -n 10 /etc/passwd，查看该文件的最后 10 行内容。

```
[root@server ~]# tail -n 10 /etc/passwd
sec212-stu39:x:1039:1041::/home/sec212-stu39:/bin/bash
sec212-stu40:x:1040:1042::/home/sec212-stu40:/bin/bash
sec212-stu41:x:1041:1043::/home/sec212-stu41:/bin/bash
sec212-stu42:x:1042:1044::/home/sec212-stu42:/bin/bash
sec212-stu43:x:1043:1045::/home/sec212-stu43:/bin/bash
sec212-stu44:x:1044:1046::/home/sec212-stu44:/bin/bash
sec212-stu45:x:1045:1047::/home/sec212-stu45:/bin/bash
huly:x:8888:8888::/home/huly:/bin/bash
apache:x:48:48:Apache:/usr/share/httpd:/sbin/nologin
student:x:8889:8889::/home/student:/bin/bash
```

图 8-14　在服务端确认下载文件

第二步：到客户端虚拟机 client 上下载文件，如图 8-15 所示，执行命令 scp student@192.168.200.100:/etc/passwd ./userfile，把 IP 地址为 192.168.200.100 的远程主机上的/etc/passwd 文件以用户 student 身份下载到本地当前目录下并重命名为 userfile。

```
[root@client ~]# scp student@192.168.200.100:/etc/passwd ./userfile
student@192.168.200.100's password:
passwd                                          100% 3487     2.8MB/s   00:00
[root@client ~]# ll
总用量 16
-rw-------. 1 root root 1660 4月  24 14:26 anaconda-ks.cfg
-rw-r--r--. 1 root root 1572 12月  1 2016 CentOS7-Base-163.repo
-rw-r--r--. 1 root root 1708 4月  24 14:53 initial-setup-ks.cfg
-rw-r--r--. 1 root root    0 5月  29 13:36 test
-rw-r--r--. 1 root root 3487 6月   6 12:44 userfile
```

图 8-15 在客户端下载文件并确认

第三步：在客户端虚拟机 client 中执行命令 ls -l（ll）查看当前目录中下载的文件 userfile，同时执行命令 cat userfile 查看该文件的具体内容，以确保传输准确性。

需要注意以下内容。

（1）如果上传、下载的不是文件，而是目录，需要在 scp 命令后使用- r 选项。

（2）默认的 SSH 使用的端口为 22 号端口，但是可以在服务端更改登录的端口，让用户使用非著名端口登录，提高安全性。如果指定端口，在 scp 命令后需要使用- P 选项来指定端口，这里用大写的 P，因为小写的 p 在命令 scp 中已被其他功能占用。

课堂练习 8-4：请把客户端虚拟机 client 上的网卡信息配置文件上传到服务端虚拟机 server 的/tmp 目录下并重命名为 client-network.bak。

微课视频

SSH 免密登录

8.4.4 设置 SSH 的免密登录

在搭建 Linux 集群服务的时候，主服务器需要启动从服务器的服务。如果手动启动，集群内服务器只有几台时尚可，但是如果是像云服务提供商（如阿里云服务、腾讯云服务、百度云服务等）这样的集群，集群内有上千台的服务器，启动一次集群就需要几个工程师花费几天时间，所以不建议采用手动启动。如果使用免密登录，主服务器就能通过程序执行启动脚本，自动将服务器的应用启动。而这一切是建立在 SSH 服务的免密登录之上的。所以，学习集群部署，首先需要了解 Linux 的免密登录。

现要实现客户端虚拟机 client 中 root 用户能够免密登录服务端虚拟机 server。

（1）在客户端虚拟机 client 上执行命令 ssh root@192.168.200.100 以服务端 root 用户身份登录 192.168.200.100（服务端 IP 地址），如图 8-16 所示，出现提示信息“root@192.168.200.100's password:”。此处输入 server 的 root 用户密码完成身份验证后即可成功登录 server，出现提示“[root@server ~]#”，表明目前已远程登录服务端，可对服务器进行管理维护。

```
[root@client ~]# ssh root@192.168.200.100
root@192.168.200.100's password:
Last login: Tue Jun  6 12:31:56 2023
[root@server ~]#
```

图 8-16 以 root 用户身份登录

（2）执行命令 exit，退出远程主机，如图 8-17 所示，回到客户端虚拟机 client 中 root 用户的 shell 窗口。执行命令 ssh-keygen 产生公钥私钥对，该命令执行过程中首先提示“Enter file in which to save the key (/root/.ssh/id_rsa):”，允许用户交互输入密钥存储路径，如果直接按 Enter 键，则表明使用默认存储位置/root/.ssh/id_rsa。输入口令并确认，可以直接按 Enter 键，不输入则表示口令为空。最后，提示了密钥的存储路径以及密钥的图形表示等信息。

```
[root@server ~]# exit
登出
Connection to 192.168.200.100 closed.
[root@client ~]# ssh-keygen
Generating public/private rsa key pair.
Enter file in which to save the key (/root/.ssh/id_rsa):
Enter passphrase (empty for no passphrase):
Enter same passphrase again:
Your identification has been saved in /root/.ssh/id_rsa.
Your public key has been saved in /root/.ssh/id_rsa.pub.
The key fingerprint is:
SHA256:tGVNphW/mLXjLAKHF1i0hNzMwHb2LnpjPcyx5Z1KGKQ root@client
The key's randomart image is:
+---[RSA 2048]----+
|       o.B+ =.   |
|        =+*B .   |
|       .oo*o. o  |
|       . =o..+ o |
|        SEooo +  |
|         +. =o.. |
|          ..*.*o.|
|         . +.B...|
|         o . o.  |
+----[SHA256]-----+
```

图 8-17　产生公钥私钥对

（3）在客户端虚拟机 client 上生成密钥之后，到相应目录下查看对应密钥文件，如图 8-18 所示，其中 id_rsa 是生成的私钥文件，id_rsa.pub 是生成的公钥文件。

```
[root@client ~]# cd .ssh/
[root@client .ssh]# ls -al
总用量 16
drwx------.  2 root root   57 6月   6 16:08 .
dr-xr-x---. 15 root root 4096 6月   6 12:44 ..
-rw-------.  1 root root 1679 6月   6 16:08 id_rsa
-rw-r--r--.  1 root root  393 6月   6 16:08 id_rsa.pub
-rw-r--r--.  1 root root  349 6月   5 16:27 known_hosts
```

图 8-18　查看密钥文件

（4）将公钥文件 id_rsa.pub 复制到远程服务端虚拟机 server 中，如图 8-19 所示，执行命令 ssh-copy-id -i id_rsa.pub root@192.168.200.100，通过-i 选项将公钥文件 id_rsa.pub 上传到 IP 地址为 192.168.200.100 的远程服务端。

```
[root@client .ssh]# ssh-copy-id -i id_rsa.pub root@192.168.200.100
/usr/bin/ssh-copy-id: INFO: Source of key(s) to be installed: "id_rsa.pub"
/usr/bin/ssh-copy-id: INFO: attempting to log in with the new key(s), to filter out any that
are already installed
/usr/bin/ssh-copy-id: INFO: 1 key(s) remain to be installed -- if you are prompted now it is
to install the new keys
root@192.168.200.100's password:

Number of key(s) added: 1

Now try logging into the machine, with:   "ssh 'root@192.168.200.100'"
and check to make sure that only the key(s) you wanted were added.
```

图 8-19　上传公钥

（5）再次测试登录远程服务端，如图 8-20 所示，执行命令 ssh root@192.168.200.100，已不需要输入密码验证。看到远程登录前的命令提示“[root@client.ssh]#”，表示客户端虚拟机 client 上 root 用户正在执行操作；远程登录后的提示“[root@server~]#”，表示已登录服务端虚拟机 server 且已由 server 的 root 用户操作管理服务器。注意虽然都是 root 用户，但分别是客户端和服务端不同的 root 用户。

```
[root@client .ssh]# ssh root@192.168.200.100
Last login: Tue Jun  6 16:02:01 2023 from 192.168.200.200
[root@server ~]#
```

图 8-20　免密远程登录

（6）在服务端确认上传的客户端公钥文件，如图 8-21 所示，服务端的/root/.ssh/authorized_keys 文件中已存储了客户端虚拟机 client 的公钥信息。

```
[root@server .ssh]# pwd
/root/.ssh
[root@server .ssh]# ls -al
总用量 8
drwx------. 2 root root  48 6月   6 16:32 .
dr-xr-x---. 3 root root 254 6月   2 10:58 ..
-rw-------. 1 root root 393 6月   6 16:32 authorized_keys
-rw-r--r--. 1 root root 183 10月 18 2022 known_hosts
[root@server .ssh]# cat authorized_keys
ssh-rsa AAAAB3NzaC1yc2EAAAADAQABAAABAQC2HM1hl1A4WSWZ5pF5qYbCymqk08XgDXCr8hmDrrsq9TnLqV3u5UFDs
gpQ3HgYbyJAT8Wsg6txvzuT4/oE7L18wT5q41M/DVC12KKwBRFzdW/RcYwXGtkUttFaqRdAj2HZ01H4t8M0vWfZIBFiTX
KvhTlAqacxr8jgsBZMK1cXPvn9iTGnCl4LPIAhcaFIjaxGAqVYeQvTGHK4B6rPm+Mcsqxpgx8wntZmRs0RX9+bEMoMH+0
riygsNdqsVfpPeGBx3x1CFUoqt3IhyTTT6GcrDRCwI09LqAgx+vu00H+L+ZxDxZNsp0qyuRIshJBUQfUs3Zn0Z8fYnJ10
Ba9KPISx root@client
```

图 8-21　在服务端确认公钥文件信息

需要注意的是，在实际生产环境中，服务端创建公钥和私钥，只把私钥给信任的用户，实现免密登录。

课堂练习 8-5：请实现在客户端虚拟机 client 上普通用户 student 可以免密登录到服务端虚拟机 server。

8.4.5　SSH 的安全设置

前面的内容都是基于默认的 SSH 服务展开的。默认的 SSH 服务中，使用的端口是 22 号端口，且允许所有用户都可以远程登录。现要求实现使用另一端口 8992 使用 SSH 服务，并限制 root 用户远程登录。

（1）修改默认端口号

无论使用什么服务，如果要进行配置修改，首先需要了解其配置文件。对于 SSH 服务来讲，它的配置文件默认在/etc/ssh 目录下。通过前面任务 2 的学习已经了解到，/etc 目录是系统安装时自动创建的目录，该目录主要用于存放跟主机以及服务相关的配置信息。在安装完 SSH 服务后就自动在该目录下创建了 ssh 目录，存放和 SSH 服务相关的配置信息。如图 8-22 所示，/etc/ssh 目录下有 ssh_config 文件和 sshd_config 文件，其中 ssh_config 文件是 SSH 客户端配置文件，而 sshd_config 文件则是 SSH 服务端配置文件。

```
[root@server ssh]# pwd
/etc/ssh
[root@server ssh]# ll
total 604
-rw-r--r--. 1 root root     581843 Apr 11  2018 moduli
-rw-r--r--. 1 root root       2276 Apr 11  2018 ssh_config
-rw-------. 1 root root       3907 Apr 11  2018 sshd_config
```

图 8-22　查看 SSH 服务的主配置文件

请读者使用命令 cat 自主查看及理解文件内容，此处可以通过修改“#Port 22”行来修改 SSH 服务使用的端口。注意该文件原本的“Port 22”前面有注释符号“#”，需要把“#”去掉，把 22 修改为需要设置的端口号，此处修改为 8992，如图 8-23 所示。

```
#Port 22                          Port 8992
#AddressFamily any           =>   #AddressFamily any
#ListenAddress 0.0.0.0            #ListenAddress 0.0.0.0
#ListenAddress ::                 #ListenAddress ::
```

图 8-23　修改/etc/ssh/sshd_config 中的端口号

修改配置文件，保存并退出后需要重启服务才能使配置生效，在服务端虚拟机 server 中执行命令 systemctl restart sshd 重启 SSH 服务。在客户端虚拟机 client 中使用 SSH 登录测试，如图 8-24 所示，执行命令 ssh -p 8992 root@192.168.200.100，指定使用端口 8992 登录服务端时显示登录成功，而执行命令 ssh -p 22 root@192.168.200.100，指定使用端口 22 登录服务端时出现提示“ssh: connect to host 192.168.200.100 port 22: Connection refused”，表示使用 22 号端口登录被拒绝。

```
[root@client ~]# ssh -p 8992 root@192.168.200.100
Last login: Tue Jun  6 20:42:22 2023 from 192.168.200.200
[root@server ~]# exit
登出
Connection to 192.168.200.100 closed.
[root@client ~]# ssh -p 22 root@192.168.200.100
ssh: connect to host 192.168.200.100 port 22: Connection refused
```

图 8-24　在客户端使用不同端口进行登录测试

课堂练习 8-6：请设置服务端虚拟机 server 的 SSH 服务端口为 8992 号端口，并在客户端进行登录测试。

（2）限制 root 用户登录

如图 8-25 所示，修改/etc/ssh/sshd_config 文件中 PermitRootLogin 的值为 no。同样，修改配置文件保存并退出后需要重启服务才能使配置生效。在服务端虚拟机 server 中执行命令 systemctl restart sshd 重启 SSH 服务。

```
#LoginGraceTime 2m                #LoginGraceTime 2m
#PermitRootLogin yes              PermitRootLogin no
#StrictModes yes             =>   #StrictModes yes
#MaxAuthTries 6                   #MaxAuthTries 6
#MaxSessions 10                   #MaxSessions 10
```

图 8-25　修改/etc/ssh/sshd_config 中的 PermitRootLogin 值

在客户端虚拟机 client 中使用 SSH 进行登录测试，如图 8-26 所示，执行命令 ssh -p 8992 root@192.168.200.100，使用 root 用户登录服务端，提示输入 root 用户密码，这里即使输入正确的 root 用户密码，也会出现提示“Permission denied, please try again.”表示服务端已禁止了 root 用户远程登录。执行命令 ssh -p 8992 student@192.168.200.100，使用 student 用户登录服务端时只需要输入正确的用户密码，即可实现远程登录。

```
[root@client ~]# ssh -p 8992 root@192.168.200.100
root@192.168.200.100's password:
Permission denied, please try again.
root@192.168.200.100's password:

[root@client ~]# ssh -p 8992 student@192.168.200.100
student@192.168.200.100's password:
Last login: Tue Jun  6 08:15:10 2023 from 192.168.200.1
[student@server ~]$
```

图 8-26　限制 root 用户远程 SSH 登录

课堂练习 8-7：请完成管理员用户 root 无法使用 SSH 登录到服务端虚拟机 server 的设置。

（3）防火墙 firewall 和安全壳 selinux 的设置

CentOS 7 的默认安全机制主要体现在两个方面：防火墙 firewall 和安全壳 selinux。其中防火墙 firewall 主要用来保护通信安全，对到达系统的数据包进行过滤，根据 firewall 定义的规则决定接收或拒绝数据包。执行命令 systemctl status firewalld 可以查看防火墙状态，默认值为 active(running)，而在上述 SSH 的两个安全方面的设置中，需要关闭 CentOS 7 的防火墙 firewall，以使服务端 SSH 的新端口 8992 可以接收请求。通过执行命令 systemctl stop firewalld 关闭防火墙，使得系统可以接收所有数据包，这样客户端的 SSH 连接请求才能到达服务端。当然也可以不直接关闭防火墙，通过配置防火墙具体规则进行数据包过滤，这种操作将在任务 9 中具体讲述。

CentOS 7 的安全壳 selinux 是用来保护系统本身数据安全的，它的主要作用就是最大限度地减少系统中服务进程可访问的资源。selinux 有 3 种工作模式：Enforcing（强制模式）表示违反 selinux 规则的行为将被阻止并记录到日志中；Permissive（宽容模式）表示违反 selinux 规则的行为只会记录到日志中，一般为调试用；Disabled（关闭 selinux 模式）表示不启用安全壳 selinux。要使修改默认端口号和限制 root 用户登录的 SSH 安全设置生效，需要调整 CentOS 7 的 selinux 工作模式。因为 selinux 的工作模式默认为 Enforcing，安全性要求最高，修改 sshd 配置文件后可能会导致该服务无法正常工作，因此执行命令 getenforce 确认该值，并通过执行命令 setenforce Permissive 切换工作模式。在本任务中需要将 selinux 工作模式临时设置为 Permissive 工作模式。

8.5 任务小结

通过本任务的学习和实践，读者可了解 SSH 是目前较可靠，专为远程登录会话和其他网络服务提供安全性的协议。通常可使用 SSH 服务提供远程访问，以满足即使不在机房也能管理维护服务器的需求。读者现在应该能够完成以下练习。

（1）运行 SSH 服务，包括安装、启停。

（2）使用 ssh 命令或第三方工具远程登录服务器。

（3）使用 scp 命令进行服务端和客户端之间文件的安全上传、下载。

（4）根据集群服务的需求设计并规划 SSH 的免密登录。

（5）根据安全需求编辑 SSH 服务的配置文件。

8.6 课后习题

1. 填空题

（1）开启 SSHD 服务的完整命令是________。

（2）用于生成、管理和转换 SSH 认证密钥的命令是________。

（3）如果使用指定端口 222 登录远程 Linux，需要使用的选项内容是________。

（4）要从登录的远程 Linux 退回到本地系统，可以使用命令________。

（5）Linux SSH 服务默认端口为________。

2. 判断题

（1）OpenSSH 是一款开源的、免费的 SSH 软件，现广泛应用于 Linux 中。（　　）

（2）对称加密时，客户端、服务器使用同一个密钥对数据加解密。（　　）

（3）scp 命令可以用于远程登录 Linux。（　　）

（4）Xshell 工具可以支持从 Windows 远程登录到 Linux。（　　）

（5）用 Xshell 工具从 Windows 操作系统中远程登录 Linux，创建连接时参数“主机”为 Windows 自身的 IP 地址。（　　）

3. 选择题

（1）公钥默认写入~/.ssh 目录下的（　　）文件。

A. id_rsa.pub　　B. authorized_keys　　C. ssh-keygen　　D. id_rsa

（2）关于 SSH 的说法正确的是（　　）。（多选）

A. 一种安全通信协议

B. 可用于对传输的数据进行加密，实现安全的远程登录和网络服务

C. 基于非对称加密，即公开密钥加密技术，保证数据不被破坏、泄露和篡改

D. 使用多种加密认证方式，解决身份认证问题，防止网络嗅探和 IP 地址欺骗

（3）下列场景中，适用于 SSH 免密登录的是（　　）。（多选）

A. 自动化运维，统一管理　　B. Hadoop 集群运维

C. 远程登录　　D. 陌生人登录

（4）Windows 操作系统中远程登录 Linux 的工具有（　　）。（多选）

A. SecureCRT　　B. SSH　　C. Xshell　　D. PuTTY

（5）Windows 操作系统远程登录 Linux 建立连接时，主要会用到的参数有（　　）。（多选）

A. 主机名　　B. 端口号　　C. 用户名　　D. 协议

任务 9　配置并管理 Web 服务

如果你使用过网络，你可能听说过“Web 服务”这个术语，但你可能对 Web 服务的作用没有清晰的认识。Web 服务可以被定义为应用程序，它可响应世界范围内的客户端请求，并向请求它们的客户端传递 Web 页面和其他内容。对于网站开发者而言，在经历了艰难的开发过程后，要将网站发布给用户，必须要做的事便是部署 Web 服务，这样广大的用户才能成功访问所开发的网站。而目前主流的部署平台，都是基于 Linux 的。

9.1　学习目标

学习完 Linux 中第一个服务 SSH 后，接着来学习 Linux 中十分重要、十分基础的服务——Web 服务。通过本任务的学习，读者要了解该服务的基本原理，然后掌握该服务的使用方法，最后能够灵活管理并配置该服务。

（1）知识目标

- 了解 Web 服务的基本概念。
- 理解 Web 服务的工作原理。
- 了解 Linux 的两个安全机制：firewall 和 selinux。

（2）能力目标

- 能够安装并配置 Web 服务。
- 能够设置 firewall 和 selinux 以安全放行或访问 Web 服务。
- 能够通过一台主机提供多个站点的 Web 服务。

（3）素养目标

通过 Web 服务的构建与运维，结合志愿者服务精神，培养学生的服务意识，引导学生团队协作与团队互助，形成合作共赢意识。

9.2　任务描述

本任务主要介绍部署并管理 Web 服务，实训环境如图 9-1 所示。图 9-1 中虚拟机 server 上部署有 Web 服务，是 Web 服务端；虚拟机 client（安装有 CentOS 7 操作系统）和物理机 win10 上部署有 Web 浏览器，是 Web 客户端。主要包括以下步骤。

（1）在虚拟机 server 中安装并确认 Web 服务。

（2）设置防火墙 firewall 和安全壳 selinux，确保 Web 客户端请求成功。

（3）设置 Web 服务的虚拟主机，实现用一台服务器架设多个网站。

（4）配置 Web 服务的安全特性，加强 Web 服务的安全访问控制。

由此，建议学习本任务时遵循如图 9-2 所示的路径。

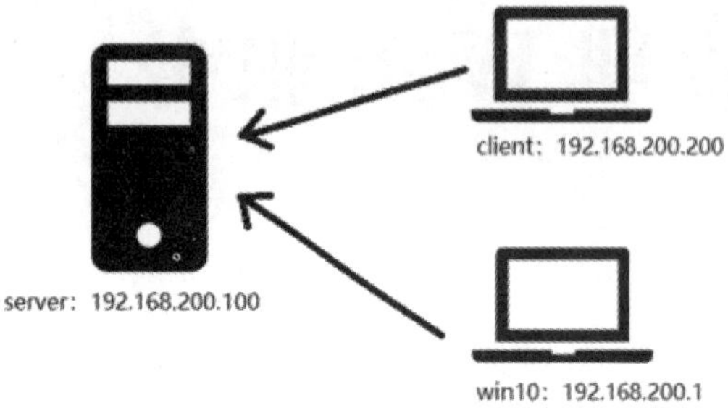

图 9-1 实训环境

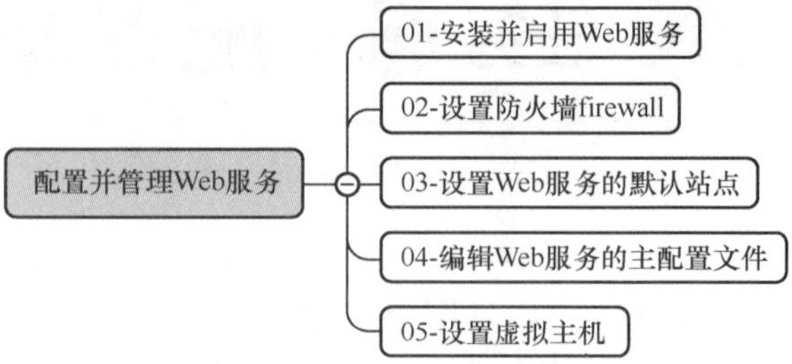

图 9-2 任务学习路径

9.3 相关知识

微课视频

Web 服务器

依据任务学习路径，需要先了解 Web 的相关知识，包括什么是 Web 服务器、常用的 Web 服务器。

9.3.1 什么是 Web 服务器

Web 服务器通常指提供 Web 服务的计算机。在 Linux 中，常用的 Web 服务器为 Apache（音译为阿帕奇）；在 Windows 系统中，常用的 Web 服务器为互联网信息服务（Internet Information Service，IIS）。Web 服务器可以向 Web 客户端（如浏览器）提供文档或其他服务，只要是遵循超文本传送协议（Hypertext Transfer Protocol，HTTP）的应用程序都可以是 Web 客户端。当 Web 客户端连接到服务器并请求文件时，服务器基于 HTTP 与客户端进行信息交流，服务器处理请求后将文件响应到客户端，客户端渲染文件内容显示给客户。Web 服务器不仅能够存储信息，还能够对请求信息进行逻辑处理，具体工作过程如下。

（1）连接。连接是指 Web 服务器和客户端之间建立通信。用户可以找到并打开 socket 虚拟文件确认连接是否成功建立，这个文件的创建意味着连接已经成功建立。

（2）请求。请求是指 Web 客户端通过 socket 文件向服务器提出 HTTP 请求。

（3）应答。应答是指运用 HTTP 将请求过程中提出的请求传输到 Web 服务器进行处理，运用 HTTP 把任务处理的结果传输到 Web 客户端，并在 Web 客户端上显示请求界面。

（4）关闭连接。关闭连接是指在 Web 服务器和客户端之间断开连接。

9.3.2 常用的 Web 服务器

由于互联网的框架是由许多开发 UNIX 操作系统的人员开发的，因此 UNIX 和 Linux 拥有广泛的 Web 服务器选择并不令人惊讶。大多数 Linux 中的 Web 服务器都是免费的，常用的 Web 服务器有 Apache、Lighttpd、Nginx 等。

选择哪种 Web 服务器，取决于用户希望实现什么样的目标。本书将使用 Apache 服务器。它是常用的 Web 服务器之一，具有许多功能，并且拥有庞大的用户社区，可提供大量的支持、教程、示例和可用的文件。

如果你是新手，并且想在尝试一些更奇特的东西之前先轻松入门，那么强烈建议你从 Apache 服务器开始 Web 服务应用生涯。Apache HTTP Server，简称 Apache，是 Apache 软件基金会的一个开源的网页服务器，可以在大多数计算机操作系统中运行。由于 Apache 服务器的跨平台特性和安全性较好而被广泛使用，是当前最流行的 Web 服务器软件之一。

Apache 服务器是模块化的服务器，源于 NCSA httpd 服务器，经过多次修改，成为目前世界上使用量排名第一的 Web 服务器。Apache 取自 "a patchy server" 的读音，意思是充满补丁的服务器。因为它是自由软件，所以不断有人为它开发新的功能、新的特性和修改原来的缺陷。Apache 服务器的特点是简单、速度快、性能稳定，并可用作代理服务器。

最新版本的 Apache 服务器源代码可从其官方网站获取，包括预编译的二进制文件，适用于不同的操作系统。Apache 服务器的相关软件包在 CentOS 7 的 yum 源中都有提供，在设置好 yum 源后就可以直接使用 yum 命令安装 Apache。

9.4 任务实施

任务实施主要内容如图 9-3 所示。

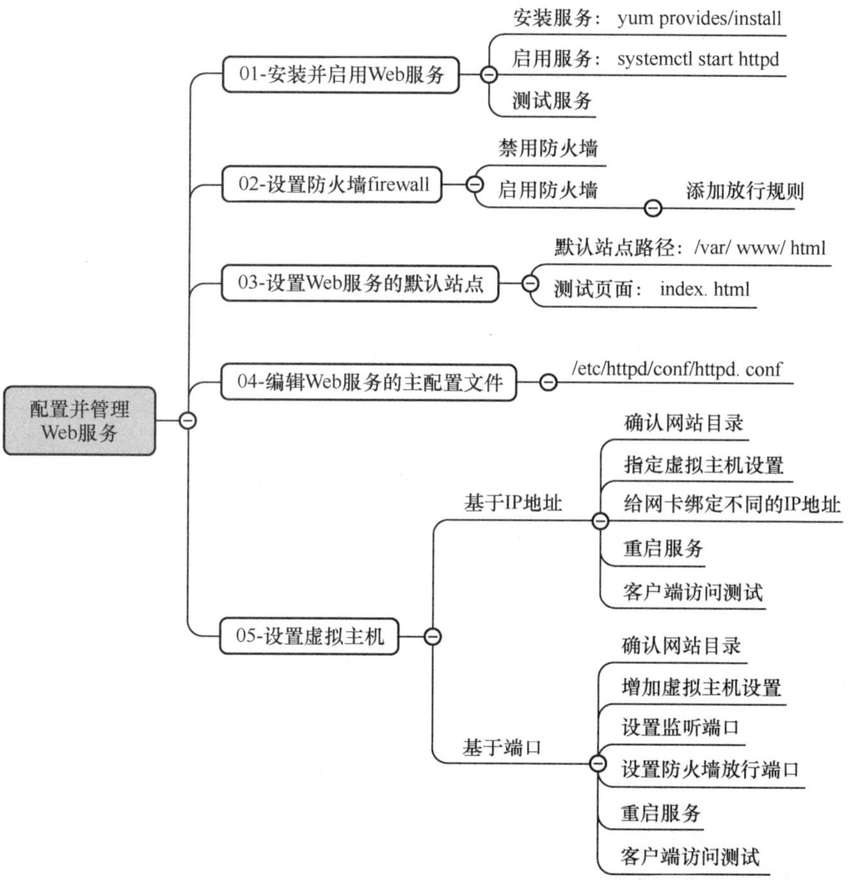

图 9-3 任务实施主要内容

9.4.1 安装并启用 Web 服务

想必你肯定使用浏览器上过网，比如打开购物网站购买物品，打开网上书城购买图书，或者在浏览器中使用搜索引擎查找资源。这些都由 Web 服务器对请求进行响应。本书主要介绍 CentOS 7 中 Apache 服务器的安装、配置以及使用。

1. 安装并启用 http 服务

Apache 服务，在 CentOS 7 中通过安装 httpd 软件包实现。httpd 是 Apache 服务器的主程序，被设计为独立运行的后台进程，也就是服务，它会建立处理请求的子进程或线程池。在虚拟机 server 上部署 Web 服务，如图 9-4 所示。

（1）执行命令 rpm -qa | grep http 查询系统中是否有 http 相关 rpm 包，无输出，表示没有。

（2）执行命令 systemctl status httpd 查看 http 服务状态，输出显示 “Unit httpd.service could not be found.”，表示找不到 httpd.services 服务单元，即还未安装。

（3）执行命令 yum provides httpd 查看可提供 httpd 安装的相关 rpm 包，安装源不同，显示可用的 httpd 的 rpm 包也就不同，此处显示的两个 httpd 的 rpm 包分别是 base 仓库和 updates 仓库的。

（4）执行命令 yum install -y httpd，进行 httpd 相关安装，输出显示使用了 updates 仓库的 httpd.x86_64 0:2.4.6-99.el7.centos.1 软件包进行了安装（Installed），同时对其他相关的 4 个软件包进行了依赖安装（Dependency Installed），最后一行内容为 “Complete!”，表示安装完成。

```
[root@server ~]# rpm -qa | grep http
[root@server ~]# systemctl status httpd
Unit httpd.service could not be found.
[root@server ~]# yum provides httpd
Loaded plugins: fastestmirror
Determining fastest mirrors
 * base: mirrors.ustc.edu.cn
 * extras: mirrors.ustc.edu.cn
 * updates: mirrors.aliyun.com
httpd-2.4.6-95.el7.centos.x86_64 : Apache HTTP Server
Repo        : base

httpd-2.4.6-99.el7.centos.1.x86_64 : Apache HTTP Server
Repo        : updates
[root@server ~]# yum install -y httpd
Installed:
  httpd.x86_64 0:2.4.6-99.el7.centos.1

Dependency Installed:
  apr.x86_64 0:1.4.8-7.el7                        apr-util.x86_64 0:1.5.2-6.el7_9.1
  httpd-tools.x86_64 0:2.4.6-99.el7.centos.1      mailcap.noarch 0:2.1.41-2.el7

Complete!
```

图 9-4　安装 http 服务

安装完 http 服务后可以启用该服务，如图 9-5 所示。

（1）执行命令 systemctl start httpd，开启 http 服务。

（2）执行命令 systemctl enable httpd，设置 http 服务开机自启动。

（3）执行命令 systemctl status httpd，查看 http 服务状态，输出显示 “active (running)”，表示 http 服务已在正常运行。

```
[root@server ~]# systemctl start httpd
[root@server ~]# systemctl enable httpd
Created symlink from /etc/systemd/system/multi-user.target.wants/httpd.service to /usr
/lib/systemd/system/httpd.service.
[root@server ~]# systemctl status httpd
● httpd.service - The Apache HTTP Server
   Loaded: loaded (/usr/lib/systemd/system/httpd.service; enabled; vendor preset: disa
bled)
   Active: active (running) since Mon 2023-06-12 15:56:50 CST; 52s ago
```

图 9-5　开启 http 服务

2. 测试 http 服务

在虚拟机 server 上部署 Web 服务并启用后，就可以通过客户端进行 Web 服务的访问测试。下面分别通过虚拟机 client 和物理机 Windows 10 测试 http 服务是否正常运行。

第一步，在虚拟机 server 上进行本地测试。虚拟机 server 是最小化安装的 CentOS 7 操作系统，无桌面环境，也未安装浏览器，所以可以直接在命令行窗口中执行命令 curl 127.0.0.1 或 curl 192.168.200.100，访问服务器本身的 Web 服务。如图 9-6 所示，输出为默认 Web 页面的内容（由于篇幅所限，这里仅截取输出的前两行内容），表示 Web 服务正常运行。

```
[root@server ~]# curl 127.0.0.1
<!DOCTYPE html PUBLIC "-//W3C//DTD XHTML 1.1//EN" "http://www.w*.org/TR/xhtml11/DTD/xh
tml11.dtd"><html><head>
```

图 9-6 在本地测试 http 服务

第二步，在客户端虚拟机 client 上进行测试。需要先通过命令 ping 测试 server 和 client 之间的网络连通性，然后在浏览器访问 192.168.200.100。Web 服务器响应默认页面如图 9-7 所示，显示“Testing 123…”，表示 Web 服务正常运行。

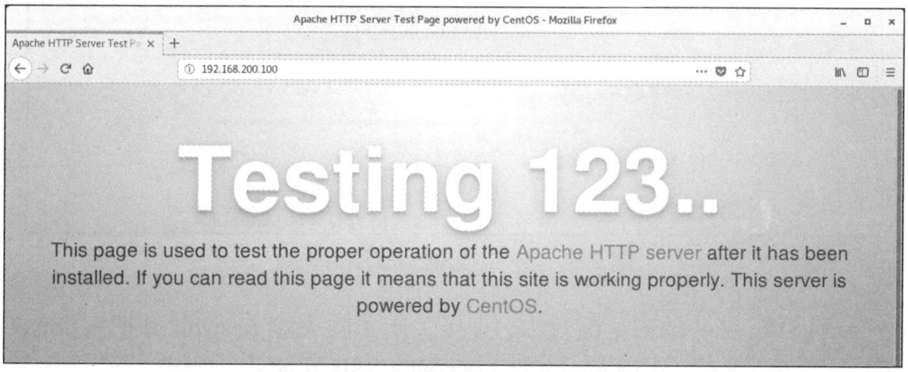

图 9-7 客户端测试 http 服务成功

第三步，在物理机 Windows 10 上进行测试。同样需要先通过命令 ping 测试 Windows 10 和 server 之间的网络连通性，然后在浏览器访问 192.168.200.100。Web 服务器响应默认页面如图 9-7 所示，显示“Testing 123…”，表示 Web 服务正常运行。

课堂练习 9-1：请在虚拟机 server 中安装最新版本的 http 服务。

9.4.2 设置防火墙 firewall

无论是服务端本身的测试，还是不同客户端的测试，只要确保相互之间网络连通，就能够正常使用 Web 服务。此时，防火墙 firewall 是如何设置的呢？如图 9-8 所示，执行命令 systemctl status firewalld，输出为 inactive (dead)，表示防火墙处于禁用状态，此时客户端 Web 服务请求正常到达 server 并响应。然而在实际环境中，防火墙的正常工作状态是开启。若执行命令 systemctl start firewalld，开启防火墙，使其状态为 active (running)，这时再去测试 Web 服务请求，会得到什么结果呢？

```
[root@server ~]# systemctl status firewalld
● firewalld.service - firewalld - dynamic firewall daemon
   Loaded: loaded (/usr/lib/systemd/system/firewalld.service; disabled; vendor preset:
 enabled)
   Active: inactive (dead)
     Docs: man:firewalld(1)
[root@server ~]# systemctl start firewalld
[root@server ~]# systemctl status firewalld
● firewalld.service - firewalld - dynamic firewall daemon
   Loaded: loaded (/usr/lib/systemd/system/firewalld.service; disabled; vendor preset:
 enabled)
   Active: active (running) since Mon 2023-06-12 16:18:09 CST; 9s ago
```

图 9-8　服务端防火墙 firewall 状态查看及开启

读者自行尝试后，可能发现本地测试正常，而客户端测试结果如图 9-9 所示，提示 Unable to connect，表示无法连接 Web 服务器（当然前提是网络已连通，确保此处的 Unable to connect 不是网络问题引起的），这就是由防火墙问题引起的。

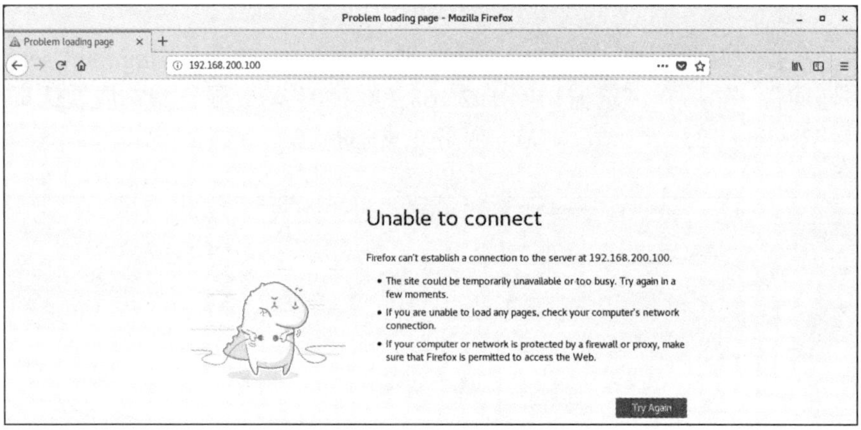

图 9-9　客户端测试 http 服务失败

在任务 8 的 SSH 服务的安全配置中，直接关闭了防火墙 firewall 并把 selinux 工作模式临时设置为了 Permissive 工作模式，才使得修改的 SSH 正常提供服务。本任务中，为了确保系统安全，并可以正常放行 Web 服务请求相关数据包，在 firewall 防火墙中通过添加相应的放行规则来实现服务的正常提供。读者可以先通过执行命令 firewall-cmd --help 查看 firewall-cmd 的使用说明，命令格式如下。

```
firewall-cmd [OPTIONS...]
```

其中 OPTIONS 有很多类型，如 General Options、Status Options、Log Denied Options、Automatic Helpers Options、Permanent Options、Zone Options、IPSet Options、IcmpType Options、Service Options 等。

这里仅举简单示例说明如何设置防火墙 firewall，以使 Web 服务器能够正常提供服务。如图 9-10（a）所示，在开启防火墙的状态下，执行命令 firewall-cmd --list-all，执行结果显示在当前默认 public(active)的 services 列表中已有 ssh 和 dhcpv6-client，表示防火墙 firewall 默认放行 ssh 和 dhcpv6-client。正因为在防火墙 firewall 中默认放行了 ssh，所以在任务 8 中即使不关闭防火墙，SSH 客户端登录测试也能成功。当前 public(active)中的 ports 列表为空，表示防火墙 firewall 默认没有放行任何端口。由于 Web 服务器默认使用 80 端口提供服务，所以要想成功响应客户端的 http 请求，就需要放行 http 服务或者放行 80 端口。

如图 9-11 所示，执行命令 firewall-cmd --add-port=80/tcp --permanent，设置防火墙添加放行 80 端口，--permanent 选项用于指定这个设置永久生效，整个命令表示在防火墙 firewall 中永久放行 80 端口。然后执行命令 firewall-cmd --reload，重新加载防火墙配置，也就是使刚刚的设置生效。如图 9-10（b）所示，执行命令 firewall-cmd --list-all，结果显示在当前默认 public 下已放行的端口（ports）为 80/tcp，这正是刚刚添加的端口号，表明服务端虚拟机 server 收到 http 请求数据包时会做放行处理。

```
[root@server ~]# firewall-cmd --list-all
public (active)
  target: default
  icmp-block-inversion: no
  interfaces: ens37
  sources:
  services: ssh dhcpv6-client
  ports:
  protocols:
  masquerade: no
  forward-ports:
  source-ports:
  icmp-blocks:
  rich rules:
```

（a）

```
[root@server ~]# firewall-cmd --list-all
public (active)
  target: default
  icmp-block-inversion: no
  interfaces: ens37
  sources:
  services: ssh dhcpv6-client
  ports: 80/tcp
  protocols:
  masquerade: no
  forward-ports:
  source-ports:
  icmp-blocks:
  rich rules:
```

（b）

图 9-10　查看防火墙 firewall 放行信息

```
[root@server ~]# firewall-cmd --add-port=80/tcp --permanent
success
[root@server ~]# firewall-cmd --reload
success
```

图 9-11　设置防火墙 firewall 放行 80 端口

也可以通过执行命令 firewall-cmd--add-service=http --permanent，为防火墙添加放行 http 服务，如图 9-12 所示，添加服务后，重新加载并查看，http 服务已在放行的服务列表里。注意端口和服务的放行二选一即可。

```
[root@server ~]# firewall-cmd --add-service=http --permanent
success
[root@server ~]# firewall-cmd --reload
success
[root@server ~]# firewall-cmd --list-all
public (active)
  target: default
  icmp-block-inversion: no
  interfaces: ens37
  sources:
  services: ssh dhcpv6-client http
  ports: 80/tcp
```

图 9-12　设置防火墙 firewall 放行 http 服务

接下来，客户端再次测试访问服务端，即在防火墙开启状态下测试 Web 服务，结果如图 9-7 所示，表示成功访问 Web 服务。另外需要注意的是，和任务 8 中一样，系统的 selinux 工作模式，仍临时设置为 Permissive 工作模式。

课堂练习 9-2：请为虚拟机 server 设置合适的 selinux 工作模式和防火墙放行策略，以使其可以正常响应客户端的 Web 服务请求。

9.4.3　设置 Web 服务的默认站点

在访问 192.168.200.100 时，Web 服务器响应的是默认测试页面，显示内容为："Testing 123…"。不同版本的 http，有可能出现不一样的测试页面。在实际应用场景中，可以部署不同的站点到不同的目录，这就需要先了解默认的站点路径。

Apache 服务器部署后，默认站点目录为/var/www/html。进入该目录，新建测试页面（首页）index.html，内容如图 9-13 所示，并将其命名为 index.html。

```
[root@server ~]# cd /var/www/html/
[root@server html]# touch index.html
[root@server html]# vi index.html
[root@server html]# cat index.html
Hello,everyone!Welcome to CCIT!This is the course of Linux Fundamentals.
```

图 9-13　新建 Web 服务默认站点的测试页面

在客户端打开浏览器，访问 Web 服务器 IP 地址进行测试，如图 9-14 所示，Web 服务响应的就是新编辑的页面内容。

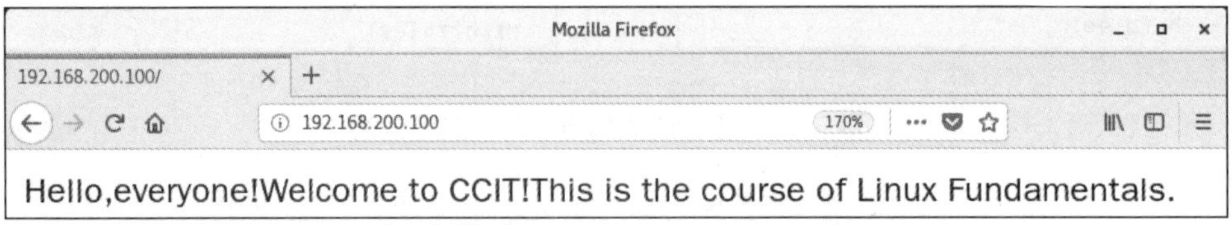
Mozilla Firefox
192.168.200.100/
192.168.200.100
170%
Hello,everyone!Welcome to CCIT!This is the course of Linux Fundamentals.

图 9-14　访问测试 Web 服务默认站点新页面 index.html

课堂练习 9-3：请把 Web 服务默认站点的默认网页设置为带有个人信息的简版个人网站。

9.4.4　编辑 Web 服务的主配置文件

在 Linux 中每一种服务都有对应的配置文件，比如 SSH 服务的配置文件默认在/etc/ssh 目录下，http 服务配置文件默认在/etc/httpd 目录下。如图 9-15 所示，执行命令 cd /etc/httpd/ 进入 http 服务配置文件默认目录，执行命令 ls -l 查看到该目录下有 3 个子目录和 3 个链接文件。其中 conf 目录内有 http 服务的主配置文件 httpd.conf；conf.d 目录一般存储与 http 服务相关的自定义配置文件；conf.modules.d 目录则是配置相关的模板文件；还有 3 个是链接文件，链接指向不同的目录，分别是日志目录、模块目录和运行时 PID 文件目录。

```
[root@server ~]# cd /etc/httpd/
[root@server httpd]# ls -l
total 0
drwxr-xr-x. 2 root root  37 Jun 12 15:44 conf
drwxr-xr-x. 2 root root  82 Jun 12 15:44 conf.d
drwxr-xr-x. 2 root root 146 Jun 12 15:44 conf.modules.d
lrwxrwxrwx. 1 root root  19 Jun 12 15:44 logs -> ../../var/log/httpd
lrwxrwxrwx. 1 root root  29 Jun 12 15:44 modules -> ../../usr/lib64/httpd/modules
lrwxrwxrwx. 1 root root  10 Jun 12 15:44 run -> /run/httpd
```

图 9-15　http 服务配置文件

查看/etc/httpd/conf/httpd.conf 文件，此处对其主要内容做如下说明。

（1）ServerRoot "/etc/httpd"，这是默认设置的 http 服务的根目录，末尾不加"/"。

（2）Listen 80，其标准格式为 Listen [IP-address:] portnumber [protocol]，表示指定服务器监听的 IP 地址和端口。默认配置中只指定了一个端口，表示服务器将在所有 IP 地址上监听该端口。如果指定了 IP 地址和端口的组合，服务器将在指定 IP 地址的指定端口上监听。可选的 protocol 参数在大多数情况下并不需要，如果没有指定该参数，则将为 443 端口使用默认的 HTTPS，为其他端口使用 HTTP。例如，如果仅需监听服务端虚拟机 server 的默认 Web 服务端口，可以这样设置：Listen 192.168.200.100:80。

（3）Include conf.modules.d/*.conf，表示加载模块，在本书安装的 httpd 2.4.6 中，都是使用 Include 来加载模块的，这也是 httpd 高度模块化的一种表现。

（4）User apache 和 Group apache，设置实际提供服务的子进程的用户和组。

（5）ServerName，默认用“#”注释该行，可以去掉“#”使设置生效，用来设置服务器用于辨识自己的主机名和端口号。当没有指定 ServerName 时，服务器会尝试对 IP 地址进行反向查询来推断主机名。如果在 ServerName 中没有指定端口号，服务器会使用接受请求的那个端口。为了加强可靠性和可预测性，建议使用 ServerName 显式地指定一个主机名和端口号。例如，在实训环境中，可以设置：ServerName 192.168.200.100:80。

（6）Directory、<Directory Directory-path >和</Directory>用于封装一组设置，使之仅对某个目录及其子目录生效。选项 AllowOverride 用来设置如何使用访问控制文件.htaccess，一般设置为 none，表示.htaccess 文件将被完全忽略。

（7）DocumentRoot "/var/www/html"，用于设置网站文件存放的路径，末尾不加“/”。

（8）DirectoryIndex index.html，用于设置当客户端请求一个目录时寻找的资源列表，可以指定多个统一资源定位符（Unified Resource Location，URL），服务器将返回最先找到的那一个。

（9）ErrorLog "logs/error_log"，用于指定错误日志存储路径，这里的路径是相对路径，结合 ServerRoot 设置的路径可以确定其绝对路径：/etc/httpd/logs/error_log。

9.4.5 设置虚拟主机

虚拟主机不是虚拟机，两者是不同的概念。本小节提及的虚拟主机，也称主机代管，可以让一台 Web 服务器看起来像有多台 Web 服务器。通俗地讲，是让一台服务器上有很多个“主网页”存在，也就是说，硬件实际上就是一台主机，但是由网站来看，似乎有多台主机存在。

虚拟主机的目标是通过不同的方式访问不同站点的网页，而实际只需要一台 Web 服务器。Web 服务器可以支持 3 种类型的虚拟主机，其差异在于如何区分不同的 Web 站点：基于 IP 地址、基于端口和基于域名的。

可以通过修改 http 服务的主配置文件 httpd.conf 来设置各种类型的虚拟主机。一般在 /etc/httpd/conf.d 目录下新建相关虚拟主机配置文件，把额外参数的设置单独存储在文件中，但文件的扩展名必须为.conf。当启动 Apache 时，这个文件就会被读入主配置文件中。这样当系统升级时，几乎不用改动原配置文件，只需要将此处的额外参数文件复制到正确地点即可，维护方便。接下来介绍基于 IP 地址和基于端口的虚拟主机相关设置。

1. 基于 IP 地址

部署 Web 服务主要包括两部分，一部分是设定网站目录，另一部分是修改配置文件。基于 IP 地址的虚拟主机主要实现通过不同 IP 地址访问不同的站点目录。

接下来在服务端虚拟机 server 中配置实现通过 192.168.200.111 访问站点 iptestweb1，通过 192.168.200.222 访问站点 iptestweb2，具体操作步骤如下。

（1）确认网站目录，如图 9-16 所示，在/var/www/vhost 目录下新建两个站点目录 iptestweb1 和 iptestweb2，并设置相关页面。

```
[root@server vhost]# pwd
/var/www/vhost
[root@server vhost]# ll
total 0
drwxr-xr-x. 2 root root 24 Jun 13 16:33 iptestweb1
drwxr-xr-x. 2 root root 24 Jun 13 16:33 iptestweb2
[root@server vhost]# cat iptestweb1/index.html
This is the test page of Website1 based on IP.
[root@server vhost]# cat iptestweb2/index.html
This is the test page of Website2 based on IP.
```

图 9-16　设置基于 IP 地址的 Web 服务站点相关页面

（2）在/etc/httpd/conf.d 目录下新建 vhost.conf 文件，指定虚拟主机设置，如图 9-17 所示，设置了基于 IP 地址的两个虚拟主机。其中<VirtualHost 192.168.200.111:80>…</VirtualHost>用于封装虚拟主机设置，192.168.200.111 表示虚拟主机 IP 地址，80 表示端口号；因为这里没有考虑 DNS 服务，所以不设置主机名，直接使用 IP 地址表示 ServerName；DocumentRoot 是第一步中确认的站点目录。

```
[root@server conf.d]# pwd
/etc/httpd/conf.d
[root@server conf.d]# ls
autoindex.conf  README  userdir.conf  vhost.conf  welcome.conf
[root@server conf.d]# cat vhost.conf
<VirtualHost 192.168.200.111:80>
        ServerName      192.168.200.111
        DocumentRoot     /var/www/vhost/iptestweb1
</VirtualHost>
<VirtualHost 192.168.200.222:80>
        ServerName      192.168.200.222
        DocumentRoot     /var/www/vhost/iptestweb2
</VirtualHost>
```

图 9-17　编辑 http 配置文件的虚拟主机设置

（3）给服务端虚拟机 server 网卡绑定不同的 IP 地址，以便测试使用。如图 9-18 所示，网卡 ens37 的原 IP 地址为 192.168.200.100，现新增两个测试用 IP 地址，分别为 192.168.200.111 和 192.168.200.222。

```
[root@server ~]# nmcli device status
DEVICE  TYPE      STATE      CONNECTION
ens37   ethernet  connected  ens37
lo      loopback  unmanaged  --
[root@server ~]# ifconfig ens37:1 192.168.200.111 up
[root@server ~]# ifconfig ens37:2 192.168.200.222 up
[root@server ~]# ip addr
2: ens37: <BROADCAST,MULTICAST,UP,LOWER_UP> mtu 1500 qdisc pfifo_fast state UP group default qlen 1000
    link/ether 00:0c:29:c6:a0:27 brd ff:ff:ff:ff:ff:ff
    inet 192.168.200.100/24 brd 192.168.200.255 scope global noprefixroute ens37
       valid_lft forever preferred_lft forever
    inet 192.168.200.111/24 brd 192.168.200.255 scope global secondary ens37:1
       valid_lft forever preferred_lft forever
    inet 192.168.200.222/24 brd 192.168.200.255 scope global secondary ens37:2
       valid_lft forever preferred_lft forever
    inet6 fe80::59bc:75d1:bcc4:fcf5/64 scope link noprefixroute
       valid_lft forever preferred_lft forever
```

图 9-18　给网卡绑定多个 IP 地址

（4）执行命令 systemctl restart httpd，服务端虚拟机 server 重启 http 服务。

（5）客户端访问测试。如图 9-19 所示，在客户端浏览器中输入服务端虚拟机 server 的

IP 地址，访问服务端提供的站点服务。

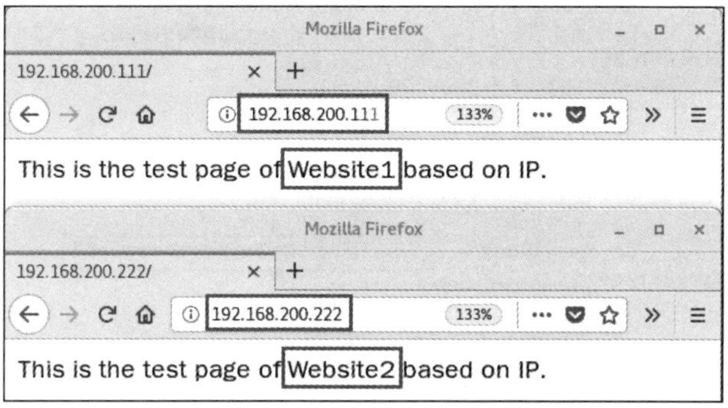

图 9-19 基于 IP 地址的不同站点访问测试

课堂练习 9-4：请把 Web 服务设置为可以通过不同的 IP 地址访问不同的站点。

2. 基于端口

基于端口的虚拟主机主要实现访问同一个 IP 地址或者同一个域名，使用不同的端口号可以访问不同的站点目录。

在虚拟机 server 中配置实现通过 192.168.200.100:8080 访问站点 porttestweb1，通过 192.168.200.100:9090 访问站点 porttestweb2，具体操作步骤如下。

（1）确认网站目录，如图 9-20 所示，在/var/www/vhost 目录下继续新建两个站点目录 porttestweb1 和 porttestweb2，并设置相关页面。

```
[root@server vhost]# ll
total 0
drwxr-xr-x. 2 root root 24 Jun 13 16:33 iptestweb1
drwxr-xr-x. 2 root root 24 Jun 13 16:33 iptestweb2
drwxr-xr-x. 2 root root 24 Jun 14 08:52 porttestweb1
drwxr-xr-x. 2 root root 24 Jun 14 08:53 porttestweb2
[root@server vhost]# cat porttestweb1/index.html
This is the test page of Website1 based on Port.
[root@server vhost]# cat porttestweb2/index.html
This is the test page of Website2 based on Port.
```

图 9-20 设置基于端口的 Web 服务站点相关页面

（2）编辑/etc/httpd/conf.d/vhost.conf 文件，增加虚拟主机设置，如图 9-21 所示，设置基于 IP 地址为 192.168.200.100 的端口号，分别为 8080 和 9090 的两个虚拟主机。

（3）编辑/etc/httpd/conf/httpd.conf 文件，设置监听端口如图 9-22 所示，表示在地址 192.168.200.100 上除了监听 80 端口，还监听 8080 端口和 9090 端口。由于默认配置中只指定了一个端口，表示服务器将在所有 IP 地址上监听该端口，所以在基于 IP 地址配置虚拟主机时并未进行端口的设置。此处，由于需要通过不同的端口设置不同的站点，所以需要指定具体 IP 地址和端口的组合，服务器将在指定 IP 地址的指定端口上监听。

（4）执行命令 firewall-cmd --add-port=8080/tcp --add-port=9090/tcp --permanent，如图 9-23 所示，设置防火墙添加两个端口，即 8080 端口和 9090 端口，并通过--permanent 选项指定设置永久生效。接着执行命令 firewall-cmd --reload，重新加载防火墙配置，也就是使刚刚的设置生效。最后执行命令 firewall-cmd --list-ports，输出显示已放行的端口中除了 80/tcp，已有新增的 8080/tcp 和 9090/tcp，表明服务端虚拟机 server 的 8080 端口和 9090 端口收到 Web 请求数据包时会做放行处理。

```
[root@server ~]# cat /etc/httpd/conf.d/vhost.conf
<VirtualHost 192.168.200.111:80>
        ServerName      192.168.200.111
        DocumentRoot     /var/www/vhost/iptestweb1
</VirtualHost>
<VirtualHost 192.168.200.222:80>
        ServerName      192.168.200.222
        DocumentRoot     /var/www/vhost/iptestweb2
</VirtualHost>
<VirtualHost 192.168.200.100:8080>
        ServerName      192.168.200.100
        DocumentRoot     /var/www/vhost/porttestweb1
</VirtualHost>
<VirtualHost 192.168.200.100:9090>
        ServerName      192.168.200.100
        DocumentRoot     /var/www/vhost/porttestweb2
</VirtualHost>
```

图 9-21　增加虚拟主机设置

```
Listen 192.168.200.100:80
Listen 192.168.200.100:8080
Listen 192.168.200.100:9090
```

图 9-22　设置监听端口

```
[root@server ~]# firewall-cmd --add-port=8080/tcp --add-port=9090/tcp --permanent
success
[root@server ~]# firewall-cmd --reload
success
[root@server ~]# firewall-cmd --list-ports
80/tcp 8080/tcp 9090/tcp
```

图 9-23　设置防火墙 firewall 放行 8080 端口和 9090 端口

（5）执行命令 systemctl restart httpd，服务端虚拟机 server 重启 http 服务。

（6）客户端访问测试。如图 9-24 所示，在客户端浏览器中输入服务端虚拟机 server 的 IP 地址、冒号（半角状态）、端口号即可访问指定网站目录。

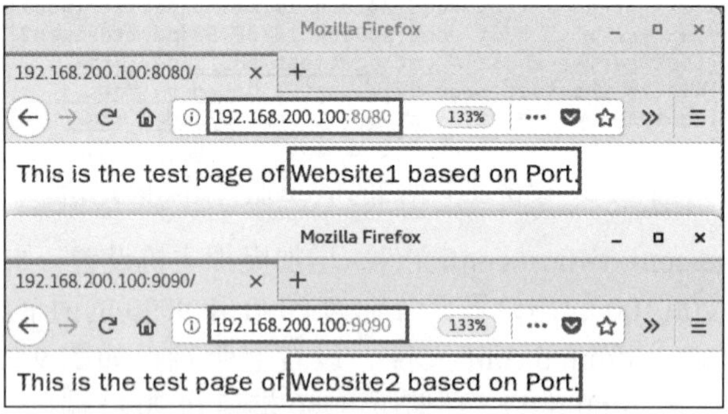

图 9-24　基于端口的不同站点访问测试

课堂练习 9-5：请把 Web 服务设置为可以通过不同的端口访问不同的站点。

对于基于域名的虚拟主机的设置，请读者结合 DNS 服务一起研究配置。

9.5　任务小结

通过本任务的学习和实践，读者可了解 Web 服务器，也就是网站服务器。那么现在应该能够完成以下练习。

（1）在 CentOS 7 中安装、配置 Apache 服务器。

（2）设置 CentOS 7 的安全壳 selinux 工作模式以及防火墙 firewall 以使 Web 服务器正常工作。

（3）根据需求规划并设置 Web 服务的站点。

（4）根据需求编辑 Web 服务的配置文件。

（5）在同一台 Web 服务器上通过不同的虚拟主机提供多站点服务。

9.6 课后习题

1. 填空题

（1）在 CentOS 7 中，安装 Apache 服务器的命令是________。

（2）Apache 服务器默认站点路径为________。

（3）Apache 服务器的主配置文件是/etc/httpd/conf 目录下的________文件。

（4）Apache 服务器的主配置文件中用来设置网站站点路径的参数是________。

（5）Apache 服务器的主配置文件中用来设置 httpd 服务的根目录的参数是________。

2. 判断题

（1）命令 firewall-cmd --add-port=80/tcp --permanent 用于在防火墙 firewall 中添加 80 端口。（　　）

（2）重新加载防火墙配置的命令是 firewall-cmd --reload。（　　）

（3）Apahce 服务器核心配置文件是 www.conf。（　　）

（4）Apache 服务器的守护进程是 httpd。（　　）

（5）Apache 服务器是使用量排名世界第一的操作系统。（　　）

3. 选择题

（1）改变 Apache 服务器监听端口使用的是（　　）。

A. ServerRoot　B. Listen　C. ServerName　D. Directory

（2）Apache 服务器提供服务的标准端口是（　　）。

A. 80　B. 443　C. 8080　D. 8443

（3）虚拟主机的实现方法有（　　）。（多选）

A. 基于 IP 地址的方法　B. 基于端口的方法

C. 基于 MAC 的方法　D. 基于域名的方法

（4）下列关于 Web 服务的描述中，正确的是（　　）。（多选）

A. 向 Web 客户端（如浏览器）提供文档或其他服务

B. 只要是遵循 HTTP 的应用程序都可以是 Web 客户端

C. 客户端请求文件，Web 服务器使用 HTTP 与客户端交互信息，处理请求后返回文件给客户端

D. Web 服务器不仅能够管理 Web 资源，还可以运行脚本和程序

（5）如果没有启动 http 服务，可以使用（　　）命令将其启动并设置为开机自启。（多选）

A. systemctl status httpd　B. systemctl restart httpd

C. systemctl start httpd　D. systemctl enable httpd

任务⑩ 编写 shell 脚本

在 Linux 运行、维护的过程中，经常需要编写 shell 脚本进行自动化和批量化运维。本任务依托服务器资源的安全删除、软件的自动化部署以及局域网的主机扫描 3 个任务，全面介绍 shell 脚本的基本语法、编写以及运行方式。

10.1 学习目标

编写 shell 脚本需要了解 shell 的基本概念和相关语法，并在此基础上理解任务需求，使用 shell 脚本进行任务实现与调试。

（1）知识目标

- 了解 shell、bash 的基本概念。
- 掌握变量、分隔符、引号、算术运算符及重定向的基本概念和用法。
- 掌握 if 语句的语法格式。
- 掌握 for 循环、while 循环及 until 循环的语法格式。

（2）能力目标

- 能够熟练使用脚本的各种执行方式。
- 能够按需编写 shell 脚本并进行任务实现与调试。

（3）素养目标

通过 shell 脚本的编写与调试，强调程序编写规则，引导学生在学校遵规守纪，走上社会遵纪守法。同时结合“凡事亲力亲为”的态度，培养学生学会以“分而治之”的思想解决复杂问题。

10.2 任务描述

子任务 10-1：以编写一个安全删除文件的脚本为例，介绍 shell 编程的基础知识。在使用 Linux 的过程中，用户可能需要删除文件和目录。删除文件和目录可以使用 rm 命令实现。但是一旦使用 rm 命令删除文件或目录，文件或目录就会被彻底删除。本任务使用 shell 脚本，编写安全的 rm 命令，在使用该命令删除文件或目录时，不是直接删除，而是将文件或目录移动到指定的回收站目录，功能类似于 Windows 系统中的回收站。

子任务 10-2：以编写一个软件自动化部署脚本为例，介绍 shell 编程中条件判断语句的基本用法。编写脚本，运行脚本后，用户可输入 1、2、3 部署指定的软件：当用户输入 1 时，脚本部署 Git 软件；当用户输入 2 时，脚本部署 Python 3 软件；当用户输入 3 时，脚本部署 VIM 编辑器；如果用户输入其他内容，则不部署任何软件。

子任务 10-3：以编写一个局域网在线主机扫描的脚本为例，介绍 shell 编程中循环语句的基本用法。编写脚本，用脚本自动扫描指定网段内是否有主机在线，如果有主机在线，则输出在线主机的 IP 地址。

由此，建议学习本任务时遵循如图 10-1 所示的路径。

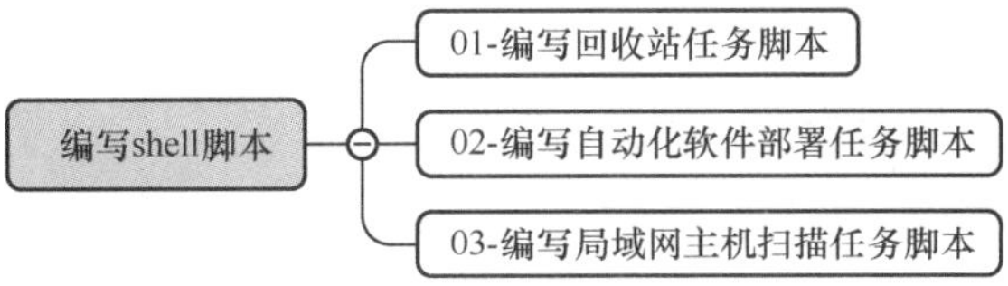

图 10-1 任务学习路径

10.3 相关知识

本任务主要通过 3 个子任务全面介绍 shell 的相关知识，包括 shell 的基本概念、bash 的特征、变量、脚本执行方式、分隔符、引号、管道、算术运算符、read 命令、重定向、条件判断、if 条件判断、循环以及循环控制等。

微课视频

shell 简介

10.3.1 shell 的基本概念

shell 是连接用户和计算机的“桥梁”，用户可以通过 shell 向计算机底层发送命令，shell 将用户的命令翻译成操作系统可以识别的形式让操作系统执行。shell 可以得到操作系统执行后的反馈，翻译成用户可以理解的形式后告知用户。常见的 shell 有 bash、zsh、csh、sh 等。其中 bash 是常见的 shell 环境，一般 Linux 默认的 shell 环境是 bash。bash 的功能较为基础，在需要更专业或者功能更多的运维场合，可以使用 zsh 提高工作效率。

系统中已安装的 shell 环境会被汇总到/etc/shells 文件中，读取该文件即可查看系统中已安装的 shell 环境。图 10-2 所示是在最小化安装的虚拟机 server 中，以及带有 GUI 安装的虚拟机 client 中的 shell 情况。

```
[root@server ~]# cat /etc/shells
/bin/sh
/bin/bash
/sbin/nologin
/usr/bin/sh
/usr/bin/bash
/usr/sbin/nologin
```

```
[root@client ~]# cat /etc/shells
/bin/sh
/bin/bash
/usr/bin/sh
/usr/bin/bash
/bin/tcsh
/bin/csh
```

图 10-2 查看系统中的 shell

当前 shell 会作为环境变量（SHELL）保存在系统中，查看该环境变量即可查看当前使用的 shell。如图 10-3 所示，执行命令 echo ${SHELL}，其中 echo 表示允许在标准输出中显示环境变量 SHELL 的值，${SHELL}表示引用环境变量 SHELL；同理，如果要查看系统路径，可以执行命令 echo ${PATH}，输出显示环境变量 PATH 的值。

```
[root@server ~]# echo ${SHELL}
/bin/bash
[root@server ~]# echo ${PATH}
/opt/lampp/etc:/usr/local/sbin:/usr/local/bin:/sbin:/bin:
/usr/sbin:/usr/bin:/root/bin
```

图 10-3 查看当前 SHELL 及 PATH

课堂练习 10-1：请分别查看虚拟机 server 和 client 的当前 shell 以及系统支持的 shell。

10.3.2 bash 的特征

bash 是常见的 shell，很多 Linux 发行版的默认 shell 都是 bash。bash 的功能主要有自动补全、历史记录、别名、通配符、正则表达式等。对于每一种 shell，每打开一个 shell

环境，系统都会先将~/.xxshrc 文件中的命令都执行一次（即执行这个文件）。例如，每当用户打开一个 bash，~/.bashrc 都会被执行一次。因此，用户可以将自己的一些配置写到这个文件中。

微课视频

自动补全、历史记录与别名

1. 自动补全

bash 提供了自动补全的功能。在 bash 环境中，用户可以按 Tab 键两次，系统会根据用户已经输入的内容进行补全提示。如图 10-4 所示，用户输入 nm（小写字母），然后按 Tab 键两次，输出显示系统内所有以 nm 开头的命令，在输出结果中查看到以 nmc 开头的命令只有一个，此时继续输入字母 c，再按 Tab 键一次即可补全命令 nmcli。

```
[root@server ~]# nm
nm              nm-online       nmtui-connect    nmtui-hostname
nmcli           nmtui           nmtui-edit
[root@server ~]# nmcli
```

图 10-4　自动补全示例（1）

除了可以补全命令，shell 还可以根据当前目录下的文件补全命令的参数。如图 10-5 所示，当用户输入 cat 后，用空格分隔要输入命令的第二部分，按 Tab 键两次，系统会将当前目录下所有文件和子目录都列举出来供用户选择。如果用户已经输入了一部分参数，系统会根据这部分参数进行补全提示。例如，当用户输入 cat C 后，按 Tab 键一次，系统会将当前目录下所有以大写字母 C 开头的文件和子目录都列举出来。此处由于以大写字母 C 开头的文件和子目录只有一个，因此系统不再列出候选项供用户选择，而是直接自动完成补全。

```
[root@server ~]# cat
anaconda-ks.cfg                        .cshrc
.bash_history                          deluser
.bash_logout                           .ssh/
.bash_profile                          .tcshrc
.bashrc                                test
CentOS7-Base-163.repo                  xampp-linux-x64-8.1.6-0-installer.run
createuser
[root@server ~]# cat CentOS7-Base-163.repo
```

图 10-5　自动补全示例（2）

课堂练习 10-2：请在虚拟机 server 终端窗口中练习使用 Tab 键。

2. 历史记录

bash 提供了历史记录的功能。用户输入的命令会被记录在~/.bash_history 文件中。用户在终端可以使用上、下方向键查看历史命令。bash 的历史记录功能非常基础，在打开多个 bash 环境时，各历史记录之间是不同步的。

课堂练习 10-3：请在虚拟机 server 终端窗口中练习使用上、下方向键查看历史命令。

3. 别名

bash 提供了别名的功能。使用别名，可以给一个命令（可以带选项和参数）设置一个别名，从而在需要使用这个命令的时候直接使用别名。系统中，find / -type f -size +100M 命令的功能是寻找大小大于 100 MB 的文件。用户可能需要经常查询系统中的大文件，这个命令又比较长，为了有效管理系统空间，此时可以使用别名。如图 10-6 所示，可以通过执行命令 alias findbigfile='find / -type f -size +100M'为该命令设置一个别名 findbigfile，当需要使用该命令时，可以直接调用 findbigfile。设置别名的格式是“alias 别名='原命令'”。

```
[root@server ~]# alias findbigfile='find / -type f -size +100M'
[root@server ~]# findbigfile
/proc/kcore
find: ' /proc/4031/task/4031/fdinfo/6' : No such file or directory
find: ' /proc/4031/fdinfo/5' : No such file or directory
/sys/devices/pci0000:00/0000:00:0f.0/resource1_wc
/sys/devices/pci0000:00/0000:00:0f.0/resource1
/root/xampp-linux-x64-8.1.6-0-installer.run
```

图 10-6 别名示例

系统中还有一些默认的别名，如图 10-7 所示，其中别名 findbigfile 是刚设置的；别名 ll 在前文中也经常用到，它是命令 ls -l --color=auto 的别名。

```
[root@server ~]# alias
alias cp='cp -i'
alias egrep='egrep --color=auto'
alias fgrep='fgrep --color=auto'
alias findbigfile='find / -type f -size +100M'
alias grep='grep --color=auto'
alias l.='ls -d .* --color=auto'
alias ll='ls -l --color=auto'
alias ls='ls --color=auto'
alias mv='mv -i'
alias rm='rm -i'
alias which='alias | /usr/bin/which --tty-only --read-alias --show-dot --show-tilde'
```

图 10-7 系统默认别名

采用上述方法设置的别名只在当前 bash 有效，如果需要在所有 bash 中生效，那么可以将设置别名的语句添加到.bashrc 中。需要注意的是，语句在添加完之后不会立即生效，应重启 bash 或者执行命令 source .bashrc。

微课视频

通配符与正则表达式

4. 通配符

在 bash 中，通配符表示一类内容，一般出现在命令的参数中。当 bash 在命令参数中遇到通配符时，bash 会将其当作路径或文件名在磁盘上搜寻可能的匹配项：若有符合要求的匹配项，则将该匹配项作为参数，然后继续寻找匹配项，直到查找完成；如果未找到匹配项，则将该通配符作为普通字符传递给命令，再由命令进行处理。bash 中常见的通配符有*、?、[ ]、{}等。

（1）如图 10-8 所示，*表示匹配零个、一个或者多个字符。如图 10-9 所示，?表示匹配一个字符。

```
[root@server tmp]# ls
aa  ab  abc  ac
[root@server tmp]# ls ab*
ab  abc
[root@server tmp]# ls a*
aa  ab  abc  ac
```

图 10-8 *通配符示例

```
[root@server tmp]# ls
aa  ab  abc  ac
[root@server tmp]# ls a?
aa  ab  ac
[root@server tmp]# ls ??
aa  ab  ac
[root@server tmp]# ls ???
abc
```

图 10-9 ?通配符示例

（2）如图 10-10 所示，[ ]表示匹配其中任意一个字符，例如，[abc]表示匹配 a 或者 b 或者 c。如图 10-11 所示，[!]或者[^]表示匹配不在其中的任意一个字符，例如，[!ab]表示匹配除 a、b 以外的任意一个字符。

```
[root@server tmp]# ls
aa  ab  abc  ac
[root@server tmp]# ls a[abc]
aa  ab  ac
[root@server tmp]# ls a[abc][bc]
abc
```

图 10-10　[ ]通配符示例

```
[root@server tmp]# ls
aa  ab  abc  ac
[root@server tmp]# ls a[!ab]
ac
[root@server tmp]# ls a[^bc]
aa
[root@server tmp]# ls a[!ac][^a]
abc
```

图 10-11　[!]和[^]通配符示例

（3）[[:class:]]表示匹配特定的类型，其中 class 常见值如表 10-1 所示。

表 10-1　class 常见值

class	含义
alnum	一个字母或一个数字
alpha	一个字母
digit	一个数字
lower	一个小写字母
upper	一个大写字母

如图 10-12 所示，对[[:class:]]进行说明，如下。

① 命令 ls [[:alnum:]]*，其中 ls [[:alnum:]]表示查看当前目录下文件名以一个字母或数字开头的文件，*表示匹配任意长度的文件名。

② 命令 ls [[:alnum:]]?，其中 ls [[:alnum:]]表示查看当前目录下文件名以一个字母或数字开头的文件，?表示匹配一个字符，所以该命令表示查找文件名长度为 2 个字符的文件。

③ 命令 ls [[:alpha:]]?，其中 ls [[:alpha:]]表示查看当前目录下文件名以一个字母开头的文件，?表示匹配一个字符，所以该命令表示查找文件名以字母开头且长度为 2 个字符的文件。

④ 命令 ls [[:digit:]]?，其中 ls [[:digit:]]表示查看当前目录下文件名以一个数字开头的文件，?表示匹配一个字符，所以该命令表示查找文件名以数字开头且长度为 2 个字符的文件。

⑤ 命令 ls [[:lower:]]?，其中 ls [[:lower:]]表示查看当前目录下文件名以一个小写字母开头的文件，?表示匹配一个字符，所以该命令表示查找文件名以小写字母开头且长度为 2 个字符的文件。

⑥ 命令 ls [[:upper:]]?，其中 ls [[:upper:]]表示查看当前目录下文件名以一个大写字母开头的文件，?表示匹配一个字符，所以该命令表示查找文件名以大写字母开头且长度为 2 个字符的文件。

```
[root@server tmp]# ls
123a  1a  2a  a1  A1  a2  A2  a3  A3  aa  b1  B1  b2  B2  b3  B3  ~haha
[root@server tmp]# ls [[:alnum:]]*
123a  1a  2a  a1  A1  a2  A2  a3  A3  aa  b1  B1  b2  B2  b3  B3
[root@server tmp]# ls [[:alnum:]]?
1a  2a  a1  A1  a2  A2  a3  A3  aa  b1  B1  b2  B2  b3  B3
[root@server tmp]# ls [[:alpha:]]?
a1  A1  a2  A2  a3  A3  aa  b1  B1  b2  B2  b3  B3
[root@server tmp]# ls [[:digit:]]?
1a  2a
[root@server tmp]# ls [[:lower:]]?
a1  a2  a3  aa  b1  b2  b3
[root@server tmp]# ls [[:upper:]]?
A1  A2  A3  B1  B2  B3
```

图 10-12　[[:class:]]通配符示例

（4）{x..y}通配符表示匹配从 x 到 y 的所有字符，一般用于批量操作。如图 10-13 所示，执行命令 touch {a..c}即 touch a b c，表示创建文件 a、b、c。执行命令 touch {x..y}{1..5}表示创建文件 x1、x2、x3、x4、x5 以及 y1、y2、y3、y4、y5。

```
[root@server tmp]# ls
[root@server tmp]# touch {a..c}
[root@server tmp]# ls
a  b  c
[root@server tmp]# touch {x..y}{1..5}
[root@server tmp]# ls
a  b  c  x1  x2  x3  x4  x5  y1  y2  y3  y4  y5
```

图 10-13　{x..y}通配符示例

（5）[x-y]通配符表示匹配在 x～y 中的任意一个字符。如图 10-14 所示，执行命令 ls [c-f][2-4]，表示列出当前目录下文件名首字符为小写字母 c、d、e、f 中的一个，第二个字符为数字 2、3、4 中的一个的文件。

```
[root@server tmp]# ls
[root@server tmp]# touch {a..z}{1..5}
[root@server tmp]# ls
a1  b4  d2  e5  g3  i1  j4  l2  m5  o3  q1  r4  t2  u5  w3  y1  z4
a2  b5  d3  f1  g4  i2  j5  l3  n1  o4  q2  r5  t3  v1  w4  y2  z5
a3  c1  d4  f2  g5  i3  k1  l4  n2  o5  q3  s1  t4  v2  w5  y3
a4  c2  d5  f3  h1  i4  k2  l5  n3  p1  q4  s2  t5  v3  x1  y4
a5  c3  e1  f4  h2  i5  k3  m1  n4  p2  q5  s3  u1  v4  x2  y5
b1  c4  e2  f5  h3  j1  k4  m2  n5  p3  r1  s4  u2  v5  x3  z1
b2  c5  e3  g1  h4  j2  k5  m3  o1  p4  r2  s5  u3  w1  x4  z2
b3  d1  e4  g2  h5  j3  l1  m4  o2  p5  r3  t1  u4  w2  x5  z3
[root@server tmp]# ls [c-f][2-4]
c2  c3  c4  d2  d3  d4  e2  e3  e4  f2  f3  f4
```

图 10-14　[x-y]通配符示例

课堂练习 10-4：请按上述内容在虚拟机 server 终端窗口中练习使用各种通配符，如*、?、[ ]、{}。

5. 正则表达式

使用通配符时所匹配的字符一定要和通配符规定的格式完全一致才可以匹配成功（完全匹配）。而使用正则表达式时只需要所匹配的字符串中包含它所定义的规则即可（模糊匹配）。ls、find、cp、mv 都不支持正则表达式，支持正则表达式的命令有 grep、awk、sed（Linux“三剑客”）。

正则表达式使用预先定义的特殊字符来定义一套规则，它可以检测指定的字符串是否符合这套规则，也可以按照这套规则来批量替换字符串。预先定义的特殊字符称为元字符，常见元字符如表 10-2 所示。

表 10-2　常用元字符

元字符	说明	实例	匹配的字符串示例
一般字符	匹配自身	haha	haha
.	匹配除换行符\n 以外的任意一个字符，在 DOTALL 模式中能匹配换行符	a.c	abc、adc…
\	转义字符，改变后一个字符	a\.c	a.c
[...]	字符集，对应位置可以是其中的任意一个字符	a[bcd]e	abe、ace、ade
\d	数字，等价于[0-9]	a\dc	a1c、a2c…
\D	非数字，等价于[^\d]	a\Dc	adc

续表

<table>
<tr><th>元字符</th><th>说明</th><th>实例</th><th>匹配的字符串示例</th></tr>
<tr><td>\s</td><td>空白字符（空格等，如\t\r\n）</td><td>a\sc</td><td>ac</td></tr>
<tr><td>\S</td><td>非空白字符，等价于[^\s]</td><td>a\Sc</td><td>abc</td></tr>
<tr><td>*</td><td>匹配前一个字符 0 次或者多次</td><td>abc*</td><td>ab、abccc</td></tr>
<tr><td>+</td><td>匹配前一个字符 1 次或者多次</td><td>abc+</td><td>abc</td></tr>
<tr><td>?</td><td>匹配前一个字符 0 次或者 1 次</td><td>abc?</td><td>ab、abc</td></tr>
<tr><td>{m}</td><td>匹配前一个字符 m 次</td><td>ab{2}c</td><td>abbc</td></tr>
<tr><td>{m,n}</td><td>匹配前一个字符 m 到 n 次，m 和 n 可以省略，省略后，m 为 0，n 为无限</td><td>ab{1,2}c</td><td>abc、abbc</td></tr>
<tr><td>^</td><td>匹配字符串的开头，在多行模式下匹配每一行的开头</td><td>^abc</td><td>abc</td></tr>
<tr><td>$</td><td>匹配字符串的末尾，在多行模式下匹配每一行的末尾</td><td>abc$</td><td>abc</td></tr>
<tr><td>|</td><td>表示左右表达式任意匹配一个</td><td>abc|def</td><td>abc、def</td></tr>
<tr><td>( )</td><td>被括起来的表达式作为一个整体</td><td>(abc){2}</td><td>abcabc</td></tr>
</table>

在 Linux 中，可以使用 grep 命令按照指定的规则过滤字符串，命令格式如下。

```
grep [选项] 规则 [文件名]
```

grep 命令按照行匹配符合规则的内容。其中规则可以使用正则表达式，正则表达式需要使用双引号引起来，如图 10-15 所示，过滤/etc/passwd 文件中包含数字 0～9 中任意一个数字的行。

```
[root@server tmp]# grep "[0-9]" /etc/passwd
root:x:0:0:root:/root:/bin/bash
bin:x:1:1:bin:/bin:/sbin/nologin
daemon:x:2:2:daemon:/sbin:/sbin/nologin
adm:x:3:4:adm:/var/adm:/sbin/nologin
lp:x:4:7:lp:/var/spool/lpd:/sbin/nologin
sync:x:5:0:sync:/sbin:/bin/sync
shutdown:x:6:0:shutdown:/sbin:/sbin/shutdown
halt:x:7:0:halt:/sbin:/sbin/halt
mail:x:8:12:mail:/var/spool/mail:/sbin/nologin
operator:x:11:0:operator:/root:/sbin/nologin
games:x:12:100:games:/usr/games:/sbin/nologin
ftp:x:14:50:FTP User:/var/ftp:/sbin/nologin
nobody:x:99:99:Nobody:/:/sbin/nologin
systemd-network:x:192:192:systemd Network Management:/:/sbin/nologin
dbus:x:81:81:System message bus:/:/sbin/nologin
polkitd:x:999:998:User for polkitd:/:/sbin/nologin
sshd:x:74:74:Privilege-separated SSH:/var/empty/sshd:/sbin/nologin
postfix:x:89:89::/var/spool/postfix:/sbin/nologin
mysql:x:998:1000::/home/mysql:/bin/bash
```

图 10-15　grep 命令示例

需要注意的是，默认的 grep 命令并不支持上述所有形式的正则表达式，如图 10-16 所示，可以使用 grep -P 命令表示启用 perl 形式的正则表达式。

```
[root@server tmp]# grep -P "\d" /etc/passwd
root:x:0:0:root:/root:/bin/bash
bin:x:1:1:bin:/bin:/sbin/nologin
daemon:x:2:2:daemon:/sbin:/sbin/nologin
adm:x:3:4:adm:/var/adm:/sbin/nologin
lp:x:4:7:lp:/var/spool/lpd:/sbin/nologin
sync:x:5:0:sync:/sbin:/bin/sync
shutdown:x:6:0:shutdown:/sbin:/sbin/shutdown
halt:x:7:0:halt:/sbin:/sbin/halt
mail:x:8:12:mail:/var/spool/mail:/sbin/nologin
operator:x:11:0:operator:/root:/sbin/nologin
games:x:12:100:games:/usr/games:/sbin/nologin
ftp:x:14:50:FTP User:/var/ftp:/sbin/nologin
nobody:x:99:99:Nobody:/:/sbin/nologin
systemd-network:x:192:192:systemd Network Management:/:/sbin/nologin
dbus:x:81:81:System message bus:/:/sbin/nologin
polkitd:x:999:998:User for polkitd:/:/sbin/nologin
sshd:x:74:74:Privilege-separated SSH:/var/empty/sshd:/sbin/nologin
postfix:x:89:89::/var/spool/postfix:/sbin/nologin
mysql:x:998:1000::/home/mysql:/bin/bash
```

图 10-16　grep 命令的 perl 形式支持

10.3.3　变量

微课视频

变量与脚本执行方式

在 shell 中可以定义变量，随后可以通过变量名使用变量。定义变量的好处是方便修改，如定义变量 DIR='/tmp/trash'表示回收站目录，随后在 shell 脚本中使用该变量。如果要修改回收站目录，不需要修改每一个使用了该目录的地方，而只需要修改所定义的变量。

定义变量的格式是：变量名=变量值。如果变量值为普通文本（即字符串），则使用单引号或双引号将其引起来。

变量命名有如下规范。

（1）只能使用英文字母、数字或下划线，且不能以数字开头。

（2）中间不能有空格。

（3）最好不要使用系统的关键字或者命令。

（4）要做到浅显易懂、顾名思义。如果有多个字母，可以使用驼峰式（如 thisIsMyName）或者下划线式（如 this_is_my_name）命名。

定义变量后，如果要使用变量，可以使用${变量名}引用变量。

课堂练习 10-5：请在虚拟机 server 终端窗口中编写 shell 脚本实现下面案例的输出。

```
#!/bin/bash
name='zhangsan'
age=10
echo "My name is ${name}, I am ${age} years old."
```

该脚本运行的结果是“My name is zhangsan, I am 10 years old.”。

除了可以直接给一个变量赋值，还可以使用变量名=`命令`，将命令的执行结果复制给一个变量。注意，此处使用的是反引号。

课堂练习 10-6：请在虚拟机 server 终端窗口中编写 shell 脚本实现下面案例的输出。

```
#!/bin/bash
files=`ls -a`
echo ${files}
```

该脚本运行后会输出当前目录下的所有文件和目录，包括隐藏文件和目录。

10.3.4 脚本执行方式

shell 脚本就是把 Linux 的各种命令按顺序组合构成文件，用户执行文件以实现相应功能，避免重复性工作。还可以在 shell 脚本中加入相关语法语句的组合，比如变量、条件判断语句及循环控制语句等，以形成功能更为强大的 shell 脚本。

shell 脚本一般被命名为 xx 或者 xx.sh。shell 脚本的第一行一般是#!/bin/bash，表示该脚本使用的解释器。shell 脚本中，除第一行外，以#开始的行表示注释，系统不会运行被注释的行。下面是一个简单的 shell 脚本。

```
#!/bin/bash
echo "Hello World."
```

shell 脚本可以实现自动化运维或者批量操作，提高系统管理的效率。bash 中，执行 shell 脚本有多种方式，如 source 方式、sh 方式、bash 方式、./方式、绝对路径方式等。

（1）source 方式

使用 source 方式运行 shell 脚本，不需要文件具有 x 权限。如图 10-17 所示，shell 脚本 main.sh 无权限 x，使用命令 source main.sh 可以执行脚本，该脚本的第一行指定解释器，第二行输出显示双引号内的文本信息，脚本执行后输出结果为“Hello World.”。

（2）sh 方式

使用 sh 方式运行 shell 脚本，同样不需要文件具有 x 权限。如图 10-18 所示，直接执行命令 sh main.sh，可以输出结果“Hello World.”。

```
[root@server tmp]# ll
total 4
-rw-r--r--. 1 root root 32 Jun 19 22:13 main.sh
[root@server tmp]# cat main.sh
#!/bin/bash
echo "Hello World."
[root@server tmp]# source main.sh
Hello World.
```

图 10-17 使用 source 方式执行 shell 脚本

```
[root@server tmp]# sh main.sh
Hello World.
```

图 10-18 使用 sh 方式执行 shell 脚本（1）

脚本文件后可以带参数，多个参数之间用空格隔开，参数在脚本中分别使用$1、$2…引用。如图 10-19 所示，脚本文件 info.sh 中，用 echo 输出一行信息，输出内容用双引号引起来，其中用到了两个变量$1 和$2，脚本执行时参数 zhangsan 和 18 分别被传递给了变量$1 和$2，所以输出结果为“My name is zhangsan, I am 18 years old.”。使用 source 方式执行也是一样的结果。

（3）bash 方式

使用 bash 方式运行 shell 脚本，也不需要文件具有 x 权限。脚本文件后可以带参数，多个参数之间用空格隔开，参数在脚本中分别使用$1、$2…引用。如图 10-20 所示，使用 source 方式和 sh 方式运行的脚本同样可以用 bash 方式运行。

```
[root@server tmp]# ll
total 8
-rw-r--r--. 1 root root 53 Jun 19 22:32 info.sh
-rw-r--r--. 1 root root 32 Jun 19 22:13 main.sh
[root@server tmp]# cat info.sh
#!/bin/bash
echo "My name is $1, I am $2 years old."
[root@server tmp]# sh info.sh zhangsan 18
My name is zhangsan, I am 18 years old.
[root@server tmp]# source info.sh zhangsan 18
My name is zhangsan, I am 18 years old.
```

图 10-19 使用 sh 方式执行 shell 脚本（2）

```
[root@server tmp]# bash main.sh
Hello World.
[root@server tmp]# bash info.sh lisi 28
My name is lisi, I am 28 years old.
```

图 10-20 使用 bash 方式执行 shell 脚本

（4）./方式

使用./方式运行 shell 脚本，需要文件具有 x 权限。脚本文件后可以带参数，多个参数之间用空格隔开，参数在脚本中分别使用$1、$2…引用。如图 10-21 所示，直接使用./main.sh 执行脚本时，提示“Permission denied”，表示权限被拒绝。通过命令 chmod 可以改变文件权限（具体参考任务 6），执行命令 chmod u+x main.sh info.sh，为两个脚本文件 main.sh 和 info.sh 增加所有者的 x 权限，再执行命令./ main.sh 和./info.sh zhangsan 18，输出结果正确。

（5）绝对路径方式

使用绝对路径方式运行 shell 脚本，需要文件具有 x 权限。如图 10-22 所示，执行命令 pwd 查看脚本文件的绝对路径，执行命令/tmp/main.sh，运行脚本文件 main.sh，输出结果正确。

```
[root@server tmp]# ./main.sh
-bash: ./main.sh: Permission denied
[root@server tmp]# chmod u+x main.sh info.sh
[root@server tmp]# ll
total 8
-rwxr--r--. 1 root root 53 Jun 19 22:32 info.sh
-rwxr--r--. 1 root root 32 Jun 19 22:13 main.sh
[root@server tmp]# ./main.sh
Hello World.
[root@server tmp]# ./info.sh zhangsan 18
My name is zhangsan, I am 18 years old.
```

图 10-21 使用./方式执行 shell 脚本

```
[root@server tmp]# pwd
/tmp
[root@server tmp]# /tmp/main.sh
Hello World.
```

图 10-22 使用绝对路径方式执行 shell 脚本

课堂练习 10-7：请在虚拟机 server 终端窗口中分别按上述 5 种脚本执行方式执行课堂练习 10-5 和课堂练习 10-6 中的脚本，查看输出结果。

微课视频

分隔符与条件判断

10.3.5 分隔符

在 bash 中，分隔符可以分隔多个命令。常见的分隔符有;、&&、||。

（1）;分隔符表示完全分隔，格式是：命令 1;命令 2。以;作为分隔符的两个命令之间没有任何关系。如图 10-23 所示，执行命令 cat info.sh ; ls 和依次执行命令 cat info.sh 以及 ls 的输出结果是一样的。

（2）&&分隔符表示与操作，格式是：命令 1 && 命令 2。当命令 1 和命令 2 都为真时，该格式的表达式为真。命令为真表示命令执行成功，一般用于命令存在或者命令本身带有真假的输出。命令 1 为真，需要判断命令 2，所以命令 1 为真时，命令 2 会执行；命令 1 为假，表达式肯定为假，命令 2 就不需要执行了。如图 10-24 所示，执行命令 id tom && echo "Tom exists."，因为系统中不存在用户 tom，所以执行命令 1 即 id tom 失败，此时就不再执行分隔符&&后面的命令 2 了，所以没有命令 echo 输出，只有命令 id tom 的提示信息。执行命令 id root && echo "root exists."，由于系统中存在用户 root，所以执行命令 1 即 id root 成功，输出结果为“uid=0(root) gid=0(root) groups=0(root)”，接着执行分隔符&&后面的命令 2 即 echo "root exists."，输出结果为“root exists.”。

```
[root@server tmp]# cat info.sh
#!/bin/bash
echo "My name is $1, I am $2 years old."
[root@server tmp]# ls
info.sh  main.sh
[root@server tmp]# cat info.sh ; ls
#!/bin/bash
echo "My name is $1, I am $2 years old."
info.sh  main.sh
```

图 10-23 ;分隔符示例

（3）||分隔符表示或操作，格式是：命令 1|| 命令 2。只要命令 1 为真，表达式就为真，且如果命令 1 为真，命令 2 不会执行，因为只要命令 1 为真，不论命令 2 是真还是假，这个表达式都为真；如果命令 1 为假，命令 2 就会执行。如图 10-25 所示，执行命令 id tom || echo "Tom does not exist."，因为系统中不存在用户 tom，所以执行命令 1 即 id tom 失败，

继续执行命令 2 echo "Tom does not exist.",输出“Tom does not exist.”。执行命令 id root || echo "root exists.", 由于系统中存在用户 root，所以执行命令 1 即 id root 成功，输出结果为“uid=0(root) gid=0(root) groups=0(root)”，整个表达式为真，不会再执行分隔符||后的命令 2。

```
[root@server tmp]# id tom && echo "Tom exists."
id: tom: no such user
[root@server tmp]# id root && echo "root exists."
uid=0(root) gid=0(root) groups=0(root)
root exists.
```

图 10-24　&&分隔符示例

```
[root@server tmp]# id tom || echo "Tom does not exist."
id: tom: no such user
Tom does not exist.
[root@server tmp]# id root || echo "root exists."
uid=0(root) gid=0(root) groups=0(root)
[root@server tmp]#
```

图 10-25　||分隔符示例

课堂练习 10-8：请在虚拟机 server 终端窗口中练习使用分隔符;、&&、||。

10.3.6　引号

在 bash 中常用的引号有 3 种：单引号（' '）、双引号（" "）和反引号（` `）。这 3 种引号各有区别。

其中，单引号表示所见即所得，即系统不会对单引号中的内容做任何变换；双引号可以将引号中的$变量替换成变量的值；反引号会将引号中的内容作为命令执行。使用变量=`命令`可以将命令运行的结果作为变量的值。

如图 10-26 所示，定义变量 a，并赋值 ls（Linux 的系统命令）。对于用单引号引起来的'$a'，通过 echo 输出其内容到终端时对该内容不做任何变换，原样输出，即$a；对于用双引号引起来的"$a"，通过 echo 输出其内容到终端时表示将输出变量 a 的值，即 ls；对于用反引号引起来的`$a`，通过 echo 输出其内容到终端时表示将变量 a 的值 ls 作为命令执行，此处执行 ls 命令的结果是“info.sh main.sh testdir testfile”。

```
[root@server tmp]# a=ls
[root@server tmp]# echo '$a'
$a
[root@server tmp]# echo "$a"
ls
[root@server tmp]# echo `$a`
info.sh main.sh testdir testfile
[root@server tmp]#
```

图 10-26　引号的使用

课堂练习 10-9：请在虚拟机 server 终端窗口中练习使用单引号（' '）、双引号（" "）和反引号（` `）。

微课视频

管道

10.3.7　管道

bash 中，管道用符号 | 表示，格式是：命令 1 | 命令 2。管道的功能是将命令 1 的输出作为命令 2 的输入。通过管道可以将不同的命令组合在一起，实现特定功能。如使用命令 grep 可以过滤文件中指定的内容，使用命令 ps 可以获取系统当前的进程信息，当使用管道将命令 ps 和 grep 组合在一起使用，就可以实现从命令 ps 的输出中过滤指定信息的功能。如图 10-27 所示，执行命令 ps，查看系统中运行的进程信息，执行命令 ps | grep bash，则在查看到的进程中过滤出执行了 bash 命令的进程信息。

```
[root@server tmp]# ps
  PID TTY          TIME CMD
 3797 pts/3    00:00:00 su
 3801 pts/3    00:00:00 bash
59247 pts/3    00:00:00 ps
[root@server tmp]# ps | grep bash
 3801 pts/3    00:00:00 bash
```

图 10-27　管道示例

课堂练习 10-10：请在虚拟机 server 终端窗口中练

习使用管道。

微课视频

算术运算符

10.3.8 算术运算符

bash 中的算术运算符包括+、–、*、/、%。使用命令 expr 可以实现使用算术运算符进行计算的功能，格式是：expr 值 1 运算符 值 2。注意：expr、值和运算符之间都有空格，其中*在使用时应加上\。如图 10-28 所示，定义变量 a=10、b=2，对变量 a 和 b 进行加、减、乘、除以及取余运算，可以正确计算出结果分别为 12、8、20、5 和 0，尤其注意乘法运算不能直接使用*。

```
[root@server tmp]# a=10
[root@server tmp]# b=2
[root@server tmp]# expr $a + $b
12
[root@server tmp]# expr $a - $b
8
[root@server tmp]# expr $a \* $b
20
[root@server tmp]# expr $a * $b
expr: syntax error
[root@server tmp]# expr $a / $b
5
[root@server tmp]# expr $a % $b
0
```

图 10-28 expr 计算示例

bash 的数学计算功能非常弱，使用命令 expr 只能计算整数。如果需要计算浮点数，可以使用命令 bc（全称为 binary calculator），该命令可用于任意精度的计算，语法类似于 C 语言。bash 内置了对整数四则运算的支持，但是并不支持浮点运算，而使用 bc 命令可以很方便地进行浮点运算和整数运算。但是要使用该命令，首先需要安装，执行命令 yum install -y bc，进行 bc 工具的安装。安装后，可以执行 bc --help 查看命令使用帮助，格式是：bc [options] [file ...]。本书简单介绍使用命令 bc 和管道结合进行计算，格式是：echo "scale=x;值 1 操作符 值 2" | bc，其中值与操作符之间有无空格都可以，scale 表示小数点后保留几位数字（视实际情况而定）。如图 10-29 所示，定义变量 a=10.5、b=0.5，对变量 a 和 b 进行加、减、乘、除以及取余运算，可以正确计算出结果分别为 11.0、10.0、5.25、21.00 和 0。

另外，命令 let 也可以实现使用算术运算符进行计算的功能，命令格式是：let 变量=表达式。其中 let 语句所涉及的变量都不需要 $ 符号。如图 10-30 所示，定义变量 a=10、b=5，对变量 a 和 b 进行加、减、乘、除以及取余运算，可以正确计算出结果分别为 15、5、50、2 和 0。需要注意的是，在执行命令 let c=a%b && echo "$c"时，无结果输出，请读者结合分隔符&&的学习分析原因。

```
[root@server tmp]# a=10.5
[root@server tmp]# b=0.5
[root@server tmp]# echo "scale=2;$a+$b" | bc
11.0
[root@server tmp]# echo "scale=2;$a - $b" | bc
10.0
[root@server tmp]# echo "scale=2;$a*$b" | bc
5.25
[root@server tmp]# echo "scale=2;$a/$b" | bc
21.00
[root@server tmp]# echo "scale=2;$a%$b" | bc
0
```

图 10-29 使用 bc 计算

```
[root@server tmp]# a=10
[root@server tmp]# b=5
[root@server tmp]# let c=a+b && echo "$c"
15
[root@server tmp]# let c=a-b && echo "$c"
5
[root@server tmp]# let c=a*b && echo "$c"
50
[root@server tmp]# let c=a/b && echo "$c"
2
[root@server tmp]# let c=a%b && echo "$c"
[root@server tmp]# let c=a%b
[root@server tmp]# echo "$c"
0
```

图 10-30 let 用法示例

课堂练习 10-11：请在虚拟机 server 终端窗口中练习使用命令 expr、bc 以及 let 进行计算。

微课视频

read 命令与引号

10.3.9 read 命令

shell 脚本在运行过程中，可能需要读取用户的输入，如使用 yum install 安装软件时，可能需要用户确认是否继续，此时 yum 程序需要读取用户输入的内容，如果用户输入的内容为 y，则继续安装。在 bash 中，可以使用 read 命令读取用户的输入。

该命令常用格式是：read -p 提示信息 变量名。该命令用于读取用户的输入，并将用户的输入保存在指定的变量中。如果未指定变量，则用户输入的内容会被保存在 REPLY 变量中。如图 10-31 所示，shell 脚本 main.sh 中一共有 3 行，第一行指定解释器，第二行通过 read 引导用户交互式输入内容并赋值给变量 a，第三行输出提示信息及变量 a 的内容。

```
[root@server tmp]# cat main.sh
#!/bin/bash
read -p "请输入一个字符串：" a
echo "您输入的字符串是：$a"
[root@server tmp]# ./main.sh
请输入一个字符串：hello everyone.
您输入的字符串是：hello everyone.
```

图 10-31　read 使用示例

课堂练习 10-12：请在虚拟机 server 终端窗口中练习使用 read 命令读取用户的输入。

10.3.10　重定向

微课视频

重定向

bash 中，命令的输出一般直接显示在屏幕上（称为标准输出），命令的输入一般在终端中直接输入（称为标准输入）。使用重定向技术，可以将命令的输出或输入设置为其他设备或文件，如将命令的执行结果输出到文件。bash 中重定向分为输入重定向和输出重定向。输出重定向分为覆盖重定向、追加重定向、错误追加重定向、错误重定向、全部重定向等。

（1）输入重定向：命令格式是“命令 < 文件名”，表示将文件的内容作为命令的输入。如图 10-32 所示，文件 sum 的内容为 1+2+3+4+5，把该文件作为命令 bc 的输入，执行命令 bc<sum，输出结果为 15。

（2）覆盖重定向：命令格式是“命令 > 文件名”，表示将命令的输出重定向（即写入）到文件。注意，这种方式会先清除文件中的所有内容，再将命令的输出写入文件。若文件不存在，则创建文件。如图 10-33 所示，文件 sum 的原内容为 1+2+3+4+5，执行命令 id root > sum，把命令 id root 的执行结果输出到文件 sum 中，所以执行该命令后屏幕无直接输出。执行命令 cat 查看 sum 文件，发现内容已更新。

```
[root@server tmp]# cat sum
1+2+3+4+5
[root@server tmp]# bc < sum
15
```

图 10-32　输入重定向示例

```
[root@server tmp]# cat sum
1+2+3+4+5
[root@server tmp]# id root > sum
[root@server tmp]# cat sum
uid=0(root) gid=0(root) groups=0(root)
[root@server tmp]#
```

图 10-33　覆盖重定向示例

（3）追加重定向：命令格式是“命令 >> 文件名”，表示将命令的输出追加到文件中。这种方式不会清除文件中的所有内容，而是直接将内容追加到文件末尾。若文件不存在，则创建文件。如图 10-34 所示，执行命令 ls >> sum，表示将命令 ls 的执行结果追加输出到文件 sum 中，并不清除或者覆盖原文件内容。执行命令 cat 查看 sum 文件，发现内容已更新。

```
[root@server tmp]# ls >> sum
[root@server tmp]# cat sum
uid=0(root) gid=0(root) groups=0(root)
info.sh
main.sh
sum
testdir
testfile
```

图 10-34　追加重定向示例

（4）错误追加重定向：当命令运行出错时，覆盖重定向和追加重定向不会生效；当需要在命令运行出错时将错误提示重定向到文件中，需要使用错误重定向和错误追加重定向。错误重定向会清除文件内容，错误追加重定向不会清除原有内容，而是在文件最后追加内容，命令格式是“命令 2>> 文件名”。如图 10-35 所示，执行命令 id tom >> sum，把命令 id tom 的执行结果追加输出到 sum 文件，但是由于命令 id sum 执行失败，提示没有这个用户，所以查看文件 sum，发现该文件无更新；执行命令 id tom 2>> sum，把命令 id tom 执行失败的错误提示信息追加输出到 sum 文件。

（5）错误重定向：类似于覆盖重定向，命令格式是“命令 2> 文件名”，表示如果命令运行出错，则将文件中的内容清除，再将错误信息重定向到文件中。如果文件不存在，则创建文件。如图 10-36 所示，执行命令 id tom 2> sum，把命令 id tom 执行失败的错误提示信息覆盖输出到 sum 文件。

（6）全部重定向：如果需要不论对错都重定向到文件中，则可以使用全部重定向，其也有覆盖和追加两种情况，命令格式是“命令 &> 文件名”，或者是“命令 &>> 文件名”。请读者自行操作验证。

课堂练习 10-13：请在虚拟机 server 终端窗口中练习使用各种重定向。

```
[root@server tmp]# id tom >> sum
id: tom: no such user
[root@server tmp]# cat sum
uid=0(root) gid=0(root) groups=0(root)
info.sh
main.sh
sum
testdir
testfile
[root@server tmp]# id tom 2>> sum
[root@server tmp]# cat sum
uid=0(root) gid=0(root) groups=0(root)
info.sh
main.sh
sum
testdir
testfile
id: tom: no such user
```

图 10-35　错误追加重定向示例

```
[root@server tmp]# id tom 2> sum
[root@server tmp]# cat sum
id: tom: no such user
[root@server tmp]#
```

图 10-36　错误重定向示例

10.3.11　条件判断

条件判断可以让程序具有“智能”，使其可以根据预先设定的规则以及当前的场景进行不同的操作。条件判断中，一个条件表达式（一般是一个比较操作）有一个结果，如果条件表达式成立，则一般称条件表达式为真，如果条件表达式不成立，则称条件表达式为假。如“1 == 2”这个表达式为假，“1 <= 2”这个表达式为真。

在 bash 中，可以使用[ ]或 if 进行条件判断。

[ ]判断的格式是“[表达式]”，括号中表达式的两边都必须有空格。其中表达式可以使用表 10-3 中的条件判断。如果表达式为真，命令执行成功，否则命令执行失败。如图 10-37 所示，执行命令[1 -eq 1] && echo "success"，因为表达式[1 -eq 1]为真，所以执行 echo "success"，输出 success。执行命令[1 -ge 2] && echo "success"，因为表达式[1 -ge 2]为假，且分隔符&&连接了两条命令，所以不再执行后面的命令，无输出。执行命令[1 -ge 2] || echo "fail"，因为表达式[1 -ge 2]为假，且分隔符||连接了两条命令，所以继续执行命令 echo "fail"，输出 fail。

表 10-3　条件判断写法

功能	写法	符号
等于	-eq	==
大于	-gt	>
大于等于	-ge	>=
小于	-lt	<
小于等于	-le	<=
不等于	-ne	!=

```
[root@server tmp]# [ 1 -eq 1 ] && echo "success"
success
[root@server tmp]# [ 1 -ge 2 ] && echo "success"
[root@server tmp]# [ 1 -ge 2 ] || echo "fail"
fail
```

图 10-37　[ ]判断示例

[ ]还有一些特殊用法，如使用-f，命令格式为“[-f 文件名]”，用于判断文件是否为普通文件，如果文件存在且为普通文件，则命令执行成功，否则命令执行失败。如图 10-38 所示，文件 testfile 是普通文件，文件/dev/zero 是块设备文件，在执行命令[-f testfile] && echo "exists"时，表达式[-f testfile]为真，且因为使用了分隔符&&，所以接着执行 echo "exists"，输出 exists。执行命令[-f /dev/zero] || echo "not file"时，表达式[-f /dev/zero]为假，因为使用了分隔符||，所以接着执行 echo " not file "，输出 not file。

```
[root@server tmp]# ll
total 8
-rwxr--r--. 1 root root 53 Jun 19 22:32 info.sh
-rwxr--r--. 1 root root 32 Jun 19 22:13 main.sh
-rw-r--r--. 1 root root  0 Jun 20 00:07 testfile
[root@server tmp]# [ -f testfile1 ] && echo "exists"
[root@server tmp]# [ -f testfile ] && echo "exists"
exists
[root@server tmp]# ll /dev/zero
crw-rw-rw-. 1 root root 1, 5 Jun 16 16:05 /dev/zero
[root@server tmp]# [ -f /dev/zero ] || echo "not file"
not file
[root@server tmp]#
```

图 10-38　-f 示例

使用-d，命令格式为“[-d 目录]”，用于判断目录是否存在。如果目录存在，则命令执行成功，否则命令执行失败。如图 10-39 所示，在当前目录下查看是否存在目录 testdir 和文件 testfile，[-d testdir]表示判断 testdir 是否为目录，若是，则该表达式值为 1，由于使用了&&分隔符，继续执行 echo "exists"，输出 exists。[-d testfile] 表示判断 testfile 是否为目录，若不是，则该表达式值为 0，由于使用了&&分隔符，后续命令不再执行，所以无输出。

```
[root@server tmp]# ll
total 8
-rwxr--r--. 1 root root 53 Jun 19 22:32 info.sh
-rwxr--r--. 1 root root 32 Jun 19 22:13 main.sh
drwxr-xr-x. 2 root root  6 Jun 21 16:30 testdir
-rw-r--r--. 1 root root  0 Jun 20 00:07 testfile
[root@server tmp]# [ -d testdir ] && echo "exists"
exists
[root@server tmp]# [ -d testfile ] && echo "exists"
[root@server tmp]#
```

图 10-39　-d 示例

课堂练习 10-14：请在虚拟机 server 终端窗口中按上述示例练习使用[ ]进行条件判断。

10.3.12　if 条件判断

微课视频

if 条件判断

在 bash 中，除了可以使用[ ]进行条件判断，还可以使用 if 进行条件判断，if 判断代码更清晰，更易编写。其语法格式如下。

```
if 条件 1
then
```

```
        语句块 1
elif 条件 2
then
        语句块 2
…
else
        语句块 n
fi
```

上述语法表示，当条件 1 成立时，执行语句块 1；当条件 1 不成立且条件 2 成立时，执行语句块 2；当上述条件都不成立时，执行语句块 *n*，其中 elif 块可以有多个。if 语句可以嵌套使用（即在语句块中仍然可以存在 if 语句）。if 条件可以是[ ]判断。如图 10-40 所示，shell 脚本 main.sh 中用 read 等待用户输入一个整数并赋值给变量 number，接着使用 if 条件判断变量 number 是奇数还是偶数，其中判断条件`echo "${number} % 2" | bc` -eq 0 表示判断变量 number 除以 2 的余数是否为 0：如果余数为 0，则执行 echo "您输入的${number}是偶数。"；否则就执行 echo "您输入的${number}是奇数。"。

```
[root@server tmp]# cat main.sh
#!/bin/bash
read -p "请输入一个整数: " number
if [ `echo "${number} % 2" | bc` -eq 0 ]
then
        echo "您输入的${number}是偶数。"
else
        echo "您输入的${number}是奇数。"
fi
[root@server tmp]# ./main.sh
请输入一个整数: 15
您输入的15是奇数。
[root@server tmp]# ./main.sh
请输入一个整数: 8
您输入的8是偶数。
```

图 10-40　if 语句使用示例

课堂练习 10-15：请在虚拟机 server 终端窗口中按上述示例练习使用 if 语句进行条件判断。

微课视频

循环与循环控制

10.3.13　循环

当需要编写进行重复性工作的 shell 脚本时，复制、粘贴代码并不是一种很好的方式，更好的方式是使用循环。

在 bash 中，常用的循环有 3 种：for 循环、while 循环和 until 循环。

1. for 循环

for 循环的格式如下。

```
for 变量 in 可迭代的内容
do
        循环体
done
```

for 循环的常见写法如下。

（1）数字型

数字型的写法与 for 循环的通用写法不太一样，它采用类似 C 语言的循环写法。一个典型的例子是 for((i=a;i<b;i=i+c))，这个例子表示 i 的值从 a 开始，每次增加 c，增加到最后一个不大于 b 的数结束。变量名 i 不是固定的，可以是任何名字，但是前后要统一，这个变量在循环体中使用。a、b、c 可以是数字，也可以是变量。<符号也不是固定的，可以根据需求使用>、>=、<=、!=、==。i=i+c 可以简写为 i+=c。特别地，如果 c=1，可以直接简写为 i++。另外，+也不是固定的，可以根据需求使用-、*、/等。如图 10-41 所示，shell 脚

本 main.sh 是一个求 1 到 100 的和的数字型 for 循环脚本。

（2）{a..b}型

{a..b}型的写法是 for i in {a..b}，表示从 a 到 b，每次增加 1。例如，for i in {1..10}表示 i 的值为 1, 2, 3, …, 10。如图 10-42 所示，shell 脚本 main.sh 是一个求 1 到 100 的和的{a..b}型 for 循环脚本。

```
[root@server tmp]# cat main.sh
#!/bin/bash
a=0
for((i=1;i<=100;i++))
do
        let a=a+i
done
echo "1+2+3+......+100=$a"
[root@server tmp]# ./main.sh
1+2+3+......+100=5050
```

图 10-41　数字型 for 循环示例

```
[root@server tmp]# cat main.sh
#!/bin/bash
a=0
for i in {1..100}
do
        let a=a+i
done
echo "1+2+3+......+100=$a"
[root@server tmp]# ./main.sh
1+2+3+......+100=5050
```

图 10-42　{a..b}型 for 循环示例

（3）命令型

for 语句中可迭代的内容可以是命令的执行结果，格式是“for i in `命令`”。i 的值就是命令的执行结果，每次循环将空白字符（如空格、换行符等）作为分隔符。如图 10-43 所示，shell 脚本 main.sh 中 for 的可迭代内容是该脚本自身内容，执行该脚本可查看到循环变量 i 的每一次取值。

```
[root@server tmp]# cat main.sh
#!/bin/bash
for i in `cat main.sh`
do
        echo "i = $i"
done
[root@server tmp]# ./main.sh
i = #!/bin/bash
i = for
i = i
i = in
i = `cat
i = main.sh`
i = do
i = echo
i = "i
i = =
i = $i"
i = done
```

图 10-43　命令型 for 循环示例

seq 是 Linux 中的一个命令，用来产生整数序列，命令格式是“`seq a b c`”，其中 a 是首数，b 是增量，c 是尾数。在命令型 for 循环中，可以用 seq 命令的执行结果作为迭代变量的值。如图 10-44 所示，shell 脚本 main.sh 中 for 循环的可迭代内容是命令 seq 1 1 100 的执行结果。

（4）a b c d 型

a b c d 型 for 循环的可迭代内容是使用空格隔开的多个内容，迭代变量的值就是这些内容的值。如图 10-45 所示，shell 脚本 main.sh 中 for 的可迭代内容就是数字 1、2、3、4、5。

```
[root@server tmp]# cat main.sh
#!/bin/bash
a=0
for i in `seq 1 1 100`
do
        let a=a+i
done
echo "1+2+3+......+100=$a"
[root@server tmp]# ./main.sh
1+2+3+......+100=5050
```

图 10-44　seq 示例

```
[root@server tmp]# cat main.sh
#!/bin/bash
a=0
for i in 1 2 3 4 5
do
        let a=a+i
done
echo "$a"
[root@server tmp]# ./main.sh
15
```

图 10-45　a b c d 型 for 循环示例

（5）"a b c d"型

"a b c d"型 for 循环的可迭代内容的写法有一个要求，"a b c d"必须先保存在一个变量中，使用 for 循环时使用这个变量。如图 10-46 所示，shell 脚本 main.sh 中 for 的可迭代内容是变量 b，而 b 是预先定义的变量，值为"1 2 3 4 5"。

（6）路径遍历型

路径遍历型将路径（可以有通配符）作为可迭代内容，迭代变量的值是该路径所匹配到的文件和目录，如果未匹配到内容，则迭代变量的值就是路径本身。如图 10-47 所示，shell 脚本 main.sh 中 for 的可迭代内容是路径/root 目录下的所有以“.”开头的隐藏文件，用 echo 输出了迭代变量 i 的值，确认无误。

```
[root@server tmp]# cat main.sh
#!/bin/bash
a=0
b="1 2 3 4 5"
for i in $b
do
        let a=a+i
done
echo "$a"
[root@server tmp]# ./main.sh
15
```

图 10-46　"a b c d"型 for 循环示例

```
[root@server tmp]# cat main.sh
#!/bin/bash
for i in /root/.*
do
        echo "$i"
done
[root@server tmp]# ./main.sh
/root/.
/root/..
/root/.bash_history
/root/.bash_logout
/root/.bash_profile
/root/.bashrc
/root/.cshrc
/root/.ssh
/root/.tcshrc
```

图 10-47　路径遍历型 for 循环示例

课堂练习 10-16：请在虚拟机 server 终端窗口中按上述示例练习使用各种 for 循环。

2. while 循环

当循环次数确定时，用 for 循环较为简单。当循环次数不确定时，可以使用 while 循环或者 until 循环。while 循环的格式如下。

```
while 条件
do
        循环体
done
```

while 循环表示，当条件成立时，重复执行 do 和 done 之间的内容，直到条件不成立。条件可以是[ ]表达式。如图 10-48 所示，shell 脚本 main.sh 中 while 循环的条件是条件判断表达式[$number -gt 0]，表示判断变量 number 的值是否大于 0，如果 number 的值大于 0，则条件成立，执行 while 循环体；否则，结束循环。当用户输入整数 5 时，循环执行 5 次后变量 number=0，不再继续执行 while 循环，结束脚本运行。

课堂练习 10-17：请在虚拟机 server 终端窗口中按上述示例练习使用 while 循环。

3. until 循环

until 循环与 while 循环正好相反，当条件不成立时，执行循环，直到条件成立。until 循环的格式如下。

```
until 条件
do
        循环体
done
```

如图 10-49 所示，shell 脚本 main.sh 中 until 的条件是条件判断表达式[$number -le 0]，表示判断变量 number 的值是否小于等于 0，如果 number 的值小于等于 0，则条件成立，不再执行 until 循环体。当用户输入整数 5 时，第一次判断[$number -le 0]，条件不成立，执行循环体，输出 number=5，并设置 number=4，继续执行 until 循环，直至 number=0，结束脚本运行。

```
[root@server tmp]# cat main.sh
#!/bin/bash
read -p "请输入一个整数: " number
while [ $number -gt 0 ]
do
        echo "number = $number"
        let number=number-1
done
[root@server tmp]# ./main.sh
请输入一个整数: 5
number = 5
number = 4
number = 3
number = 2
number = 1
[root@server tmp]#
```

图 10-48　while 循环示例

```
[root@server tmp]# cat main.sh
#!/bin/bash
read -p "请输入一个整数: " number
until [ $number -le 0 ]
do
        echo "number = $number"
        let number=number-1
done
[root@server tmp]# ./main.sh
请输入一个整数: 5
number = 5
number = 4
number = 3
number = 2
number = 1
[root@server tmp]#
```

图 10-49　until 循环示例

课堂练习 10-18：请在虚拟机 server 终端窗口中按上述示例练习使用 until 循环。

10.3.14　循环控制

在循环的过程中，可以使用 continue 和 break 进行循环控制。其中，continue 用于退出当前循环，开始下一次循环。如图 10-50 所示，通过变量 i 执行循环，从 1 到 10，判断其奇偶性：如果为奇数，则执行 if 判断的 continue，也就是跳出这一次循环，不执行脚本中 echo $i；如果为偶数，则不执行 if 的语句块，也就不会跳出本次循环，执行 echo $i，所以这个脚本的运行结果中有 5 次 echo $i 变量值的输出。break 用于跳出整个循环，不再进行循环。如图 10-51 所示，把脚本中的 continue 换成 break，那么当第一次循环时 i=1，这时判断其除以 2 的余数为 1，不等于 0，if 条件成立，执行 break，直接跳出整个 for 循环，此时一次 echo $i 都未执行，无任何输出。

```
[root@server tmp]# cat main.sh
#!/bin/bash
for i in {1..10}
do
        if [ `expr $i % 2` -ne 0 ]
        then
                continue
        fi
        echo $i
done
[root@server tmp]# ./main.sh
2
4
6
8
10
```

图 10-50　continue 示例

```
[root@server tmp]# cat main.sh
#!/bin/bash
for i in {1..10}
do
        if [ `expr $i % 2` -ne 0 ]
        then
                break
        fi
        echo $i
done
[root@server tmp]# ./main.sh
[root@server tmp]#
```

图 10-51　break 示例

课堂练习 10-19：请在虚拟机 server 终端窗口中按上述示例练习使用 continue 和 break 进行循环控制，并分析其不同之处。

10.4　任务实施

任务实施主要内容如图 10-52 所示。

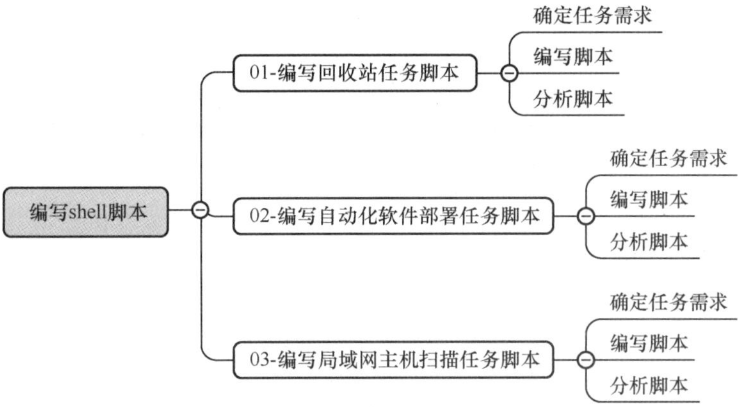

图 10-52 任务实施主要内容

10.4.1 编写回收站任务脚本

（1）确定任务需求

首先，设置回收站目录，若目录不存在，则创建该目录。然后将要删除的文件复制到回收站目录中，复制完成后删除要删除的文件。假设脚本文件名为 srm，则使用方式为：

```
srm 要删除的文件或目录名
```

（2）编写脚本

使用快捷键 Ctrl + Alt + T 打开终端，在终端使用文本编辑器，按照任务需求，编写脚本文件，文件名为 srm，文件内容如下。

```
1 #!/bin/bash
2 DIR=/tmp/trash
3 FILE=$1
4 [ -d ${DIR} ] || mkdir -p ${DIR}
5 cp -r "${FILE}" "${DIR}"
6 \rm -rf "${FILE}
```

第一行：表示使用的 shell 解释器为/bin/bash。在 shell 脚本中，除第一行外，以#开始的行表示注释，系统不会运行被注释的行。

第二行：定义变量 DIR，变量的值为/tmp/trash。定义变量的格式是“变量名=变量值”。如果变量值为普通文本（即字符串），则使用单引号或双引号将字符串引起来。

第三行：获取用户输入的参数并保存到变量 FILE 中。执行脚本文件时，脚本文件后可以带参数，多个参数之间用空格隔开，参数在脚本中分别使用$1、$2 等引用。如执行 srm test.txt，test.txt 就是用户输入的参数，在脚本中，$1 变量的值就是 test.txt。第三行使用 FILE=$1，将用户输入的参数（即 test.txt）保存在变量 FILE 中，在脚本中可以直接使用 FILE 变量。

第四行：使用[ ]和-d 判断回收站目录是否存在，如果不存在，则创建该目录。[ ]判断的格式是“[表达式]”，方括号中表达式的两边都必须有空格。[-d 目录名]表示判断该目录是否存在，如果目录存在，则表达式为真，[ ]执行成功；如果目录不存在，则表达式为假，[ ]执行失败。

||分隔符表示或操作，格式是“命令 1 || 命令 2”。只要命令 1 和命令 2 有一个为真，表达式就为真。命令为真表示命令运行成功，命令为假表示命令执行不成功或命令不存在。

如果命令 1 为真，命令 2 不会执行，因为只要命令 1 为真，不论命令 2 是真还是假，这个表达式都为真；如果命令 1 为假，命令 2 会执行。在[-d ${DIR}] || mkdir -p ${DIR}中，如果表达式[-d ${DIR}]为假，说明${DIR}目录（即回收站目录）不存在，则 mkdir -p ${DIR}命令被执行，该命令的作用是创建回收站目录。如果表达式[-d ${DIR}]为真，说明回收站目录存在，则 mkdir -p ${DIR}命令不执行。

第五行：将要删除的文件移动到回收站目录中。命令格式为“cp -r 源地址 目的地址”，表示将源地址的内容全部复制到目的地址。

第六行：删除文件，其中\rm 表示不使用别名，即如果此时有命令别名为 rm，不使用它，而使用系统中的 rm 命令。“rm -rf 目标”表示彻底删除目标，如果目标是一个目录，则删除目录以及目录中的所有内容。

（3）分析脚本

测试回收站脚本，如图 10-53 所示。

第一步，执行命令 cat srm，查看脚本内容，脚本文件名为 srm。

第二步，执行命令 chmod u+x srm，给脚本文件 srm 添加可执行权限。

第三步，执行命令 cp srm /usr/bin/，将脚本文件 srm 复制到/usr/bin 目录下。这样当需要删除文件时，直接使用命令“srm 要删除的文件或目录名”，可避开专门的脚本执行方式而直接将其当成命令使用。

第四步，执行命令 ls -l srm，列出当前目录下脚本文件 srm 的信息。

第五步，执行命令 srm srm，使用新命令 srm 删除当前目录下的脚本文件 srm。

```
[root@server tmp]# cat srm
#!/bin/bash
DIR=/tmp/trash
FILE=$1
[ -d ${DIR} ] || mkdir -p ${DIR}
cp -r "${FILE}" "${DIR}"
\rm -rf "${FILE}"
[root@server tmp]# chmod u+x srm
[root@server tmp]# cp srm /usr/bin/
[root@server tmp]# ls -l srm
-rwxr--r--. 1 root root 111 Jun 24 20:19 srm
[root@server tmp]# srm srm
[root@server tmp]# ls -l srm
ls: cannot access srm: No such file or directory
[root@server tmp]# cd /tmp/trash/
[root@server trash]# ls -l srm
-rwxr--r--. 1 root root 111 Jun 24 20:20 srm
```

图 10-53 回收站脚本测试

第六步，执行完删除命令后再次在当前目录下执行命令 ls -l srm 查看脚本文件 srm 的信息，提示“ls: cannot access srm: No such file or directory”，表示已无该文件。

第七步，执行命令 cd /tmp/trash/，进入执行命令 srm 时生成的回收站目录/tmp/trash/，再执行命令 ls -l srm，可以查看到刚删除的脚本文件 srm 被放到了这里。

课堂练习 10-20：请在虚拟机终端窗口中完成任务 10-1 的脚本编写和测试。

10.4.2 编写自动化软件部署任务脚本

（1）确定任务需求

接收用户输入的分数，用户可输入 1、2、3 部署指定的软件。当用户输入 1 时，脚本部署 Git 软件；当用户输入 2 时，脚本部署 Python 3；当用户输入 3 时，脚本部署 VIM 软件；如果用户输入的是其他内容，则不部署任何软件。

（2）编写脚本

使用快捷键 Ctrl + Alt + T 打开终端，使用文本编辑器，按照任务需求编写脚本文件，文件名为 install.sh，文件内容如下。

```
#!/bin/bash
echo "Please enter the number of the software you want to install:"
```

```
 3 echo "  1. git"
 4 echo "  2. python3"
 5 echo "  3. vim"
 6 read -p ">> " number
 7 if [ ${number} -eq 1 ]
 8 then
 9         yum install -y git
10 elif [  ${number} -eq 2 ]
11 then
12         yum install -y python3
13 elif [  ${number} -eq 3 ]
14 then
15         yum install -y vim
16 else
17         echo "Please enter the number in the menu!"
18         exit
19 fi
20 if [ $? -eq 0 ]
21 then
22         echo "The installation is complete!"
23 else
24         echo "Installation failed!"
25 fi
```

第 1 行：表示使用的 shell 解释器为/bin/bash。在 shell 脚本中，除第 1 行外，以#开始的行表示注释，系统不会运行被注释的行。

第 2～第 5 行：使用 echo 输出提示信息。

第 6 行：使用 read 获取用户输入的分数。shell 脚本在运行过程中，可能需要读取用户的输入，如使用 yum install 安装软件时，可能需要用户确认是否继续安装，此时 yum 程序需要读取用户输入的内容，如果用户输入的内容为 y，则继续安装。

在 bash 中，可以使用 read 读取用户的输入，并将用户的输入保存在指定的变量中。如果未指定变量，则用户输入的内容被保存在 REPLY 变量中。read -p ">> " number 用于接收用户的输入并将输入保存到 number 变量中。

第 7～第 19 行：使用 if 语句对用户的输入进行判断。如果用户输入的是 1，则通过 yum install -y git 部署 Git 软件；如果用户输入的是 2，则通过 yum install -y python3 部署 Python 3；如果用户输入的是 3，则通过 yum install -y vim 部署 VIM 编辑器；如果用户输入其他内容，则提示用户，然后退出脚本。

第 20～第 25 行：通过特殊变量$?判断上一条语句是否运行成功，如果上一条语句运行成功了，则$?的值为 0，否则不为 0。当脚本运行到第 21 行时，说明第 18 行的 exit 没有被运行，也就是用户输入的内容是 1、2、3 中的一个，脚本开始部署指定的软件。如果 $?为 0，则说明部署软件的命令被正常运行了，提示安装成功；否则，说明部署软件的命令没有被正常运行（可能是网络原因导致安装失败），提示安装失败。

（3）分析脚本

测试自动化部署软件脚本，如图 10-54 所示。

第一步，执行命令 chmod u+x install.sh，给脚本文件添加 x 权限。

第二步，使用命令./install.sh 执行脚本，根据提示信息输入 1、2 或者 3，此处输入 3，表示安装文本编辑器 VIM，同样可以安装其他软件。

```
[root@server tmp]# chmod u+x install.sh
[root@server tmp]# ./install.sh
Please enter the number of the software you want to install:
  1. git
  2. python3
  3. vim
>> 3
Loaded plugins: fastestmirror
Loading mirror speeds from cached hostfile
 * base: mirrors.aliyun.com
 * extras: mirrors.ustc.edu.cn
 * updates: mirrors.qlu.edu.cn

Complete!
The installation is complete!
```

图 10-54　自动化部署软件脚本测试

课堂练习 10-21：请在虚拟机终端窗口中完成任务 10-2 的脚本编写和测试。

10.4.3　编写局域网主机扫描任务脚本

（1）确定任务需求

首先定义要扫描的网络的前缀，将其保存在变量 NETWORK（例如 192.168.200）中，然后通过循环遍历 192.168.200.1、192.168.200.2 …… 192.168.200.254，对每一个 IP 地址，通过 ping 进行检测：若 ping 命令执行成功（即可以 ping 通对应的主机），则输出主机在线；否则，无输出。

（2）编写脚本

使用快捷键 Ctrl + Alt + T 打开终端，使用文本编辑器，按照任务需求编写脚本文件，文件名为 scan.sh，文件内容如下。

```
1 #!/bin/bash
2 NETWORK=192.168.200
3 for i in {1..254}
4 do
5     ping "$NETWORK.${i}" -c 1 &>> /dev/null
6     [ $? -e 0 ] && echo "Host $NETWORK.$i is online! "
7 done
```

第 1 行：表示使用的 shell 解释器为 /bin/bash。

第 2 行：定义变量 NETWORK，其中记录了要扫描网络的前缀。

第 3～第 7 行：通过 for 循环生成 1, 2, 3, …, 254，然后将生成的值与网络前缀拼接得到 IP 地址，通过 ping xxxx -c &>> /dev/null 检测 IP 地址对应的主机是否在线，然后通过$?变量判断上一条语句（即 ping 语句）是否执行成功，如果执行成功，说明主机在线，则输出主机的 IP 地址。

（3）分析脚本

测试局域网主机扫描脚本，如图 10-55 所示。

第一步，执行命令 chmod u+x scan.sh，给脚本文件添加 x 权限。

第二步，使用命令 ./scan.sh 执行脚本，扫描 192.168.200.0/24 网络内的在线主机的 IP 地址，有 192.168.200.1、192.168.200.2、192.168.200.100 和 192.168.2.00.200，分别是物理

机 Windows 10、网关、虚拟机 client 和虚拟机 server 的 IP 地址，也是目前该网络内的在线主机。注意，运行该脚本需要一定时间，读者在测试过程中可以通过修改变量 i 的取值范围缩小网络范围。

```
[root@server tmp]# chmod u+x scan.sh
[root@server tmp]# ./scan.sh
Host 192.168.200.1 is online!
Host 192.168.200.2 is online!
Host 192.168.200.100 is online!
Host 192.168.200.200 is online!
[root@server tmp]#
```

图 10-55 局域网主机扫描脚本测试

课堂练习 10-22：请在虚拟机终端窗口中完成任务 10-3 的脚本编写和测试。

10.5 任务小结

通过本任务的学习和实践，读者可学会 shell 的一系列基本用法，并能用其进行简单脚本编写，这些用法如下。

（1）bash 的部分功能：自动补全（默认命令或参数可以通过按 Tab 键补全）、历史记录（快速查看执行过的命令）、别名（复杂命令简单化）、通配符和正则表达式（可以实现模糊查找）。

（2）通过定义变量的方式修改脚本，脚本中统一使用变量后一旦有变化，只需修改所定义的变量即可。

（3）脚本的执行方式有 5 种：source 方式、sh 方式、bash 方式、./方式和绝对路径方式。

（4）分隔符可以分隔多个命令，常见的分隔符有;、&&和||，用来确认分隔符连接的两个命令是否执行。

（5）bash 中常用的引号有 3 种：单引号（' '）、双引号（" "）和反引号（` `）。使用单引号时系统不会对单引号中的内容做任何变换，所见即所得；双引号可以将引号中的$变量替换成变量的值；反引号会将引号中的内容作为命令执行。

（6）管道用符号 | 表示，格式是“命令 1 | 命令 2”，管道的功能是将命令 1 的输出作为命令 2 的输入。通过管道可以将不同的命令组合在一起，实现特定功能。

（7）使用 expr、bc 以及 let 可以实现使用算术运算符进行计算的功能，算术运算符有+、-、*、/、%。

（8）shell 脚本在执行过程中，可能需要读取用户的输入，在 bash 中，可以使用 read 命令读取用户的输入。

（9）在 bash 中，命令的输出一般直接显示在屏幕上（称为标准输出），命令的输入一般在终端中直接输入（称为标准输入）。使用重定向技术，可以将命令的输出或输入设置为其他设备或文件，如将命令的结果输出到文件。

（10）条件判断可以让程序具有“智能”，使其可以根据预先设定的规则以及当前的场景进行不同的操作。

（11）当需要编写进行重复性工作的 shell 脚本时，可以使用循环，主要的循环方式有 for 循环、while 循环和 until 循环。

（12）在循环的过程中，可以使用 continue 和 break 进行循环控制。其中，continue 用于退出当前循环，开始下一次循环；break 用于跳出整个循环，不再进行循环。

掌握上述 shell 的基本用法后，读者现在应该能够完成以下练习。

（1）编写脚本，定义变量，利用方括号条件判断实现删除文件和目录后如果反悔，可以找回。

（2）编写脚本，使用 read 命令读取用户输入，利用 if 语句实现根据用户选择执行相应操作。

（3）编写脚本，使用 for 循环实现目标遍历，完成任务要求。

10.6 课后习题

1. 填空题

（1）在 shell 脚本中，注释用________（填符号）。

（2）通过命令 alias 设置别名后，别名________（会/不会）立即生效。

（3）可以使用命令________查看系统当前使用的 shell。

（4）在[ ]条件判断中，大于等于的写法是________。

（5）在 bash 中，________引号可以将其中的$变量替换成变量的值。

2. 判断题

（1）shell 脚本是由多条系统命令构成的文件，执行这个文件，文件中所有的命令依次执行。（　　）

（2）[ ]判断的格式是“[表达式]”，表达式前后可以没有空格。（　　）

（3）在 bash 中，continue 用于退出当前循环，开始下一次循环。（　　）

（4）在 bash 中，单引号表示所见即所得，即系统不会对单引号中的内容做任何变换。（　　）

（5）如果当前目录中不存在 a.txt 文件，且系统中没有 tom 用户，则执行 id tom 2> a.txt 后，a.txt 为空。（　　）

3. 选择题

（1）在 bash 环境中，用户输入的指令会被记录在（　　）文件中。

A. ~/.bashrc　B. ~/.bash　C. ~/.bash_history　D. ~/.bash_logout

（2）执行 ls >> a.txt，如果 a.txt 不存在，则系统会（　　）。

A. 自动创建 a.txt 文件　B. 无任何动作

C. 执行 ls，不创建 a.txt 文件　D. 报错

（3）在 bash 中，如果没有指定 read 后的变量名，则用户输入的内容会被保存在（　　）变量中。

A. read　B. READ　C. reply　D. REPLY

（4）在 bash 中，常见的分隔符有（　　）。（多选）

A. ;　B. $　C. &&　D. ||

（5）bash 支持（　　）循环。（多选）

A. while　B. for　C. loop　D. until